JN303291

朝倉化学大系 ⑬

天然物化学・生物有機化学 I

—天然物化学—

北川 勲・磯部 稔 [著]

朝倉書店

編集顧問
佐野博敏（大妻学院理事長）

編集幹事
富永　健（東京大学名誉教授）

編集委員
乕徠道夫（大阪大学名誉教授）
山本　学（北里大学名誉教授）
松本和子（前 早稲田大学教授）
中村栄一（東京大学教授）
山内　薫（東京大学教授）

序

　天然物質の化学的研究は19世紀初めの有機化学の発祥とともに始まり，有機化学の歩みに相伴って進展してきた．天然物有機化学，植物成分の化学，微生物成分の化学など様々な分野名で呼称されてきた中で，「天然物化学」が学問分野の名称として確立されたのは，それほど昔のことではない．それは，1957（昭和32）年秋の，化学・薬学・農芸化学3分野の学会共催による「天然有機化合物討論会」の発足をその端緒としている．

　その後，「天然物化学」研究はわが国の近代有機化学を牽引する力の一つとしてめざましい進展を遂げてますます広領域化し，さらに深化して「生物有機化学」に発展して今日に至っている．

　すでに，平田義正先生の編著『天然物有機化学』（岩波書店，1981）で，「生物に関する現象が全て解決しない限り天然物有機化学研究の任務が軽くなることはない」と展望されていることや，柴田承二先生の編著『薬用天然物質』（南山堂，1982）の序で，「植物薬品化学，天然物化学といっても，その領域の広さと，何よりもその余りに速やかな進歩に一人の力では到底良心的にまとめ得られるものと思われず……」と述懐されていることを惟て，今回，小人数で『天然物化学・生物有機化学Ⅰ・Ⅱ』を上梓するにあたって，筆者らの天然物化学・生物有機化学研究の途に得られた見解をもとに，課題を選択して執筆することになったものである．

　天然物化学の研究課題や手法発展の歴史は，たえず曲がり角を感じつつ必要な方法論・装置類の開発を促して発展したことを物語っている．本書では，代謝産物を含む生合成研究，生物活性物質の探索，情報伝達物質，防御物質，海洋生物の毒など分子構造・分子変換の課題は，その後生物の営みの根幹を調節している化合物群の多岐にわたる生物機能とかかわる分野に広がったことを章を追って紹介する．また，天然物全合成分野における標的指向合成は，新しい化学の発展を促し，より困難なものの合成へ挑戦が広がった．多くの合成を羅列するのではな

く，少数でも共通する標的物質の全合成研究について，深く相互比較しながら研究者の考え方を探った．さらに，後藤俊夫先生の編著『動的天然物化学』（講談社，1983）を機に，「生物有機化学」における発展も著しく，生理活性天然物質が活性を発現する際に標的タンパク質と分子間相互作用する場面を化学的に研究することも盛んとなってきた．現在では，分子生物学や構造生物学の発展を交えて，ケミカルバイオロジーを視野に入れた分子基盤の動的研究が新しい研究分野を形成しつつある．

2008年4月

北 川　　勲
磯 部　　稔

目　次

I　序　章

1　はじめに ……………………………………………………………… 2

2　天然化学物質の研究—その歩み・今そしてこれから— ……………… 3
　2.1　天然物化学の誕生—ヒトとくすりとの関わりの中で— ………… 3
　2.2　日本の天然物化学—黎明とその歩み— …………………………… 6
　2.3　天然物化学の進展 …………………………………………………… 10
　　2.3.1　有機化学の進歩とともに ……………………………………… 11
　　2.3.2　研究手法の進歩を促す ………………………………………… 16
　　2.3.3　天然物質研究の潮流 …………………………………………… 24

II　天然化学物質の生合成

3　一次代謝と二次代謝 …………………………………………………… 30

4　生合成研究の歩み— biogenesis から biosynthesis へ— ……………… 31
　4.1　R. Robinson の仮説（1917） ……………………………………… 31
　4.2　C. Schöpf の生理的条件下の合成（1937） ……………………… 32
　4.3　生物細胞内での有機化学反応 ……………………………………… 33
　4.4　biosynthesis ………………………………………………………… 37
　　4.4.1　morphine の生合成 …………………………………………… 37
　　4.4.2　gibberellin 類の生合成経路で ………………………………… 39
　　4.4.3　安定同位元素と FT-NMR 法の活用 ………………………… 39

5　二次代謝産物の生合成経路 …………………………………………… 43
　5.1　概　観 ………………………………………………………………… 43

5.2	酢酸-マロン酸経路	44
	5.2.1　脂肪酸系の生合成	44
	5.2.2　polyketide 鎖の生成	47
	5.2.3　polyketide 鎖からの変化	48
	5.2.4　polyketide 鎖の環化と変化	50
	5.2.5　マクロリド抗生物質	58
	5.2.6　ポリエン抗かび活性物質	60
5.3	シキミ酸-ケイヒ酸経路	60
5.4	メバロン酸（MVA）-リン酸メチルエリスリトール（MEP）経路	64
	5.4.1　イソプレン則からメバロン酸-非メバロン酸経路へ	64
	5.4.2　モノテルペン	68
	5.4.3　セスキテルペン	70
	5.4.4　ジテルペン	72
	5.4.5　セスタテルペン	77
	5.4.6　トリテルペン	80
	5.4.7　様々なステロイド	85
	5.4.8　サ ポ ニ ン	88
5.5	アミノ酸経路	90
	5.5.1　アルカロイド研究の始まり	90
	5.5.2　アルカロイド化学構造の成り立ち	91
	5.5.3　ornithine-lysine 由来のアルカロイド	92
	5.5.4　phenylalanine-tyrosine 由来のアルカロイド	98
	5.5.5　tryptophan 由来のアルカロイド	107
	5.5.6　histidine 由来のアルカロイド	117
	5.5.7　アルカロイドのN原子がその他さまざまな経路で導入される場合	118
5.6	配糖体の生合成	125
	5.6.1　cyanogenic glycoside（青酸配糖体）	127
	5.6.2　glucosinolate（芥子油配糖体）	129
	5.6.3　辛味成分と刺激性成分	131

6	生合成研究の進展—組織培養と細胞培養—	134
	6.1 薬用植物バイオテクノロジー	134
	6.2 ムラサキの組織培養・細胞培養とシコニンの生産	134

III 天然化学物質の科学

7	天然化学物質の探索	140
	7.1 天然薬物とヒトとのかかわり	140
	7.2 インドネシアの天然薬物調査	141
	7.2.1 研究の背景と概要	141
	7.2.2 調査資料の整理と化学的研究	142
	7.3 海洋天然物化学の研究	143
	7.4 動物起源の毒	147
	7.5 微生物起源の天然物質	147
	7.6 生体起源の活性天然物質	147

8	天然薬物成分の化学—天然薬物の科学的評価—	150
	8.1 伝承を解明する	150
	8.1.1 麻黄の抗炎症成分と麻黄根の降圧成分	151
	8.1.2 茵蔯蒿の利胆活性成分	152
	8.1.3 生薬の修治における化学過程	153
	8.2 伝承にこだわらない	158
	8.2.1 茜草根の抗腫瘍活性中環状ペプチド	158
	8.2.2 莪蒁の薬理活性成分	159

9	天然作用物質	161
	9.1 モルヒネとオピオイド活性	161
	9.1.1 ケシと morphine	161
	9.1.2 新しいオピオイド作動化合物	163
	9.2 マラリアとの闘い	163
	9.2.1 インドネシア天然薬物	164
	9.2.2 ニガキ科植物 quassinoid	166

  9.2.3 天然薬物「常山」の場合 ································ 166
  9.2.4 海綿成分の peroxide ································ 167
 9.3 微生物代謝産物とその展開 ································ 168
  9.3.1 medical antibiotic ································ 168
  9.3.2 agrochemical antibiotic (fungicide) ················ 169
  9.3.3 pharmacological antibiotic ························ 169
  9.3.4 海洋生物由来の antibiotic ························ 173
 9.4 甘味物質—味覚受容体への作用物質— ···················· 176
  9.4.1 甘味化合物 ······································ 176
  9.4.2 天然甘味物質 ···································· 177
  9.4.3 osladin の場合 ·································· 178
  9.4.4 さらなる甘味物質の探求 ·························· 179

10 情報伝達物質 ·· 181

 10.1 生物体内で働く（内因性）天然物質 ···················· 182
  10.1.1 ヒト体内での情報伝達 ···························· 182
  10.1.2 八放サンゴのプロスタノイド ······················ 184
  10.1.3 昆虫の場合 ······································ 187
  10.1.4 動物個体間で働く天然物質 ························ 193
  10.1.5 植物ホルモンの一つであるジベレリン ·············· 193
  10.1.6 植物の運動を支配する化学物質 ···················· 197
  10.1.7 植物間アレロパシーに関与する天然物質 ············ 201
  10.1.8 微生物の生活環に働いている天然物質 ·············· 202
 10.2 異なる生物 kingdom 間の情報伝達物質 ·················· 204
  10.2.1 植物の繁殖と防御 ································ 204
  10.2.2 微生物に対する防御と感染 ························ 207
  10.2.3 微生物の毒 ······································ 212
  10.2.4 野生霊長類の自己治療行動 ························ 213

11 海洋天然物質の化学 ·· 217

 11.1 海藻の性フェロモンと磯の香り ························ 218

11.1.1　褐藻の雄性配偶子誘引活性物質 ………………………………… 219
　　　11.1.2　褐藻の性誘引物質の生合成 …………………………………… 221
　　　11.1.3　雄性配偶子における受容体 …………………………………… 221
　11.2　アレロケミック―アロモンとカイロモン― …………………………… 222
　　　11.2.1　アロモン ………………………………………………………… 223
　　　11.2.2　カイロモン ……………………………………………………… 225
　11.3　シノモン―共生をとりもつフェロモン― ……………………………… 225
　　　11.3.1　共生のはじまり ………………………………………………… 226
　　　11.3.2　シノモンの化学 ………………………………………………… 227
　11.4　着生制御行動と変態誘起 ………………………………………………… 228
　　　11.4.1　フジツボ幼生に対する着生阻害物質 ………………………… 228
　　　11.4.2　ホヤ幼生に対する変態誘起物質 ……………………………… 232
　11.5　海洋から医薬を ……………………………………………………………… 235
　　　11.5.1　海綿動物の成分 ………………………………………………… 236
　　　11.5.2　海綿 *Phyllospongia foliascens*（沖縄県小浜島産）の場合 …… 238
　　　11.5.3　海綿 *Xestospongia supra*（沖縄県座間味島産）の場合 …… 239
　　　11.5.4　パラオ諸島で採取した海綿 *Asteropus sarasinosum* の場合 … 240
　　　11.5.5　沖縄県新城島で採取した *Xestospongia* 属海綿の場合 ……… 242
　　　11.5.6　海綿 *Theonella swinhoei* の場合 ……………………………… 244

12　発がんと抗腫瘍に関わる天然物質 ………………………………………… 251
　12.1　発がん二段階説 …………………………………………………………… 251
　　　12.1.1　放線菌代謝物 …………………………………………………… 252
　　　12.1.2　陸上植物由来 …………………………………………………… 253
　　　12.1.3　海洋生物由来 …………………………………………………… 254
　12.2　ワラビの発がん物質 ……………………………………………………… 257
　　　12.2.1　ワラビの毒性と発がん性 ……………………………………… 257
　　　12.2.2　プタキロシドの抽出・分離 …………………………………… 258
　　　12.2.3　プタキロシドの化学構造 ……………………………………… 259
　　　12.2.4　プタキロシドの生物活性 ……………………………………… 261
　12.3　がん化学療法剤 …………………………………………………………… 262

	12.3.1　植物由来	262
	12.3.2　微生物由来	264
	12.3.3　海洋天然物質由来	266

13　自然毒，とりわけ海洋生物の毒 …… 276
13.1　微細生物が産生する海洋生物毒 …… 276
　　13.1.1　テトロドトキシン …… 277
　　13.1.2　サキシトキシンとその同族体 …… 278
　　13.1.3　シガテラ …… 280
　　13.1.4　マイトトキシン …… 283
　　13.1.5　ブレベトキシン …… 286
　　13.1.6　パリトキシン …… 287
　　13.1.7　下痢性貝毒 …… 289
　　13.1.8　その他のトキシン …… 290
13.2　二枚貝の毒ピンナトキシン類 …… 291
　　13.2.1　ピンナトキシンA …… 291
　　13.2.2　ピンナトキシンDの相対立体配置 …… 293
　　13.2.3　ピンナトキシンBおよびC …… 294
　　13.2.4　プテリアトキシン類 …… 294
　　13.2.5　ピンナミン，二枚貝の有毒アルカロイド …… 295

IV　天然物質の化学変換

14　アルカロイド研究の過程で …… 308
14.1　sinomenine と morphine の関連づけ …… 308
14.2　cinchonine（キノリン系）と cinchonamine（インドール系）の関連づけ …… 310
14.3　$α$-アミノ酸を用いる不斉合成 …… 312
　　14.3.1　不斉誘起反応 …… 313
　　14.3.2　生合成的不斉合成 …… 314

15 テルペノイド・ステロイド研究の中から ……………………………… 316
15.1 セスキテルペン eudesmanolide から eremophilanolide への生合成経路類似型の転位反応 ……………………………………………… 316
15.2 cholesterol から wool fat lanosterol 類への誘導 ……………………… 319
15.2.1 cholesterol から lanostenol の合成 …………………………… 320
15.2.2 lanostenol から lanosterol, agnosterol への誘導 …………… 321
15.3 aldosterone の合成 ……………………………………………………… 322
15.3.1 新規光化学反応 ………………………………………………… 322
15.3.2 corticosterone acetate から aldosterone の合成 ……………… 323

16 糖質を素材とする化学変換—配糖体の研究から— ……………………… 326
16.1 配糖体結合の開裂 ……………………………………………………… 327
16.1.1 Smith 分解法 …………………………………………………… 327
16.1.2 土壌微生物淘汰培養法 ………………………………………… 329
16.2 グルクロニド結合の選択的開裂 ……………………………………… 331
16.2.1 光分解法 ………………………………………………………… 331
16.2.2 四酢酸鉛－アルカリ分解法 …………………………………… 332
16.2.3 無水醋酸－ピリジン分解法 …………………………………… 335
16.2.4 電極酸化分解法 ………………………………………………… 336
16.3 ウロン酸から擬似糖質への化学変換 ………………………………… 338
16.3.1 糖類から光学活性シクリトール類への化学変換 …………… 338
16.3.2 アミノ配糖体抗生物質の合成 ………………………………… 341
16.3.3 擬似糖質の合成 ………………………………………………… 344

あとがき ……………………………………………………………………………… 353
事項索引 ……………………………………………………………………………… 355
人名索引 ……………………………………………………………………………… 368

II巻略目次

V　天然物質の全合成
- 17　抗腫瘍活性をもつセスキテルペン・バーノレピンの合成
- 18　抗腫瘍活性をもつアンサマクロリド・メイタンシンの合成
- 19　タンパク質脱リン酸酵素阻害作用をもつオカダ酸の合成
- 20　タンパク質脱リン酸酵素阻害剤トートマイシンの全合成
- 21　フグ毒テトロドトキシンの合成

VI　生物有機化学
- 22　視物質の生物有機化学
- 23　生物発光の化学
- 24　タンパク質脱リン酸酵素とその阻害剤との分子間相互作用
- 25　昆虫休眠の生物有機化学
- 26　特別な機能をもつ化合物の生物有機化学

I
序　章

1
は　じ　め　に

　「天然物化学」が学問分野として普及するようになったのは，後に述べるように1957（昭和32）年「天然有機化合物討論会」が発足してから以降のことと思われるので，まだ50年にならないということになる．以来，日本における天然物化学（Natural Products Chemistry）はめざましい進歩発展を遂げて，いまやこの分野で世界をリードするような情勢にあるといってもいいすぎではない．
　天然物化学についてまとめられた優れた成書は多く[1]，それに付け加えることは至難の業である．とりわけ近年，天然物化学における研究手法の著しい進歩と研究の深化，そして研究領域の拡大発展は質量ともに目覚ましく，天然物化学を概論するのは，いまさらの感もあって，ますます難しくなっているのが現状ではないだろうか．
　かつて，有機化学のルーツであった天然物化学の研究内容に，生物有機化学的色彩の濃い研究が増大してゆく傾向に加えて，精密有機化学さらには医薬化学のニュアンスも包含されて天然物化学は「天然化学物質をめぐる総合科学」といわねばならないほど膨大になっている．
　ここで，「天然物化学・生物有機化学」の主題で，筆者らの体験を縦軸にまとめることにしたが，その前半はいわば，独断と偏見に富んだ「天然物化学ものがたり」になっている．そしてはじめに，原稿をまとめてゆく段階から，渾身のご協力を惜しまれなかった桑島　博博士（近畿大学薬学部）に深甚の謝意を表したい．

2

天然化学物質の研究
－その歩み・今そしてこれから－

2.1 天然物化学の誕生－ヒトとくすりとの関わりの中で－

　植物，動物，微生物などが，その生命の営みの中で生産し，代謝する有機化合物は，天然有機化合物や天然化学物質（the molecule of nature[1a]）と呼ばれ，それらの中には，われわれ人類（ヒト）にとって色々な意味で，重要なものが多い．ヒトがこれらの天然物質に関わりをもつようになった端緒の一つに，ヒトが病いや傷を治癒したり，あるいは健康と長寿を願って天然薬物を用い，さらに時代が進むと，より豊かな生活を求めて，有用天然物を用いるようになったことがあげられる．

　古くから多様な目的で用いられてきた天然薬物に，有効成分が含有されていると唱えたのは，16世紀最高の医化学者といわれたParacelsus（1493-1541）で，16世紀前半のことである．しかし残念なことに，彼が提唱した"arcanum"（薬物の精）の存在を実証するには，当時の自然科学はいまだ充分には進んでいなかった．ようやく18世紀後半になって，1772年に酸素を発見したK. W. Scheele（1742-1786）が，種々の天然薬物や有用植物から色々な有機酸を結晶物質として抽出分離し，天然薬物成分の近代科学的研究に先鞭をつけている．それは化学が近代科学の一分野として地歩を固めつつあった頃のことで，Scheeleが分離に成功したのは，酒石酸（ブドウから，1769年），シュウ酸（カタバミ），リンゴ酸（リンゴ），没食子酸（没食子），乳酸（乳），尿酸（膀胱結石），クエン酸（レモン）など，生化学的にも重要なものが多い．

　19世紀に入って，ドイツの薬剤師F. W. A. Sertürner（1783-1841）は，阿片の水浸液にアンモニア水を加えて放置して，偶然，強い麻酔作用を有する塩基性物質の結晶が生成することを見出し（1805）[注]，これを眠りの神Hypnosの息子で夢の神Morpheusにちなんでmorphineと命名した．この発見はそれより3

世紀近くも以前，Paracelsus が唱えた天然薬物有効成分（arcanum）の単離に成功した人類最初の成果である．阿片は人類が数千年も昔から鎮痛薬として使い，古代エジプト以来，錬金術師などがその精を求めてやまなかったもので，薬効の本体が初めて明らかにされた画期的な業績である．

 注 同じ頃（1804年，文化元年），日本では紀州の華岡青洲がチョウセンアサガオを主剤とする「通仙散」を用いる全身麻酔法によって乳がんの手術に成功している．

 Sertürner のこの発見を嚆矢として，以来，種々の天然薬物からその作用成分が続いて抽出分離されるところとなった．これはまた 19 世紀に入ってからの有機化学の目覚ましい進歩発展に一層の加速を与えるものとなっている．そしてここに，天然物有機化学（天然物化学）の発祥をみることができるが，この頃の天然物化学では，天然薬物に含有される作用成分の抽出分離に主眼がおかれており，一方で有機化学の進歩と相呼応している面もみられるので，関連事項を年代順に追ってみると興味深い（下表参照）．

 天然薬物作用成分の抽出分離で始まった天然物化学研究に，有機化学の進歩につれて，しだいに有機合成化学的研究が加わっていった．1886 年 A. Ladenburg

有機化学進展と天然薬物成分の分離

有機化学の進歩			天然薬物成分の分離	
1803	Dalton	分子説		
			1805	morphine（アヘン）
			1818	strychnine（イグナチウスの種子）
			1820	quinine（キナ皮）
			1820	caffeine（コーヒー豆）
			1820	colchicine（イヌサフラン）
1821	Berzelius	原子量の決定（酸素 16 を標準）		
1828	Wöhler	尿素の人工合成	1828	nicotine（タバコ）
			1829	atropine（ベラドンナ根）
1830	Liebig	有機化合物 CH 分析法の確立		
1830	Dumas	N 分析法の確立		
1848	Pasteur	酒石酸の光学異性体発見		
1859	Berthelot	アセチレンの合成		
			1860	cocaine（コカ葉）
			1864	eserine（=physostigmine，カラバル豆）
1865	Keklé	ベンゼンの化学構造式		
1874	van't Hoff	炭素の四面体説		
1878	Baeyer	indigo の合成		
1884	Fischer	糖類の合成		
			1887	ephedrine（マオウ）

(1842-1911) は，ドクニンジンに含有されるアルカロイド coniine の合成に成功した．これはアルカロイド人工合成の最初の例であるばかりでなく，以来，有機合成が天然物質の化学構造決定に重要な役割を果たす時代が長く続くところとなる．

morphine
構造決定　1925
全合成　　1952

coniine
抽出分離　1826
合成　　　1886

quinine
立体構造　1944–1963
合成　　　1945–1974

天然薬物作用成分の研究が，有機化学の進歩を促した例は数えきれない．古い例ではあるが，マラリアの特効薬キナ皮の有効成分 quinine にまつわる話は，とりわけ興味深い物語になっている．すなわち，quinine の合成研究の過程で，ドイツからイギリスに招聘された A. W. von Hofmann (1818-1892) の研究助手を務めた W. H. Perkin (1838-1907) が色素アニリン紫（mauveine）(注) を発見し (1856)，これがドイツ，イギリスを中心とした染料化学，タール色素工業の発展を導くところとなっている．また quinine の合成化学的研究から始まったキノリン類の合成研究が，antipyrine や aminopyrine など，今日の"ピリン系"合成解熱鎮痛薬の創製に連なり，医薬品合成化学の発展に大きく寄与している．

注　Perkin は元来，quinine の分子組成の検討をもとに potassium dichromate を用いて N-allyltoluidine（para 体が主であった）の酸化的二量化反応で quinine を合成しようとしたが，不成功であった（もっとも，quinine の化学合成はそれから 88 年後のことである）．彼は，当時のアニリンを用いて酸化反応を行って，黒色の沈殿物を得，そこから 5% の収率で紫色色素を得，それが mauveine と名付けられた．そしてその酢酸塩が市販された．
　当時のアニリンは粗タール・ベンゼンから合成されたもので，トルエンが混在したベンゼンから合成されているのでトルイジン（o-, p- 体）が含まれており，合成された mauveine にはトルイジン由来の色素が含まれていたと思われる．
　1994 年に保存されている mauveine のサンプルが再精査され，それは A, B 2 成分を主成分とすることがわかり，それぞれの化学構造は 1, 2 の酢酸塩であることが判明し，これまで推定されていた構造（例, 3）が改訂されるに至った（O. Meth-Cohn, M Smith, *J. Chem. Soc. Perkin I*, 1994, 5）．

[構造式 1, 2, 3]

1	2	3
アニリン 2モル p-トルイジン 1モル o-トルイジン 1モル }から成る	アニリン 1モル p-トルイジン 1モル o-トルイジン 2モル }から成る	このmauveineは アニリン 1モル p-トルイジン 1モル o-トルイジン 2モル }から成るといわれていた.

一方，キナ皮の解熱作用の代用薬ともなった解熱・天然薬物 *Salix alba*（シロヤナギの一種）の樹皮に含有される有効成分 salicin の研究から，salicylic acid さらに aspirin が創り出された（1898）ことはよく知られている．

[構造式: antipyrine, aminopyrine, salicin, aspirin]

このように，天然物化学は天然薬物作用成分の抽出・分離に始まり，有機化学の進歩と相まって発展してきたが，世界各地域の民族特有の伝承および伝統薬物に含有される作用成分の究明がその発端になっていることは注目すべきところである．そしてまた人類が用いてきた医薬品が，天然薬物そのものから，しだいにその作用成分（天然物質）へと移行する趨勢のはじまりをここに見ることができる．

2.2　日本の天然物化学－黎明とその歩み－

古くから日本には固有の民間薬（伝承天然薬物）があって，それらは現代にも伝えられている．しかし，朝鮮や大陸から導入された医学とともに渡来した数々の天然薬物が，やがて日本古来の民間薬（和薬）を席巻し，中国医学（漢方）に基づいた天然薬物（生薬）による治療が，漸次行われるようになったのは7～8

世紀の頃に遡るが，結局これが明治期まで続いたことになる．もっとも，日本に伝来した医薬学は漢方ばかりでなく，それに先立ってポルトガル医学（南蛮医学），引き続いてオランダ医学（蘭方）も江戸末期まで日本における医療の重要な部分を占め，そこでは天然薬物も西欧流に用いられていた．

よく知られているように，安土桃山時代から江戸時代を経て明治期に入るまでは，漢方と蘭方が競い合う形で日本医療の中心となっていたが，1875（明治8）年ドイツ医学が日本の正式医学に採用されて以来，天然薬物（生薬）を組み合わせて種々の方剤（処方）として用いる漢方はしだいに廃れていった．そして，天然薬物製剤，天然薬物のチンキやエキス剤，さらには輸入合成医薬品が用いられるようになって，医療における天然薬物の用法は，徐々にその作用成分を用いる西欧流に変貌していく．

しかしながら，当時の日本における天然薬物成分に関わる製薬化学は，作用成分を国産でまかなえるほど充分には進歩していなかったので，クスノキから camphor，ハッカから menthol，海草からヨードの抽出分離などの例が見られるにすぎなかった．

1880（明治13）年欧州から導入された天然薬物に関わる学問分野 pharmacognosy (knowledge of pharmaceuticals) に「生薬学」の訳語が当てられ，日本における天然薬物の総合科学が歩み出した．その中で，日本有機化学の先駆者長井長義 (1845-1929) によるマオウ（麻黄）の成分 ephedrine の発見 (1887)（これはしかし，その25年後になってようやく鎮咳成分であることが明らかにされた）は，日本天然物化学の始まりに位置づけられている．そして，長井の植物塩基（アルカロイド）の研究は近藤平三郎 (1877-1963) によって引き継がれた．　一方，有機化学と植物化学の両分野に優れていた朝比奈泰彦 (1881-1975) によって，漢薬成分，植物成分（例：キンポウゲの anemonin）や地衣成分（例：*Parmelia cetrata* から salazinic acid）の化学的研究が展開され，それらが世界の注目を浴び，薬学領域における天然物化学研究が瞠目されるところとなった．そしてこのような天然薬物成分の化学的解明に限らず，天然由来の有用物質や生理活性物質の研究が，薬学以外の諸分野でもその頃から活発に行われた．

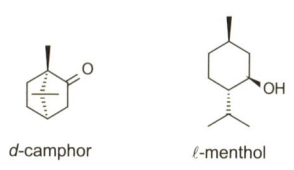

l-ephedrine　　anemonin　　salazinic acid

　理学系の分野では，真島利行（1874–1962）によるウルシのかぶれ成分 urushiol 類の研究（1905–1918）が，日本天然物化学研究の創生期を先導するものであった．そして，池田菊苗（1864–1936）によるコンブの呈味成分グルタミン酸（glutamic acid）の発見（1908）も特筆される．

urushiol 類
$R = -(CH_2)_4CH_3$
$ = -(CH_2)_7CH=CH(CH_2)_5CH_3$
$ = -(CH_2)_7CH=CHCH_2CH=CH(CH_2)_2CH_3$
$ = -(CH_2)_7CH=CHCH_2CH=CHCH_2CH=CH_2$

L-glutamic acid

　農学系のこの分野では，鈴木梅太郎（1874–1943）が脚気に有効な米糠成分 oryzanin red（これは後に vitamin B_1 に同定された）の結晶化に成功（1930）したことが，時代に先駆けるものであった．それに，少し時代を遡るが，タカジアスターゼの発見で力を発揮した高峰譲吉（1854–1922）が，米国において，副腎髄質ホルモン adrenaline（= epinephrine）(注) を発見（1900）したことは，天然生理活性物質（今日の生体医薬の概念に連なる）研究の嚆矢と位置づけられる．

　注　ホルモンは「ある特定の器官で生合成されて血液中に分泌され，標的器官に対して作用を及ぼす生体成分」という定義からすれば，adrenaline はその作用機作が交感神経制御作用ということから，ホルモンというよりはむしろ神経伝達物質といわれる．

vitamin B_1　　*l*-adrenaline

　このように，日本における天然物化学は，薬学，理学，農学の諸分野でそれぞれの特質を活かした発展を遂げていった．しかし残念なことに，その後の第2次

世界大戦（〜1945）に続く日本の孤立で，世界との交流，情報交換の道が絶たれた．1945（昭和20）年，日本の敗戦で戦争が終わり，日本の復興とともに，世界と遮断され遅れをとっていた学問諸分野の活力が漸次復活の兆しをみせ，日本の天然物化学研究もその例外ではなかった．

アルカロイド，テルペノイド，ステロイド，フェノール性物質，フラボノイド，キノン類，地衣成分，脂肪酸類，微生物代謝産物，抗生物質等々の天然物質が取り扱われるようになり，天然物化学は，動植物や微生物が生産する天然有機化合物の抽出，単離，化学構造の解明，化学合成，さらには生合成を考究する学問分野になっていった．さらに近年，生物活性物質の構造と活性の相関，生体反応の分子レベルでの機構解明など，生物有機化学的研究を包含し，生合成研究においては，分子生物学の分野にも発展して今日に至っている．

とはいっても，今日のような世界に注目される日本天然物化学研究の隆盛は，それまで理学，薬学，農芸化学の三分野それぞれの場で研究発表を行っていた研究者たちが，1957（昭和32）年以来，共同主催することになった「天然有機化合物討論会」の発足に負うところが大きい．以来，毎年の秋に日本化学会，日本薬学会，日本農芸化学会の共催によるその討論会の内容から，日本における天然物化学の進歩発展の趨勢と，その学問的レベルの高い水準を知ることができる[2]．

日本における近代の自然科学諸分野と同じように，日本の天然物化学は明治・大正期に産声をあげて，天然物質とヒトとの直接・間接の関わり合いを，化学物質のレベルで明らかにすることを主要な命題として，さまざまな分野で発展を遂げていったが，やがて，上述の天然有機化合物討論会（2004年秋には第46回が広島で開催された）に統合されて，「天然物化学」（天然物有機化学[1]）という学問分野が確立されるに至ったのである．

幸いなことに「天然物化学」は自然豊かな日本の学問的風土にもよく適合して，国際的にも高い評価を得て，今日ではいわゆる学術研究のグローバル化を率先遂行している．そして現今では，日本の天然物化学研究はさらに日進月歩の進展を続け，世界の注目するところとなっている．IUPAC（国際純正応用化学連合）主唱の天然物化学国際会議（1960年以来2年に1回，世界各地で継承開催されている）が，第3回（1964年），第16回（1988年），第25回（2006年）の3度にわたって，日本（京都）で開催されたことは，そのあたりの情勢をよく反映している．

最後に，日本天然物化学発展の母胎となった天然有機化合物討論会の変遷を，その始めと現況について内容的な比較をして，この項の区切りとする．

　1957（昭和32）年に名古屋で開かれた第1回討論会では，19題の研究発表が行われたが，初回ということもあってすべてが招待講演であった．当時使われていた物理化学的手法（機器分析）といえば，紫外線と赤外線吸収スペクトルどまりで，今日から見れば隔世の感がある．発表された内容は，アルカロイド，テルペノイド，菌類代謝産物，ステロイドやモノテルペン配糖体などの化学構造の決定や化学反応が中心であった．時は推移して，2002（平成14）年に東京で開かれた第44回天然有機化合物討論会の開催案内における討論主題区分をみると，ⓐ天然有機化合物の構造決定，ⓑ天然有機化合物に関連した合成と反応，ⓒ天然有機化合物の生体内分子機構，ⓓ生合成となり，扱われる化合物区分も，①イソプレノイド，②アルカロイド，ペプチドなどの含窒素化合物，③脂肪酸関連化合物・ポリケチド・フェノール化合物，④糖質，⑤抗生物質，⑥海洋天然物，⑦その他，とますます多岐にわたっている．

　ちなみに2001（平成13）年，大阪での第43回討論会における総演題数108（うち口頭発表43，ポスター発表65）が3日間の会期で発表された．また，討論会の開催地は，初回の名古屋を皮切りに，大阪，東京，京都，仙台，福岡，札幌を巡回し，その後その輪が広がって，広島，千葉，徳島さらには沖縄に及んで，参加者の数も常に1000名を超えるマンモス学会となっている．

2.3　天然物化学の進展

　ヒトはさまざまな天然物質の恩恵を受けて，その健康を保ち，豊かな生活を営んできた．そのヒューマン・ライフを学問レベルで支えてきた大きな柱の一つに化学 chemistry を挙げるのは異論のないところである．そして，化学が包括する諸分野の中でも，20世紀になって飛躍的な進歩発展を続けてきた有機化学 organic chemistry を振りかえってみると，数々の天然物質の化学的研究，すなわち天然物化学が，その発展における力強い推進力となって今日に至っていることがわかる．

　天然物質の化学的研究と一口にいっても，その発祥から今日に至るまで，そこで駆使された研究手法の変遷に見られる進歩は，目覚ましいものである．その上，生物学，物理化学，医学，薬学，農学など，関連自然科学諸分野の進展が，それ

に有機的に関連しているので，それらの多次元的な展開を二次元の，かつ，縦割りの紙上で叙述するのは大変難しい．それで天然物化学研究の進展を，いくつかの事項について横断的に取り上げることにする．

2.3.1 有機化学の進歩とともに

有機化学の進歩において天然物質の化学的研究が果たしてきた役割は大きい．とりわけ，天然物質が素材となって，有機化学基礎理論の発見とその展開への貢献には数多くの例がある．

テルペノイド（terpenoid，この名称はテレビン油 turpentine oil に由来している）は近代有機化学の黎明期から研究の対象とされた．その中で，北米産テレビン油の主成分 α-pinene から camphene を経て isoborneol，d-camphor に至る化学変換反応の主過程に，炭素陽イオン（カルベニウムイオン，carbenium ion）型の中間構造の関与が提唱された Wagner-Meerwein 転位がある．このカルベニウムイオン型中間体を経る反応は，ビシクロ化合物の分野では camphene hydrochloride から isobornyl chloride や bornyl chloride を与える転位反応で最も古くから研究されたものの一つである．そこで橋かけ炭素陽イオン（非古典的炭素陽イオン，non-classical carbonium cation）型中間体の関与が考えられているが，そのような橋かけ炭素陽イオンの存在については，激しい論争が展開されたことはよく知られている[3]．

1969年 D. H. R. Barton（英国）は，立体配座（conformation）と化学反応性（chemical reactivity）に関する研究業績によってノーベル化学賞を受賞したが，

その有機化学をテルペノイド,ステロイドの化学において見事に展開している.

セスキテルペン sesquiterpene の一つサントニン santonin の光化学反応研究には,100 年以上の歴史がある.santonin を素材として,有機光化学反応の発展に不滅の貢献をしたのも Barton であるが[4],その後の有機光化学反応の多彩な展開を見れば,セスキテルペノイド santonin の研究が果たした役割がきわめて大きかったことがわかる.

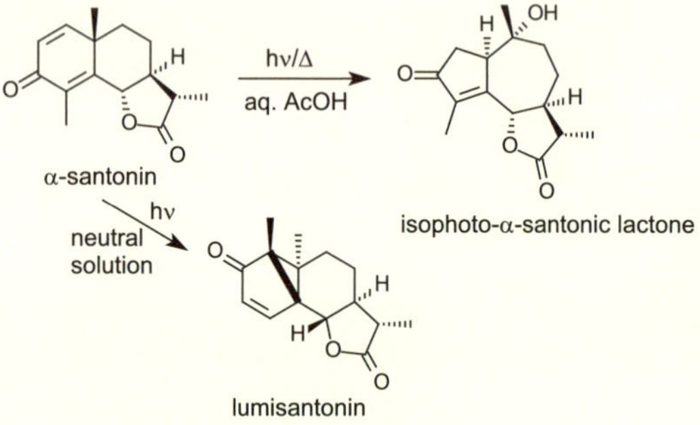

α-santonin

hv/Δ
aq. AcOH

isophoto-α-santonic lactone

hv
neutral solution

lumisantonin

1981(昭和 56)年,日本の福井謙一(当時,京都大学)がノーベル化学賞を R. Hoffmann(米国ハーバード大学)と合同受賞した.これは福井のフロンティア軌道理論が,その後の Woodward-Hoffmann 則発見(1970)の礎になっていることが評価されたものといわれている.WH 則と略称されるまでになった"軌道対称性の保存則"は,電子環状反応,シグマトロピー,環状付加反応など重要な有機反応において数多くの適用例が見られ,もちろん,天然化学物質の反応においても例が多い.

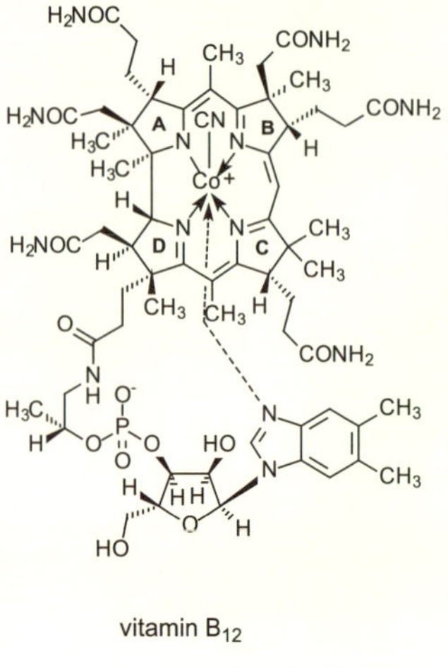

この WH 則は vitamin B_{12} 合成研究において A/D 環部結合反応研究の過程で発見され,やがてかの高名な vitamin B_{12}(cyanocobalamin)の合成にフィードバックされた.1972 年米国ハーバード大学の R. B. Woodward のグループ

vitamin B_{12}

が vitamin B_{12} 分子の左半分の A/D 環部を合成（この構築において WH 則が発見された）し，スイス連邦工科大学（ETH）の A. Eschenmoser グループが右半分（B/C 環部）を合成し，それらを共同して連結して cobyric acid に導き，vitamin B_{12} を合成するという見事な成果となって，ここに有機合成化学の金字塔が打ち樹てられたことは，いまだ私たちの記憶に新しい．Vitamin B_{12} の全合成に WH 則がフィードバックされた場合では，A-B-C-D 環鎖構造から，最後の A/D 環結合の形成が WH 則に基づいて，立体特異的光閉環反応によって行われ，コリン（corrin）骨格形成が達成されている[5]．

テルペノイドの炭素骨格の基本は，「イソプレン isoprene 単位が head to tail で結合して形成されている」という，いわゆる古典的イソプレン則 classical isoprene rule が ETH の Ruzicka によって提唱されたのは 1938 年のことである[注]．これはその後 1953 年，生合成的イソプレン則 biogenetic isoprene rule に改訂され，1955 年には立体化学的考察も加味されて，今日の天然物生合成経路の根幹の一つ，メバロン酸経路となっている．

注　1921 年頃では，head to tail 形式のイソプレン単位で区切れないようなテルペノイドの構造は否定しきれないでいた．

初期の頃は新しいテルペノイドが発見されると，その構造はイソプレン則を満足しているか否か，もし充たしていない場合はなぜかなど，新規テルペノイドの化学構造の是非をめぐって厳しい論議がなされるのが常であった．

1920 年代にクソニンジン *Artemisia annua* の精油成分 artemisia ketone に，

朝比奈泰彦（東京大学医学部薬学科）が提出した構造式が，当時のイソプレン則のhead to tail の形式には合致していなかったので，Ruzickaはこれを認めず論議を呼んだという．結局，後に竹本常松（当時，大阪大学薬学部）による再検討（1957）[6]やZalkowらによる合成化学的証明（1964）[7]によって，朝比奈式の正当性が証明されたが，artemisia ketoneは当時のイソプレン則を満足しないテルペノイドの例の一つになったというエピソードが残っている．

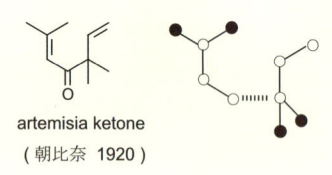

artemisia ketone
（朝比奈 1920）

　天然物化学の進展につれて，複雑な化学構造の天然物質が続々と発見され，ついには繰り返し構造をもたないが大分子（ここでは単一分子でかつ分子量の大きな分子を意味している）の天然物質の化学構造が提出されるに至った．それらは構造証明という目的だけではなく，その構造の「自然の造形の美しさ」のゆえに，有機合成化学者にとって，格好の研究ターゲットになった．いわば，有機合成化学者の「力だめしの場」でもあった．このことがまた精密有機化学の進歩を促す結果になったのである．

　かつて，天然化学物質と化学合成物質との顕著な相違の一つは，前者が通常，光学活性物質として得られるのに対して，後者には，不斉炭素をもっていてもラセミ化合物であることが多いことであった．しかし，近年の不斉有機合成化学の進歩により，光学純度の高い光学活性合成化合物が得られるようになって，光学活性の有無という点で両者を区別することは難しくなった．

　1966（昭和41）年，世界で初めて「分子触媒による不斉合成反応」の原理を発見し，2001（平成13）年，K. B. Sharpless（米国スクリプス研究所）およびW. S. Knowles（米国モンサント社）とともにノーベル化学賞を合同受賞した野依良治（名古屋大学理学部）も，自身が創製した不斉分子触媒を応用してℓ-mentholの工業的合成に成功し，光学的に純粋な天然生物活性物質の合成研究に強烈なインパクトを与えた．

　有機大分子といえば，海洋腔腸動物スナギンチャク *Palythoa* sp.から初めて得られた猛毒palytoxinに触れなくてはならない．平田義正・上村大輔ら（名古屋大学理学部）と，R. E. Moore（米国ハワイ大学）との厳しい競り合いで，分子式$C_{129}H_{223}N_3O_{54}$（$M=2681.1$）の巨大分子palytoxinの平面構造，つづいて^{13}C

NMR の活用もあって立体構造が明らかにされていった．究極的には，米国ハーバード大学の Y. Kishi（岸 義人）らによる化学合成で，立体配座解析も含めて，palytoxin の化学構造の全貌が解き明かされた．そしてここに，精密有機合成化学の決定的な役割が見事に示されている．

有機合成化学は，天然生物活性物質から医薬品を生産するために必要な化学変換（部分合成，半合成なども）において，顕著な力を発揮している．

ヤマノイモ科 *Dioscorea* 属植物サポニン dioscin の加水分解で得られる diosgenin から，pregnenolone を経る副腎皮質ホルモン cortisone の合成を初め，数多くのステロイドホルモンが豊富に得られる天然物質の化学変換反応で合成されたのは，1950 年前後の有機合成化学のハイライトであった．

dioscin R= glucose―$\overset{2}{\underset{|4}{}}$―rhamnose
          rhamnose
diosgenin R= H

pregnenolone

cortisone

その後になって，penam，cephem で代表される β-ラクタム系抗生物質の時代を導いたのには，タンク培養で大量に得られる penicillin の酵素処理で容易に得られる 6-aminopenicillanic acid を半合成ペニシリンの重要な中間体とした有機合成化学が力になっている．cephem 系の場合は，安価な penam 系化合物を原料として cephem 骨格へ変換したり，培養で得られる cephalosporin C から有機化学反応や酵素反応で導かれる 7-aminocephalosporanic acid を原料として，数々の半合成セファロスポリン類縁体が合成されている．

penicillin 類
6-aminopenicillanic acid   R=H

cephalosporin 類
7-aminocephalosporanic acid   R=H

2.3.2 研究手法の進歩を促す
a. 抽出・分離・精製
　種々の天然素材から，その含有成分を抽出・分離・精製する過程には，先人たちによる数多くの創意工夫の集積がある．

　抽出では近年の超臨界炭酸ガスを溶剤に使用する抽出法に見られるような，新しい概念に基づいた抽出法の工夫改良など，これからも新しい展開が期待される．

　分離・精製では，吸着型や分配型クロマトグラフィー，そこに用いられる担体（固定相）や移動相によって，ペーパークロマトグラフィー（PPC），薄層クロマトグラフィー（TLC），ガスクロマトグラフィー（GLC），イオン交換クロマトグラフィーや高速液体クロマトグラフィー（HPLC），さらにはゲル濾過クロマトグラフィーなど，その進展は止まるところがない．これらのクロマトグラフィー発展の過程では，原理を気体-固体，あるいは気体-液体間の分配に応用したり，あるいは，色々な固定相の開発や改良が基になっている．

　これらはいずれも，天然化学物質の本体を究明するには，まず初めに対応せねばならない支援技術であり，それらの技術の進歩において，天然物化学者自身の寄与が大きい．

b. 機器分析
　いろいろな目的で種々の方法によって純粋に単離された天然物質（natural product）の化学構造を明らかにするためには，これまで有機化学的研究法の適用がまずその第一歩であった．ついでスペクトロメトリーの応用が，近年では必須である．紫外線・可視部（UV-visible）および赤外線（IR）吸収スペクトル，核磁気共鳴（NMR）スペクトル，X線結晶解析などいろいろなエネルギーレベルの電磁波を巧みに使い分けて解析する物理化学的分析（機器分析）技術の進歩がコンピュータの進歩に支えられて加速し，機器分析の手法が一層精密化，微量化され，今日に至っている．それに，質量分析法，旋光分散・円二色性スペクトル法なども加わって，天然物質の化学構造解析は超精密化，迅速化し，ようやくその頂点が極められようとしている．そして解析の対象も生命現象の本質に物質レベルで迫るものに近づいて，ここに，やがて天然物化学研究が生物有機化学研究に連鎖していく要素がある．

　自然科学の進展を見ると，ある水準で問題点が蓄積されてくると，そこから関連学問の質的な変革（ブレークスルー）が生み出される．天然物化学研究法の進

歩をその視点で眺めると興味深い．分離・分析で新技術が求められてそれが実現すると，それまで混沌の中にあった未知の新しい活性天然物質が続々と発見される．

そして，それらの化学構造解析において，新しい機器分析法（以前には"飛び道具"と俗称された）の適用によって，得られる情報の量が飛躍的に増加し，かつ質的にも向上して，それまで不明であった新規の化学構造が解明される．やがてそれらの新しい研究法が普及して，天然物化学全般の底上げと進展に波及することになる．§2.2で述べた「天然有機化合物討論会」の歩みをその母体の日本化学会，日本薬学会，日本農芸化学会における天然物化学に関連する多彩な展開にからめてみると，進展の様相がよくわかる．言い方を変えて略言すると，ある"飛び道具"の普及が未知の扉を次々と開いてきたようである．

研究手法の中でも，支援技術・設備の充実という点では，実際，第二次世界大戦後（1945年以降）の世界と日本との，さらには日本国内における地域格差は相当大きいものであった．以下に機器分析法の適用で筆者の見聞をたどる．

1) **UV・IRスペクトル法**　1953（昭和28）年頃の"飛び道具"はUVとIRが主であった．UVの測定で，それがvisibleまで及ぶと，一検体の測定はまる一日がかりであった．自動記録計を使わせてもらえるようになって，目の前でUV-visibleスペクトルが画き出されるのを目のあたりにしたときの，驚きと喜びが入り交じった気持ちを今も鮮明に思い出すことができる．アトロプ異性体のある二量体構造[8]の化合物（たとえば，かびなどの色素dianhydrorugulosinやskyrin）のスペクトルが，後になって単量体構造（たとえばchrysophanolやemodin）の2倍近いε値のカーブで画き出されたことや，吸収極大値の微妙な長波長シフトを示したとき，マニュアル方式の機器で一日がかりの測定で得られたスペクトル図が支持されたときの安堵と喜びは筆舌につくしがたいものであった．

R=H　chrysophanol
R=OH　emodin

R=H　dianhydrorugulosin
R=OH　skyrin

機器分析法で1940年代に威力を発揮したのは，ペニシリンの構造決定において β-ラクタム環発見に手がかりを与えたIRスペクトル法といわれている．IRスペクトルの測定でも，1955年頃は研究室の検体を担当係がまとめて外部研究機関に測定を依頼するのが日常のことであった．とはいえ，1枚の横長の大きなIRスペクトル紙を前に，鉛筆と定規でカルボニル基の伸縮振動の波長（波数）値を詳細に読み取るなど，有機反応のみに依存していたそれまでと比較して，得られた情報の新鮮さと多彩さはまさに驚きであった．そして，skyrinのIRスペクトルで2種類（単量体内と単量体部分間）の水素結合したカルボニル基に由来する2本の吸収帯が見られたことが思い出される．

2) NMR法　1960（昭和35）年頃から，核磁気共鳴（NMR）スペクトル法が普及すると，60 MHz，100 MHzと磁場の強さに違いがあっても，化学構造に関して得られる情報は桁違いに増大し，天然物質の化学構造解析は質的に向上した．その測定法もCW (continuous wave) 方式からFT (Fourier transform) 方式になって，検体の必要量も微量化した．IRの場合もそうであったが，NMR法の技術革新には，熱心なユーザーである天然物化学研究者の貢献はきわめて大きかった．

　1960年頃，含硫ステロイドの合成研究において，一連の反応の最終生成物の構造について，UV, IR, 元素分析や官能基の化学分析では，アンドロスタン骨格の9α-SCH_3基を積極的に証明することができなかった．そこでNMRを測定してもらった結果，SCH_3基の存在がδ 2.01に3H分のシグナルで示され，9α-SCH_3基の生成が明らかになった[9]．

　当時はCW方式の測定ではあったが，ケミカルシフト値，積算値，スピン–スピン結合定数などだけでもやがて膨大なデータが蓄積されて，化学構造解析の精度が飛躍的に増大した．積算機が開発されて，検体必要量がmgオーダーからさらに微量となって，研究者の受けた恩恵は計りしれないほど大きい．その上，コンピュータの進歩からFT方式が導入されて，研究がさらに超微量化に進んでいった．

2.3 天然物化学の進展

9α-SCH₃ 誘導体

ある一つの注意深い観察が，質的な変革をもたらす．それまで立体配座の解析までであった NMR 法の使用が 3 次元空間の立体化学の世界に普及する契機となったのは，1967（昭和 42）年の ginkgolide の立体構造研究である．

イチョウ（*Ginkgo biloba* L.）は neuroprotective effect を期待して植物薬として用いられ，五環性ジテルペン ginkgolide 類（中でも ginkgolide B）がその作用成分[10]と考えられている．それらの ginkgolide 類の立体構造の研究で中西香爾ら（当時，東北大学理学部）によって NMR スペクトルの詳細な検討がなされた[11]．そこで，Bu^t 基由来のシグナルを照射（irr.）すると，空間的に近接するプロトン（〇囲い）のシグナル強度の増大が観察されたのである．これは先に Anet と Bourn が

ginkgolide B

籠型化合物の NMR で観察していた[12]核オーバーハウザー効果（NOE）を，天然物質の立体構造研究において初めて確認したものである．以来，NOE の有無が 3 次元構造における空間的近接度を確かめ得る手っ取り早い一般的な手法となった．

NMR 法は 1970 年代になってさらに著しい進歩を示した．FT-NMR の開発と超伝導マグネットの導入は，NMR 法に画期的な進展をもたらした．とくに FT-NMR 法によって，スペクトルの積算が容易となり，シグナル強度が積算回数の平方根に比例することから，必要な試料量がそれまでよりも少量で済ませられるようになって，構造決定に ^{13}C NMR 法が実用化されるに至った．それまで電磁波や永久磁石では，100 MHz が限度と考えられていたが，超伝導マグネットが用いられるようになって，現在では 900 MHz の機械が実用化されている[13]．

磁場が強くなると化学シフト (chemical shift) と結合定数 (coupling constant) の比が大きくなるので，スペクトルパターンが単純化され，複雑なスペクトルの解釈がますます可能になって行った．さらに，コンピュータの進歩により，FT-NMR 法で 1 次元 NMR スペクトル法から 2 次元スペクトル法，さらに色々特殊な測定法が開発され，NMR 法で得られる情報がますます増加し，複雑な化学構造が数しれず解明され現在に至っている．

3) MS 法 試料を損なわない (非破壊的) で化合物の構造情報が得られる NMR 法に比較すると質量分析法 (mass spectrometry, MS) は試料を電子衝撃で分解して構造情報を得る手法であるが，当初からごく微量の試料ですむ利点があり，1960 年頃から有機化合物の分析に用いられる分析機器が市販されるようになっている．矢毒に用いられていた南米コロンビア産 *Phyllobates* 属カエルの皮膚から微量にしか得られなかった batrachotoxin の研究初期そのステロイド型基本炭素骨格の解明に MS 分析が重要な役割を果たしている[14]．

batrachotoxin

1960 年頃までの有機化学の分野では，MS 分析は主に石油成分の定量分析に用いられていた．固体試料導入系 (直接試料導入法) が開発されて，アルカロイドを中心とした天然物質の構造解析に目覚ましい活用がなされた[15]．さらに，二重収束 MS 分析計にコンピュータを直結して分子イオンやフラグメントイオンの組成が決定されるようになった．また，electron impact (EI) 法の欠点を補ういろいろなイオン化法 (field ionization, FI; chemical ionization, CI), FD (field desorption) 法などが続々と開発され，MS 計に GC や LC などのクロマトグラフィー法を直結して，混合物の組成分析が行われるようになると，MS 分析は定性から定量へと精密化され，構造決定に一般的な分析法になった．

1980 年代になると，高速原子衝撃 (fast atom bombardment, FAB) や液体二次イオン (liquid secondary ion, LSI) MS 法が EI 法や CI 法と同じように用いられ，生体関連化合物など不揮発性分子や熱に不安定な分子の MS 分析に好都合な方法が開発され，プラズマ脱離 (plasma desorption, PD), レーザー脱離飛行時間型 (laser desorption-time of flight, LD-TOF) によって，MS 法は高分子物質の解析にまで，その応用が広げられた．そして，ソフトレーザー脱離イ

オン化法（マトリクス支援レーザー脱離イオン化法 MALDI の名で一般化している）でタンパク質の分析を可能にした田中耕一（京都・島津製作所）は 2002 年 12 月にノーベル化学賞を受賞している．さらに，多目的のイオン源として ElectroSprayIonizaton（ESI）や，多段階質量分析の可能なイオントラップ，さらに超高感度の FTMS 等が開発されることにより，生体高分子と天然生理活性物質などとの相互作用解析に用いられるようになっている．

§2.3.1 でも触れたが，腔腸動物花虫綱 Zoanthidae 科のスナギンチャク類 *Palythoa* sp. の毒は 1960 年代に発見されたが，古代ハワイ人が矢毒に使用したと伝えられている．1971 年 P. Scheuer ら（米国ハワイ大学）がスナギンチャクの一種 *P. toxica* から毒の本体を単離して palytoxin と命名した[16]．これは多糖体やポリペプチドのようなくりかえし構造をもたない単一巨大分子（non-biopolymer）で，1973 年橋本芳郎（東京大学農学部）らにより，沖縄サンゴ礁のイワスナギンチャク *P. tuberculosa* からも得られた．palytoxin は，微生物や植物に由来するタンパク毒以外では，当時，最強の有毒天然物質（心臓血管系，特に冠状動脈に対する）であった．[LD_{50}（犬）25 ng/kg（静注）] [ちなみにフグ毒 tetrodotoxin では 9 μg/kg（マウス）]．*Palythoa* sp. から palytoxin を分離精製するのに，多孔高分子（porous polymer）樹脂 TSK-G3000S のカラムに吸着して 75% アルコールで溶出させる方法がきわめて有効であった．そしてその分子量がプラズマ脱離（PD）MS 法で $C_{129}H_{223}N_3O_{54}$（$M = 2681.1$）と明らかにされたのは画期的なことであった．

4) 旋光分散（ORD）と円二色性（CD）　　不斉合成が盛んになる最近まで，天然物質の特性の一つは光学活性でその絶対配置の解析は，天然物質が示す種々の生物活性との関連からもきわめて重要である．

旋光分散（optical rotatory dispersion, ORD）と円二色性（circular dichroism, CD）が有機化合物の絶対立体構造を反映していることから，1953 年頃旋光分散計が開発され Cotton 効果が発見され，ついで 1961 年頃から CD 分光計が実用化されるようになった．ORD と CD のスペクトルから得られる Cotton 効果の情報では CD の場合の方が Cotton 効果の分離がよいなどの理由で，CD スペクトルが測定されることが多い．

オクタント則（octant rule）の発見（1962 頃）を皮切りに，絶対構造既知物質との比較，種々の発色団に対する経験則の適用，CD 励起子キラリティ法の利

用(これは絶対構造を非経験的に決定する方法として有効),さらにはπ電子共役系のCDと絶対構造決定など,CD法は絶対立体化学構造決定に必須の方法になっている.

棘皮動物マナマコ *Stichopus japonicus* に含まれる抗白癬菌活性物質 holotoxin A および B はラノスタン型トリテルペンのアグリコンに枝鎖六糖が結合したサポニン(オリゴ配糖体)で,水虫の治療薬として実用化されている.

holotoxin A Ⓡ =CH$_3$
holotoxin B Ⓡ =H

i → ii

これらのサポニンの全化学構造が解明されたのは1978年のことである[17].その研究の過程で,それまでに提出されていたアグリコンの構造 i が ii 式にまず改訂されたのは,微量しかなかった試料のCD解析に基づいている.とりわけラノスタン骨格上に5員環ケトン,9,11位に二重結合,γ-ラクトン構造の存在がCDで示されたことが決定的要因となっている[18].

沖縄県座間味島で採集された海綿 *Xestospongia sapra* から得られたモルモット心筋収縮作用を示す halenaquinol には6位に唯一の不斉炭素があり,この光学活性は分子のねじれによるもので比旋光度の値が大きい:$[\alpha]_{577}$ +179 (アセトン)[19a].halenaquinol の絶対配置は,ジメチル誘導体 iii および iv と,原田宣之ら(当時,東北大学非水研究所)によるモデル化合物 v の理論計算で得られる UV および CD スペクトルの比較で 6S 配置が決定された[19b].

halenaquinol

iii R ⋯⋯OCH₃
iv R ◀—OCH₃

v

5) X線結晶解析

NMR法が普及するのと同じ頃，X線回折現象を利用する結晶構造解析が天然物質のような複雑な分子の構造解明に可能となった．当時は，X線結晶解析の専門家に依頼することが多かったが，近年，コンピュータの進歩とともに測定法や解析の手法が簡素化され，天然物化学者自身で解析できるようになった．

天然物質の構造解析でX線解析がドラマティックに人々の記憶に残されているのは，フグ毒 tetrodotoxin の構造決定への応用であろう．1964年4月国際天然物化学会議（京都）で，日米両国の津田恭介ら（当時，東京大学薬学部），平田義正ら（名古屋大学理学部），R. B. Woodward ら（ハーバード大学）の3グループがそれぞれ独立に，tetrodotoxin の構造について，それまでの化学反応や機器分析で得られた解析結果を集約して，最終的にはX線結晶解析によって tetrodotoxin の化学構造に同一の結論を得たことは今も語り伝えられている[20]．さらに米国の H. S. Mosher ら（カリフォルニア大学）によってカリフォルニアイモリの毒性成分 tarichatoxin が tetrodotoxin と同一物質であることが明らかにされたのも同会議である[21]．

さらにこの会議では，飯高洋一，夏目充隆（当時，東京大学薬学部）によってもX線結晶解析の威力が示されている．それまで日本国内の数グループによって競って構造研究が行われていたシソ科延命草 *Isodon trichocarpus* の苦味成分 enmein の立体構造が，重原子標識誘導体 acetyl-bromoacetyldihydro-enmein（vi）のX線解析に基づいて決定されたのである[22]．

tetrodotoxin

enmein

vi

これらの見事なX線結晶解析の結果は，UV，IR，NMR，MS，ORD-CDと機器分析の進歩を活用してきた天然化学物質の構造研究に，質的な変革を促すことになった．天然物化学の分野で構造研究を主としてきた人々にとって，天然物質研究の終末を見たと思い込ませるようなできごとであった．

支援技術の機器分析法の発展によって，それまで長年化学反応だけで構造を推定し，それが化学合成で決定される時代から，機器分析が主役となって構造が推定され，X線結晶解析によって結論が出される時代になってきたのである．

2.3.3 天然物質研究の潮流

研究支援技術の進歩は，天然物質研究の微量化を推進し，それまで困難であった研究を可能にし，さらに精密化した一方で，せっかく明らかにされた新規な構造の天然有機化合物を素材として新しい有機化学反応を発見する機会を減少させたようである．

より精密に研究を進めるためには，研究領域の広がりのゆえもあって，一つの研究室だけではとても対応しきれない研究課題があり，共同研究の必要性も増えてきた．そして，新しい天然物質を探索するためには，地球規模（たとえば熱帯動植物の生態系に存在している物質や海洋生物成分を対象とするなど）のスケールで研究を推進するなど研究対象の拡大が進んでいる．

天然物化学研究にはまた，自然から新しい医薬素材やそのシーズ探しという，創薬基礎科学における先端に位置する役割があり，さらに環境科学との関わりでは天然トキシンの解析で大切な役割がある．このように自然から新しい活性分子種を見出だす努力は，天然物質の化学から科学への発展のためにはこれからも欠かすことができないのである．

生物が生産する多種多様な化合物の化学構造を決定し，化学合成するという従来多かった天然物化学研究は，どちらかといえば静的（static）な研究展開であった．そこで，生命は核酸やタンパク質のような生体高分子によって維持されるばかりでなく，生物活性天然物質のような低分子化合物が，それらの生体高分子に分子認識されてその機能を発現するという，動的（dynamic）な捉え方を有機化学のレベルで解明しようとする「動的天然物化学-精密構造認識を基盤とする展開-，Dynamic Aspects of Natural Product Chemistry - Development Based on Fine Structure Recognition -」（文部省重点研究，代表者：後藤俊夫，小倉

協三,1990-1992)の領域が生まれた.

　これがさらに,機能性天然低分子と相互作用する生体高分子を探索し,超分子形成と機能の発現を解析する方向へと領域が進められ,生物活性天然物質と受容体との複合体形成をイメージした「天然超分子の化学, Natural Supramolecules : Chemistry and Function」(文部省重点研究,代表者：楠本正一,1994-1996)という先導的研究課題が生み出された.

　それらの過程で,天然物質研究がさらに超精密化され,「未解明生物現象を司る鍵化学物質, Targeted Pursuit of Challenging Bioactive Molecules」(文部科学省特定領域研究,代表者：上村大輔,1999-2003)を探るテーマで,生物現象の物質科学的理解,とりわけ短寿命・稀少物質の解析を目指して研究が展開されている.そしてこれらの天然物化学研究にますます生物有機化学的研究の要素が増大してゆくのである.

I編 (1〜2章) の文献

1) a) J. B. Hendrickson, "*The Molecule of Nature*", W. A. Benjamin, N. Y., Amsterdam, 1965; b) 平田義正編「天然物有機化学-方法と展開-」岩波書店, 1981; c) 後藤俊夫編「天然物化学」(丸山和博編, 有機化学講座10), 丸善 (1984.7); d) 三橋 博, 田中 治, 野副重男, 永井正博編「天然物化学」, 南江堂 (1985.1); e) 大石 武編著「天然物化学」(黒田晴雄, 桜井英樹, 増田彰正編, 現代化学講座), 朝倉書店 (1987.7); f) 岩村 秀, 野依良治, 中井 武, 北川 勲編「大学院有機化学 (下)」p. 787, 講談社サイエンティフィク (1988.6).
2) 北川 勲, 薬史学誌, **32**, 102 (1997).
3) a) 岡本邦男, 理論有機化学 (化学増刊14), p. 111, 化学同人 (1964); b) 谷田 博, 秦 美輝, 理論有機化学 (続) (化学増刊21), p. 49, 化学同人 (1965).
4) a) D. H. R. Barton, J. E. D. Levisalles, J. T. Pinhey, *J. Chem. Soc.*, **1962**, 3472; b) D. H. R. Barton, J. T. Pinhey, R. J. Wells, *ibid.*, **1964**, 2518; c) D. H. R. Barton, P. T. Gilham, *ibid.*, **1960**, 4596.
5) A. Eschenmoser, C. E. Witner, *Science*, **196**, 142 (1977).
6) 竹本常松, 中島 正, 薬学雑誌, **77**, 1307, 1310, 1339 (1957).
7) L. H. Zalkow, D. R. Brannon, J. W. Uecke, *J. Org. Chem.*, **29**, 2786 (1964).
8) a) Y. Ogihara, N. Kobayashi, S. Shibata, *Tetrahedron Lett.*, **1968**, 1884; b) S. Shibata, T. Murakami, I. Kitagawa, T. Kishi, *Pharm. Bull.* (Tokyo), **4**, 111 (1956).
9) I. Kitagawa, Y. Ueda, T. Kawasaki, E. Mosettig, *J. Org. Chem.*, **28**, 2228 (1963).
10) 血小板活性化因子レセプターのアンタゴニスト, S. Jaracz, K. Strφmgaard, K. Nakanishi, *J. Org. Chem.*, **67**, 4623 (2002).
11) M. C. Woods, L. Miura, Y. Nakadaira, A. Terahara, M. Maruyama, K. Nakanishi, *Tetrahedron Lett.*, **1967**, 321.
12) F. A. L. Anet, A. J. R. Bourn, *J. Am. Chem. Soc.*, **87**, 5250 (1965).
13) a) 廣田 洋, 化学, **56**, 12 (2001); b) 廣田 洋, 表面科学, **24**, 27 (2003).
14) a) J. W. Daly, B. Witkop, P. Bommer, K. Bieman, *J. Am. Chem. Soc.*, **87**, 124 (1965); b) 全合成, M. Kurosu, L. R. Marein, T. J. Grinsteiner, Y. Kishi, *J. Am. Chem. Soc.*, **120**, 6627 (1998).
15) H. Budzikiewicz, C. Djerassi, D. H. Williams, "*Structure Elucidation of Natural Products by Mass Spectrometry*", vol. 1, 2, Holden-Day, San Francisco (1964, 1967).
16) R. E. Moore, P. J. Scheuer, *Science*, **172**, 495 (1971).
17) I. Kitagawa, H. Yamanaka, M. Kobayashi, T. Nishino, I. Yosioka, T. Sugawara, *Chem. Pharm. Bull.*, **26**, 3722 (1978).
18) I. Kitagawa, T. Sugawara, I. Yosioka, K. Kuriyama, *Tetrahedron Lett.*, **1975**, 963.
19) a) M. Kobayashi, N. Shimizu, Y. Kyogoku, I. Kitagawa, *Chem. Pharm. Bull.*, **33**, 1305 (1985); b) N. Harada, H. Uda, M. Kobayashi, N. Shimizu, I. Kitagawa, *J. Am. Chem. Soc.*, **111**, 5668 (1989).
20) a) K. Tsuda, *Naturwissenschaften*, **53**, 171 (1966); b) R. B. Woodward, *Pure Appl. Chem.*, **9**, 49 (1964); c) T. Goto, Y. Kishi, S. Takahashi, Y. Hirata, *Tetrahedron*, **21**, 2059

(1965).
21) H. S. Mosher, F. A. Fuhrman, H. D. Buchwald, H. G. Fischer, *Science*, **144**, 1100 (1964).
22) a) Y. Iitaka, M. Natsume, *Tetrahedron Lett.*, **1964**, 1257; b) M. Natsume, Y. Iitaka, *Acta Cryst.*, **20**, 197 (1966).

II
天然化学物質の生合成

　化学構造が明らかにされた天然有機化合物の数が増えると，それらを有機化学的に整理するようになって，構造による分類が始まった．ついで，自然がそれらの化合物を生体内で合成（生合成）する仕組みを考察して，それに基づいて天然有機化合物の系統・分類がなされ，今日のように天然化学物質を生合成経路に沿って分類して理解するようになった．生合成は biogenesis や biosynthesis の訳語に当てられたものだが，1961 年になって，生合成仮説的な場合の用語に biogenesis が当てられ，トレーサー実験などによって何らかの実験的根拠を伴った生合成経路に対して biosynthesis が使われるようになった[1]．ともあれ，天然物質の化学構造研究の初期から，生合成経路の考察は化学構造の推定にかなり重要な拠り所を与えるものとなっていった．

3
一次代謝と二次代謝

　動植物や微生物が生産する天然化学物質は，一次代謝産物（一次成分）primary metabolite と二次代謝産物（二次成分）secondary metabolite に大別される．一次代謝は，生物が生命の維持や種族の維持に関わっている生体内反応で，二次代謝では一次代謝において生産された物質を材料として生体内反応が進められる．植物成分を例としてそれらを概念的に分類すると，下表のようになる．

　これまで天然物化学の研究対象とされた天然物質には二次代謝産物が多かった．近年，それらの天然物質の生命科学上の意義を解明しようとする取り組みが増えて，天然物化学はさまざまな生物の個体内あるいは個体間（同種あるいは異種生物の）において，生体高分子（一次成分）と二次成分との相互作用に注目するようになって，生物有機化学の方向にも進んでいる．

	有機化学的分類	機能的分類
一次成分	carbohydrate amino acid/peptide/protein organic acid（simple） fatty acid/lipid どの植物にも共通に含有されているものが多く，ある特定の植物の特徴的な成分にはなりにくい．	tissue substance 　cellulose/hemicellulose/lignin reserve substance 　starch/inulin/lipid living substance 　protein/nucleic acid 　chlorophyll/biocatalyst
二次成分	一次成分の中から生合成され，植物の特殊性になるものやならないものなど多種多様である．植物の生命活動から見れば，副生産物と思われるものが多く，植物の生活上の意義が不明のものが多い．しかし，植物の系統分類と密接な関連性をもっているものも多い．古くからヒトとの関わりの深い植物成分はほとんどこの群に入る．	

動物，微生物の代謝産物もおおよそ植物成分と類似のカテゴリーで分類されるが，かなり異なる場合もある．

4

生合成研究の歩み
― biogenesis から biosynthesis へ ― [2,3)]

今日では何万とも数え切れないほどの天然化学物質（二次成分）が明らかにされているが，初期の頃はそれらの化学構造を有機化学をベースにした理解が試みられた．

4.1 R. Robinson の仮説（1917）

アルカロイドの基本骨格は普通のアミノ酸と他の生体内小分子（small biological molecules）に由来している．そしてこれらの素材は，たとえば次のような有機化学反応によってより複雑な化学構造へと構築されるというのである．

aldol 縮合型反応

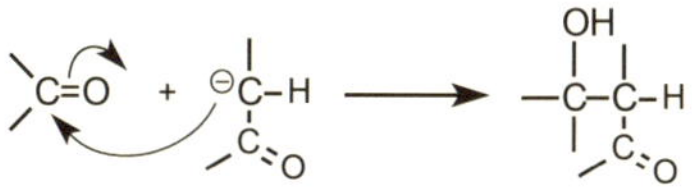

carbinol amine 縮合型反応

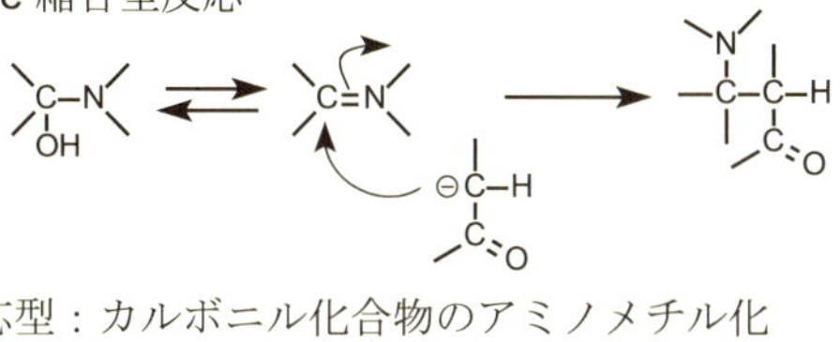

Mannich 反応型：カルボニル化合物のアミノメチル化

$$RCOCH_3 + CH_2O + HN(CH_3)_2 \xrightarrow{-H_2O} RCOCH_2CH_2-N(CH_3)_2$$

この仮説に基づいて tropinone の化学合成が達成された（次ページ）．
　Robinson の究極の目的は生体細胞内で行われるであろう生合成反応を *in vitro* で再現しようとするところにあり，反応に用いた化合物はいわゆる biological molecule であった．その反応条件はかなり強いものであったが，この考え方は基本的には，その後の biomimetic synthesis に続くものになっている．

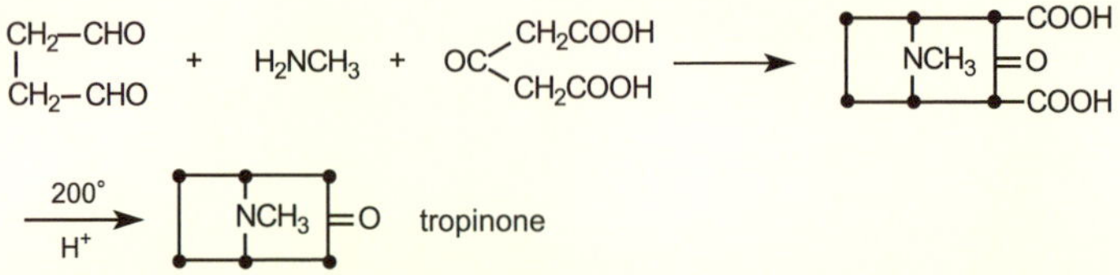
CH2–CHO
CH2–CHO
H2NCH3
OC
CH2COOH
CH2COOH
NCH3
COOH
O
COOH
200°
H+
NCH3
O
tropinone

4.2　C. Schöpf の生理的条件下の合成（1937）

Schöpf は生理的条件下の合成という手法で生合成過程の有機化学的な立証に近づこうとした．すなわち「植物細胞内で生産される代謝産物は，もとより色々な酵素系の助けによって合成され代謝されるが，特殊な二次成分のあるものは，ある場合には，反応性に富んだ中間体どうしの自発的縮合反応によって合成されることもありうる．比較的簡単な活性中間体を用意して，いわゆる生理的条件 physiological condition（中性に近い pH，常温に近い温度，希薄溶液，酸・アルカリや触媒を用いない）下で反応させれば，複雑な天然化合物も合成されるはずである」というのが基本的な考え方であった．実際には次のような合成に成功している．

a.

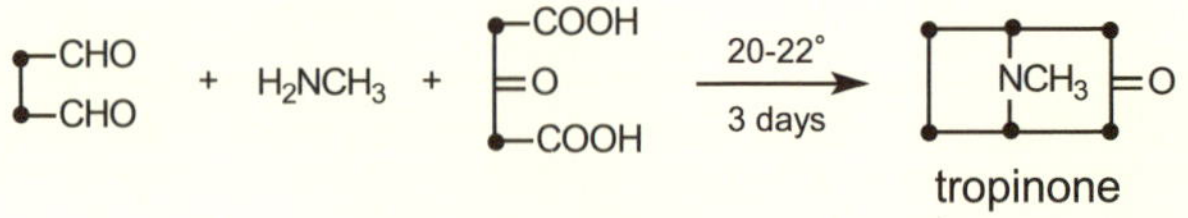
CHO
CHO
H2NCH3
COOH
O
COOH
20-22°
3 days
NCH3
O
tropinone

b.

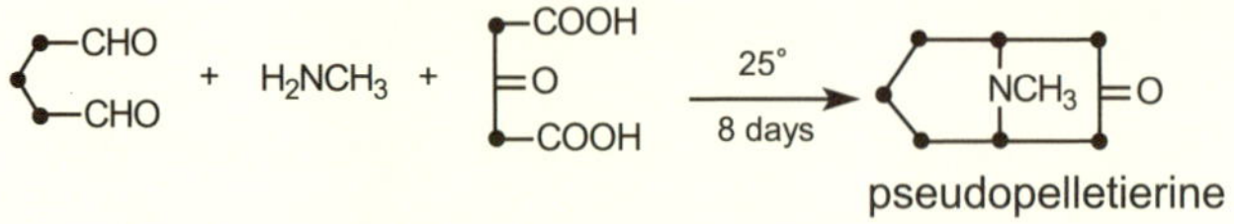
CHO
CHO
H2NCH3
COOH
O
COOH
25°
8 days
NCH3
O
pseudopelletierine

c.

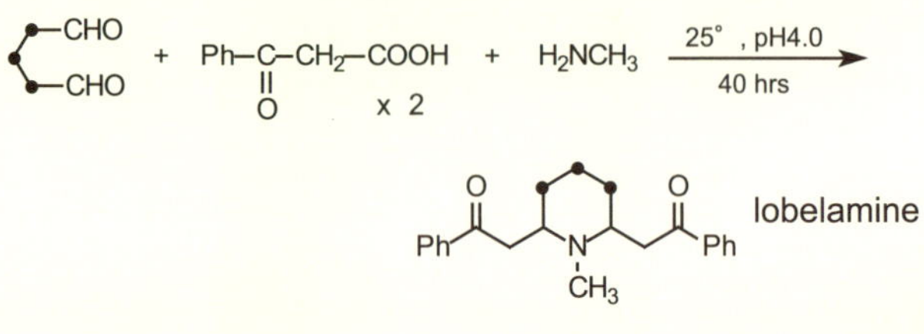
CHO
CHO
Ph–C–CH2–COOH
O
x 2
H2NCH3
25°, pH4.0
40 hrs
O
O
Ph
Ph
N
CH3
lobelamine

このような試みは生合成研究への有機化学的アプローチとして興味深い．その

後，二次成分の種類も増え，それらの生合成考察 biogenesis が進んで，やがてトレーサー実験という支援技術の進歩と相まって，今日の天然物質の生合成経路 biosynthetic pathway が明らかにされていく．

4.3 生物細胞内での有機化学反応

二次代謝産物の化学構造に規則性のあることを洞察して，今日の生合成経路の確立に重要な役割を果たしたのは，① Robinson がアミノ酸とアルカロイドの関連性を指摘したこと，②テルペノイドの化学構造における Ruzicka のイソプレン則や，③ Birch のアセテート則の提唱，などであった．

生合成において生物細胞内で繁用されていると思われる有機化学素反応は以下のように整理されるが，いずれも構成単位 building block から天然化学物質の基本骨格が構築されてゆく過程で進行している．

a. C-C 結合の生成：nucleophilic methylene と electrophilic carbon の反応など

① $>$CH$^{\ominus}$ + $>$C=O $\rightleftarrows$ $>$CH-C-O$^{\ominus}$ (aldol 縮合や Claisen 反応)

② $>$CH$^{\ominus}$ + R'-C(=O)-SR $\rightleftarrows$ -CH-C(R')=O + RS$^{\ominus}$ (acyl-CoA の反応)

③ $>$CH$^{\ominus}$ + CO_2 $\rightleftarrows$ $>$CH-C(=O)O$^{\ominus}$ (carboxylation と decarboxylation)

④ $>$CH$^{\ominus}$ + CH$_2$-CH=CH-R (X 脱離) $\rightleftarrows$ $>$CH-CH$_2$-CH=CH-R + X$^{\ominus}$

⑤ $>$CH$^{\ominus}$ + CH$_3$-S$^{\oplus}$(R)(R') $\rightleftarrows$ $>$CH-CH$_3$ + R-S-R'
(active methionine; one carbon attachment)

b. 酸化的 C-C 結合の形成：phenolic oxidative coupling

c.　酸素の導入：CH 結合の酸化または C=C 結合のエポキシ化
（oxidation と reduction）（$CH_3 \rightarrow CH_2OH \rightarrow CHO \rightarrow COOH$）

①
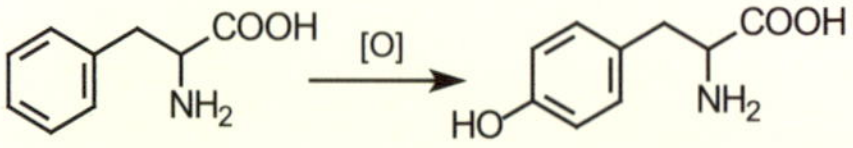

②
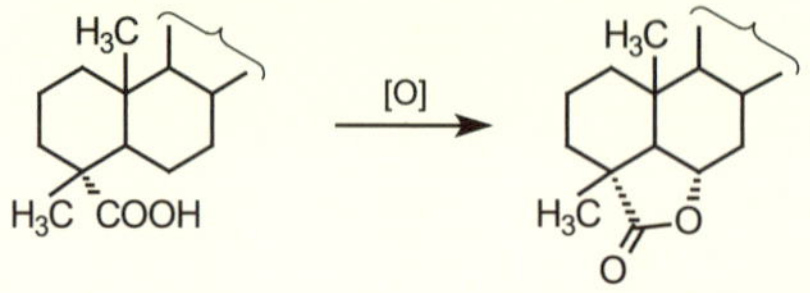

③
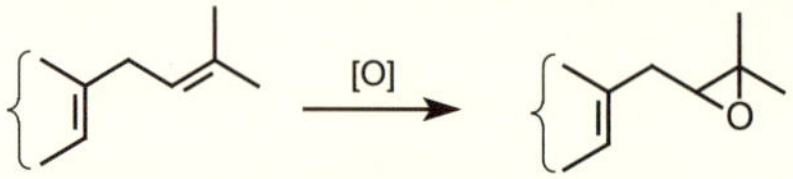

④　Baeyer-Villiger 型酸化

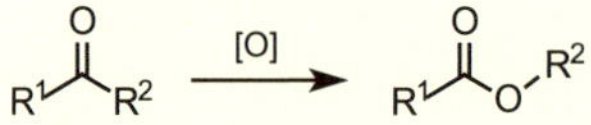

d.　C-O または C-C 結合の酸化還元

①

②
$CH_3-(CH_2)_7-CH_2-CH_2-(CH_2)_7-COOH \longrightarrow CH_3-(CH_2)_7-CH{=}CH-(CH_2)_7-COOH \longrightarrow$
(oleic acid)
$CH_3-(CH_2)_4-CH{=}CH-CH_2-CH{=}CH-(CH_2)_7-COOH$
(linoleic acid)

e.　β-ケトカルボン酸の脱炭酸（decarboxylation）

$$-COCH_2-COOH \longrightarrow -COCH_3 + CO_2\uparrow$$

f.　nucleophilic O または N のアルキル化，アシル化（alkylation, acylation）

①
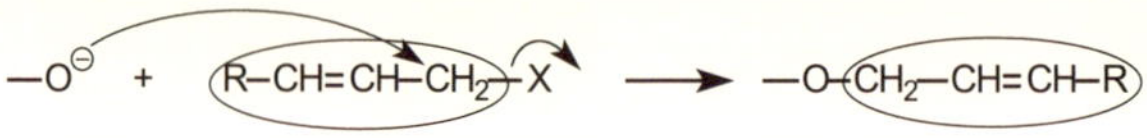

4.3 生物細胞内での有機化学反応

② —O⁻ + CH₃−C(=O)−SR ⟶ —O−C(=O)−CH₃ + RS⁻
(acyl CoA の反応)

③ \>NH + CH₃−S⁺(R)(R') ⟶ \>N⁺H−CH₃ + R−S−R'
(transmethylation)

g. Mannich 型反応：カルボニル化合物の aminomethylation

$$RCOCH_3 + CH_2O + HN(CH_3)_2 \xrightarrow{-H_2O} RCOCH_2-\boxed{CH_2-N(CH_3)_2}$$

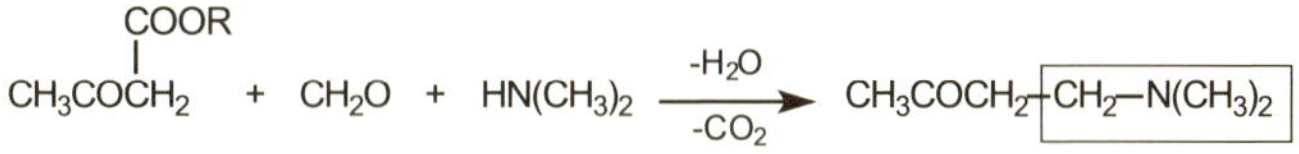

$$\underset{\underset{CH_3COCH_2}{|}}{COOR} + CH_2O + HN(CH_3)_2 \xrightarrow[-CO_2]{-H_2O} CH_3COCH_2-\boxed{CH_2-N(CH_3)_2}$$

h. トランスアミノ化反応（transamination）

HOOC–CH(NH₂)–COOH + HOOC–C(=O)–R ⇌ HOOC–CH₂–C(=O)–COOH + HOOC–CH(NH₂)–R

グルタミン酸　　　ケト酸　　　α-ケトグルタール酸　　　アミノ酸

i. 新しい基本骨格の形成

① Wagner-Meerwein 転位型反応（1,2-shift）

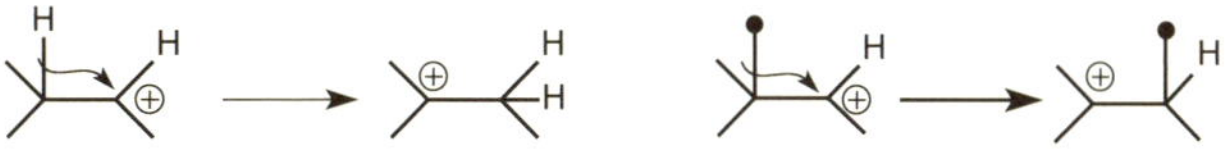

② Diels-Alder 反応型 C–C 結合の生成

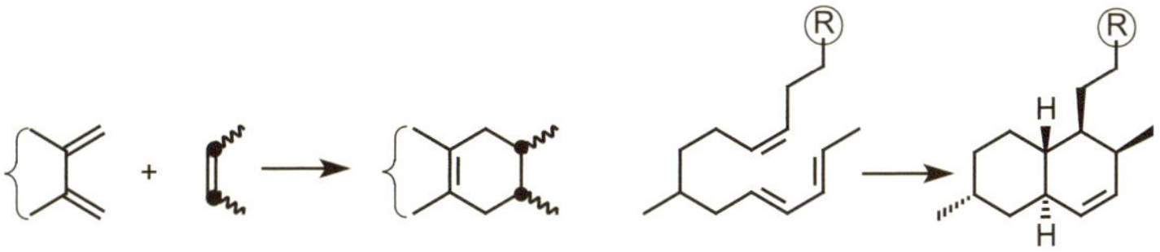

今日，生体内でアセチル化，メチル化などに関与している活性有機分子（生物細胞内反応剤）として，次のような分子種が知られている．

a. アセチル CoA（acetylation）

b. N^{10}-formyltetrahydrofolic acid（C1 carrier）

c. S-adenosylmethionine（methylation）

d. uridine diphosphoglucose（UDP-glucose, glucosylation）

4.4　biosynthesis

標識化合物を用いた生合成研究（biosynthetic study）が行われるようになって，有機化学反応をベースに考えられていた生合成経路についてやがて自然の細胞内反応の実際が明らかにされていった．標識にも放射性同位元素から安定同位元素が使われるようになって，研究の進め方も著しく変貌していった．

4.4.1　morphine の生合成

まず，^{14}C を用いたケシにおける morphine 生合成研究の一例を示す．

1) ^{14}C 標識（★）tyrosine の合成

2) morphine（★）の化学分解反応： ^{14}C-tyrosine を投与したケシから morphine を抽出単離して 2 分子の tyrosine が morphine に取り込まれて ^{14}C（★）で標識された位置を確認するために，構造研究の際に適用された分解反応とは全く別の，新しい化学分解反応を行わねばならない．以下にその反応スキームを示すが，これによって tyrosine 2 分子がどのように morphine 分子構造の構築に用いられているかを画き出すことができた[4]．

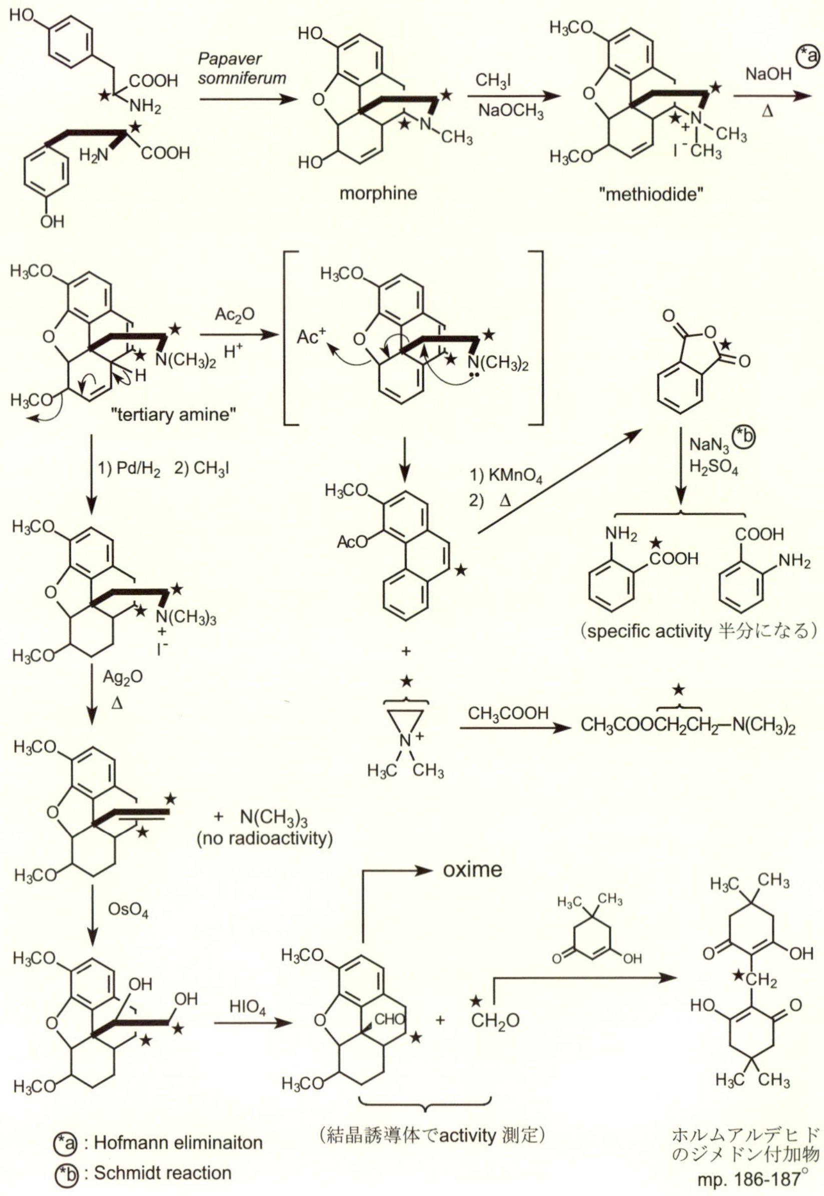

Papaver somniferum
morphine
CH3I
NaOCH3
"methiodide"
NaOH
Δ
*a
"tertiary amine"
Ac2O
H+
Ac+
1) Pd/H2　2) CH3I
Ag2O
Δ
+ N(CH3)3
(no radioactivity)
OsO4
HIO4
oxime
1) KMnO4
2) Δ
NaN3
H2SO4
*b
(specific activity 半分になる)
CH3COOH
CH3COOCH2CH2—N(CH3)2
+ CH2O
(結晶誘導体でactivity 測定)
ホルムアルデヒド
のジメドン付加物
mp. 186-187°
*a : Hofmann eliminaiton
*b : Schmidt reaction

4.4.2 gibberellin 類の生合成経路で

植物ホルモンの一つである gibberellin 類はジテルペン ent-kaurene を経て生合成される.その過程で下記のように B 環の縮環反応を経る必要がある.

ent-kaurene → ent-7α-hydroxy-kaurenoic acid → gibberellin A_{12} aldehyde

(T, ^{14}C) 二重標識法を用いて,この縮環反応のメカニズムが特別の分解反応を行うことなく巧みに証明された.すなわち,*Cucurbita maxima*(ウリ科)種子由来の無細胞系で,ent-6,6-[T]-7α-hydroxykaurenoic acid (2-^{14}C (★)- mevalonate 由来)(i)から生成した ii において,前駆物質 i における T/^{14}C(★)比が半減していることから,B 環の縮環は立体特異的な脱プロトン化($-T_a$)反応で進行することが明らかにされた[5].

4.4.3 安定同位元素と FT-NMR 法の活用 [6]

1970 年代になって,パルス FT-NMR 測定法が進歩して,ある程度の量の天然物質が確保されれば,天然存在 ^{13}C の NMR 測定が可能になった.そして天然物質の化学構造解析のみならず,生合成研究においても新しい展開が見られるようになった.

すなわち,^{13}C やその他の安定同位元素で強化(enrich)された前駆体を用いて投与実験し,得られた生成物の NMR を測定して enrich された元素の位置を確認するという,今日,一般的になっている生合成実験が可能になったのである.

天然物質の化学構造の解析では，種々のスペクトル法や物理化学的手法がもっぱら用いられるようになって，それまでのような化学分解反応はあまり行われなくなったが，生合成研究においても，放射性同位元素を用いた古典的な手法では，morphine の生合成研究例で前述したように，前駆体に標識した放射性同位元素が，生成物の構造中どの位置に取り込まれているかを特定するのに必要な分解反応を工夫する必要があった．

^{13}C NMR 解析法が進むと，化学構造解析が精密化され，生合成研究においても，^{13}C で enrich された前駆体の投与で得られた生成物の構造解析が一層精緻になった．初めの頃，^{13}C 単一標識，ついで ^{13}C-^{13}C 二重標識，さらには，^{13}C と他種の NMR 活性同位元素（^{18}O, ^{2}H, ^{15}N）とで二重標識された前駆体の取り込み実験が行われ，さらに解析に用いられる NMR 測定法にも様々な工夫がなされ，その結果，生合成経路の探究がますます精密化されていった．以下 1970 年代に取り込み実験がいち早く行われた微生物代謝産物の生合成研究のいくつかを紹介する．

a. ^{13}C 単一標識を用いた例

Aspergillus variecolor の代謝産物 tajixanthone の生合成研究で，まず ^{13}C NMR の帰属が，その 11 種の誘導体の詳しい検討をもとになされた[7]．ついで，CH$_3$•COONa や ★CH$_3$COONa の投与実験を行い，それぞれで得られた tajixanthone において enrich された ^{13}C の位置が NMR で検定された結果，tajixanthone が構築されている様式が以下のようにわかった．

arugosin tajixanthone

（代謝産物の一つ，anthrone 型中間体が B-V 型反応を経て生合成されると考えられた）

b. ^{13}C-^{13}C 二重標識を利用した例

1) *Penicillium multicolor* の代謝産物 multicolic acid のような tetronic acid 誘導体の場合でも，まず構造決定に ^{13}C NMR が活用された[8]．ついでその生合成研究では，^{13}C 単一標識，^{13}C-^{13}C 二重標識の acetate の投与実験で生合成経路の詳細が明らかになった．とりわけ，[1,2-$^{13}C_2$] acetate 投与で，^{13}C-^{13}C が取り込まれる様式の確認と，^{13}C-^{13}C の切断と ^{13}C-^{13}C スピン結合様式(注)が観察されたことなどによって，acetate-malonate を経て生合成された芳香環中間体 i の開裂を経て tetronic acid 誘導体 multicolic acid (ii) が生成される経路がわかった[9]．

注　天然に存在する量の ^{13}C（存在割合は ^{12}C の 0.011 % であるので）が隣接する ^{13}C-^{13}C スピン結合で観測される確率は 0.0001 ときわめて低い．

このベンゼノイド中間体 i の酸化的開裂を経て tetronic acid 型生成物 ii が生合成される経路は，その後，6-pentylresorcylic acid の投与実験や ^{18}O- 標識研究によって確認されている．

2) *Aspergillus melleus* のピロン系代謝産物 iii の場合にも 2 結合を経た ^{13}C-^{13}C スピン結合の観測が，生合成過程における C-C 結合の開裂・転位の証明に寄与している．

まず，^{14}C 標識前駆体の投与実験で，acetate からピロン体 iii が通常の polyketide の環化によって生合成されることがわかった．

しかし，ここで C-2，C-7 結合が通常の polyketide の環化反応では説明しに

くい．そこで [1-^{13}C]，[2-^{13}C]，さらに [1,2-^{13}C$_2$] acetate を用いた投与実験が行われた．[1-^{13}C] acetate では C-1，C-3，C-5，C-8 のシグナル強度（・）が増大する．[2-^{13}C] acetate では C-2，C-4，C-6，C-7，C-9 のシグナル強度（★）が増大され，[1,2-^{13}C$_2$] acetate 投与では $^2J_{^{13}C,^{13}C}$=6.2 Hz$^{(注)}$ が観測され，polyketide 中間体 i で結合開裂・転位して ii を経る経路が支持されるに至った[10]．

注　$^2J_{^{13}C,^{13}C}$ の通常値は 0～10 Hz.

以来，NMR 活性の安定同位元素で標識した前駆体を用いた生合成実験は，生合成経路に関して詳細な情報をもたらし，今日の生合成経路の確立に，多大の貢献をするところとなっている．

5

二次代謝産物の生合成経路

5.1 概　　観

　二次代謝産物の生合成経路については多くの成書で解説されている[3]．これまで明らかにされている天然化学物質の構造の成り立ちを理解するのに有用と思われる，それらの基本骨格が構築される経路の概観は，以下のようにまとめられる．

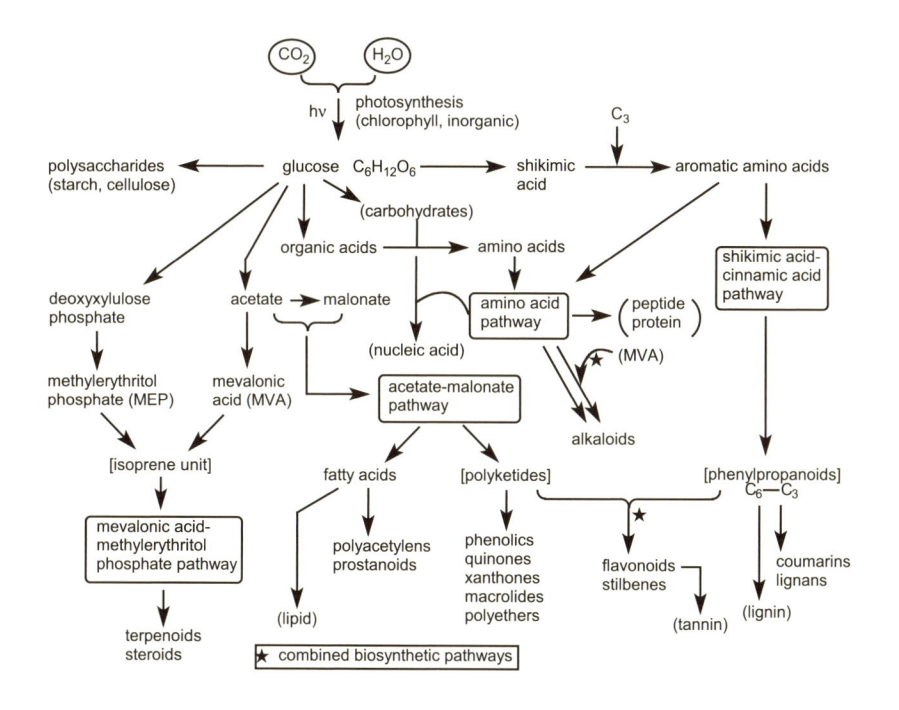

```
                    CO₂   H₂O
                     ↓     ↓
                    hv  photosynthesis
                        (chlorophyll, inorganic)          C₃
                              ↓
polysaccharides ← glucose C₆H₁₂O₆ → shikimic → aromatic amino acids
(starch, cellulose)     ↓         acid              ↓
                    (carbohydrates)             shikimic acid-
            ↓       ↓     ↓                    cinnamic acid
      organic acids → amino acids                 pathway
            ↓
deoxyxylulose  acetate → malonate  amino acid  (peptide
phosphate        ↓                 pathway      protein)
   ↓         mevalonic                           (MVA)
methylerythritol  acid (MVA)  acetate-malonate
phosphate (MEP)       ↓         pathway           ↓
   ↓                                           alkaloids
[isoprene unit]    fatty acids  [polyketides]  [phenylpropanoids]
   ↓                                              C₆—C₃
mevalonic acid-    polyacetylens  phenolics   flavonoids  coumarins
methylerythritol   prostanoids    quinones    stilbenes   lignans
phosphate pathway                 xanthones
   ↓                              macrolides
terpenoids         (lipid)        polyethers  (tannin)   (lignin)
steroids
          ★ combined biosynthetic pathways
```

　以下では，主な生合成経路について有機化学的側面から概説して，その経路で生合成される天然物質を例示する．

5.2 酢酸－マロン酸経路

酢酸－マロン酸（acetate-malonate）経路で生合成される天然物質には，①種々の脂肪酸（fatty acid；飽和，不飽和，枝鎖構造のものなど）や，それらから成る様々な脂質（lipid），オータコイド（autacoid）に分類されるプロスタグランジン（prostaglandin, PG）（§10.1.2参照）と，②多様な化学構造のポリケチド類（polyketides）に大別される．そしてそれらの生合成経路はかなり早い時期にそれぞれ別経路で進行する．

5.2.1 脂肪酸系の生合成
a. 脂肪酸の産生

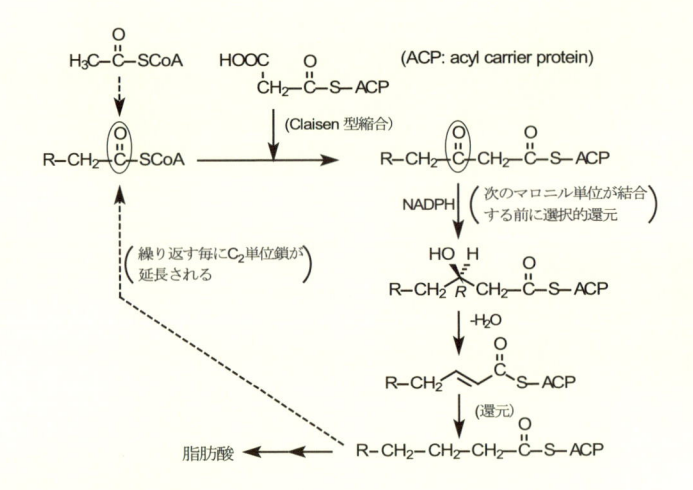

b. アラキドン酸カスケード

ω-6系のリノール酸（18:2）から生合成されるイコサトリエン酸（20:3）およびアラキドン酸（20:4）は，それぞれPG_1およびPG_2系プロスタグランジンの前駆物質で，ω-3系のα-リノレイン酸（18:3）はイコサペンタエン酸（EPA）（20:5）を経てPG_3系プロスタグランジンの生合成前駆物質である[注]．

5.2 酢酸-マロン酸経路

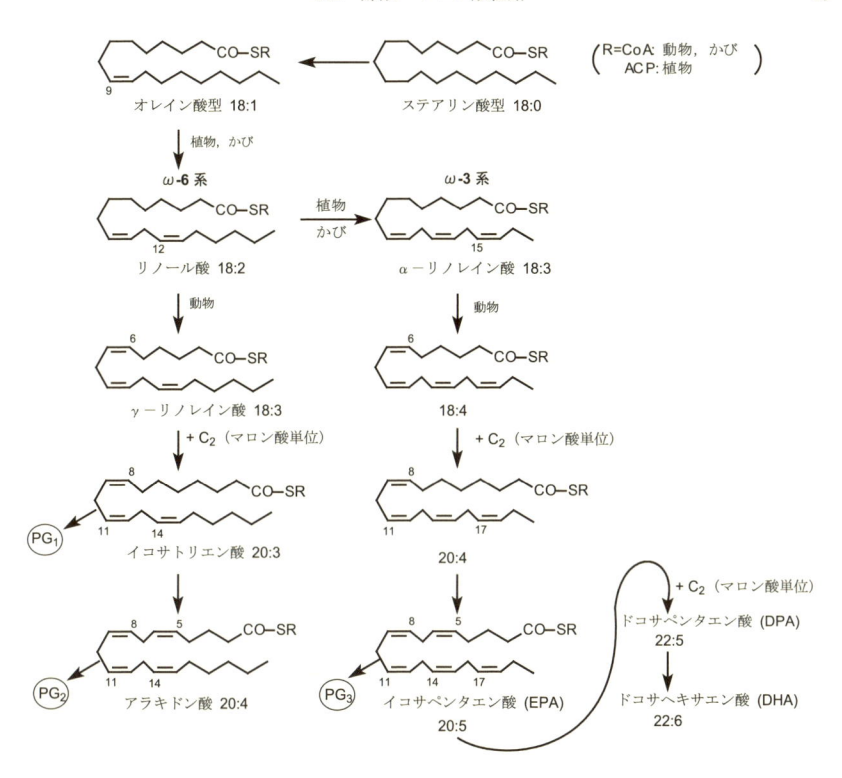

注 PG_1, PG_2, PG_3 の数字は産生されたプロスタグランジンの鎖上の二重結合の数を示している．たとえば，

E, F, …などはシクロペンタン環部の置換様式に従っている．

c. イコサノイドの生合成

細胞膜リン脂質（たとえばホスファチジルイノシトール）から下図のように産生されるアラキドン酸から，①非環化経路，②環化経路を経る代謝により，プロスタグランジン類，プロスタサイクリン類（prostacyclin），トロンボキサン類

(thromboxane), ロイコトリエン類 (leukotriene) が生合成される. これらはいずれも C_{20} 化合物なので, まとめてエイコサノイド (eicosanoid, IUPAC 命名法ではイコサノイド icosanoid) と呼ばれる.

1) 細胞膜リン脂質 (例:ホスファチジルイノシトール)

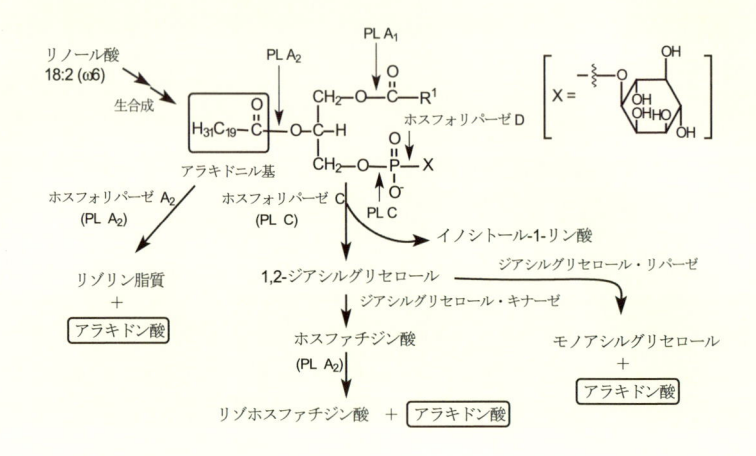

2) アラキドン酸の代謝[注]

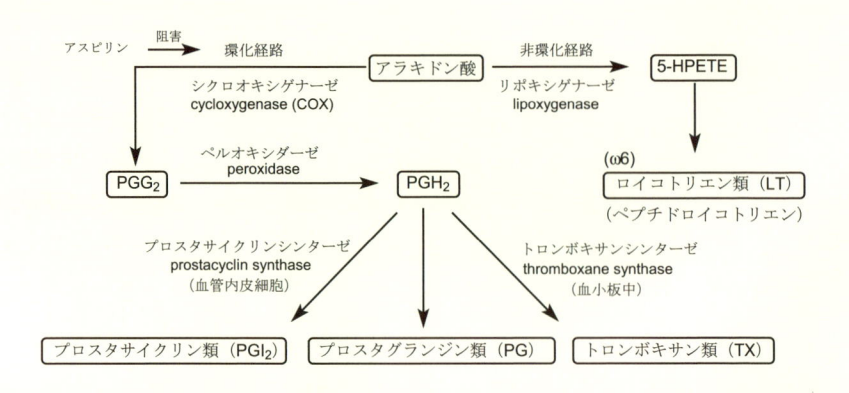

注

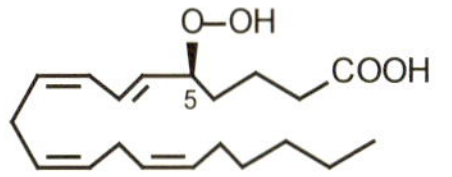

5-ヒドロペルオキシイコサテトラエン酸
(5-HPETE)

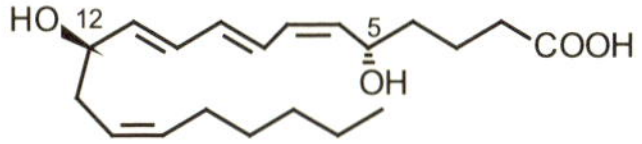

ロイコトリエン B_4 (LTB$_4$)

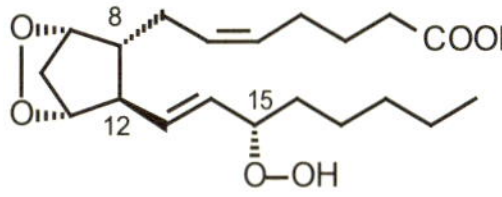

プロスタグランジン G_2 (PGG$_2$)

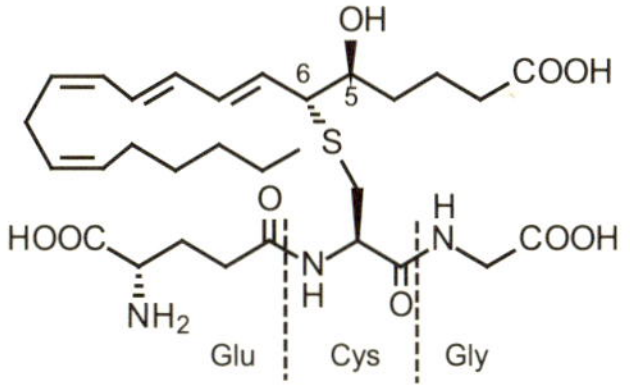

ロイコトリエン C_4 (LTC$_4$)
（グルタチオンロイコトリエン）

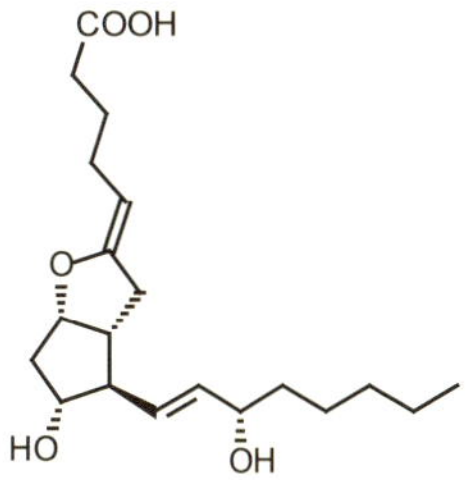

プロスタサイクリン (PGI$_2$)
（不安定）

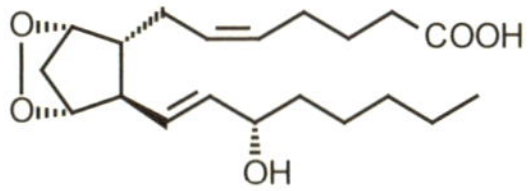

プロスタグランジン H_2 (PGH$_2$)

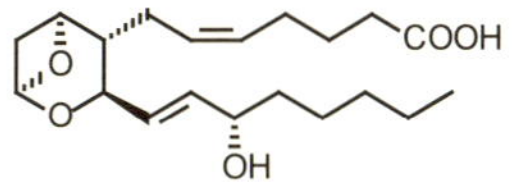

トロンボキサン A_2 (TXA$_2$)
（不安定：半減期30秒）

ポリケチド polyketide 系天然物質は数多く(注)，その化学構造は変化に富んでおり作用面でも興味深い．抗生物質，抗腫瘍，抗かび，抗寄生虫作用や免疫抑制活性を示すものなど多彩である．以下，polyketide の生成から順を追って略述する．

注　約1万以上［P. L. Rawls, *Chem. & Eng. News*, **76**, 29 (1998)］．

5.2.2　polyketide 鎖（polyketomethylene）の生成

RCO-，ArCO- などの変化がある．Cinnamoyl-CoA（シキミ酸由来）が head の場合は，後述のように複合生合成経路で flavonoid 生成ということになる．

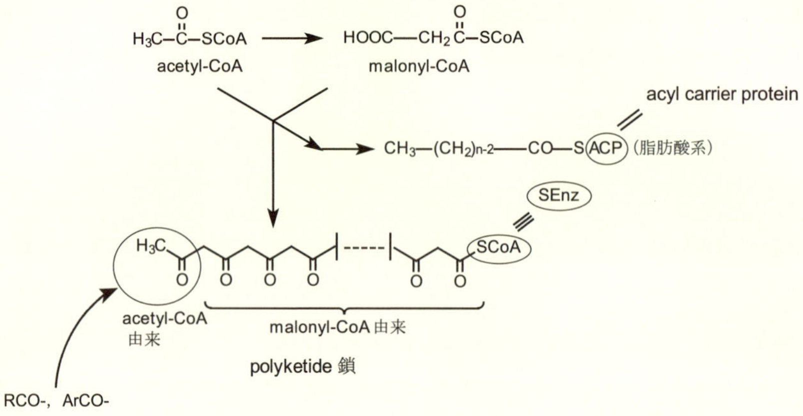
H3C–C(=O)–SCoA
acetyl-CoA
HOOC—CH2C(=O)–SCoA
malonyl-CoA
acyl carrier protein
CH3—(CH2)n-2—CO—S ACP (脂肪酸系)
SEnz
H3C
SCoA
acetyl-CoA
由来
malonyl-CoA 由来
polyketide 鎖
RCO-，ArCO-

5.2.3　polyketide 鎖からの変化

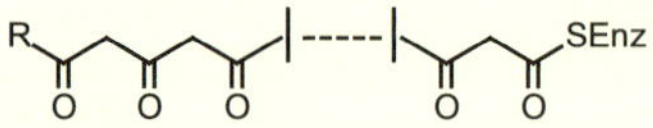
R
SEnz

1)　methylene 部位：　methyl 化（CH_2O 等 C_1 単位導入もある）
　isopentenyl 化（C_5 単位導入），水酸化，2 個の polyketide 鎖のカップリング（C-C 結合生成）

2)　carbonyl 部位：　アルコールへの還元と生成アルコール体の脱水反応

3)　carboxyl 部位：　脱炭酸（偶数のポリケチド鎖から炭素数奇数の生成物）

4)　環化：　CO と CH_2 間の分子内 aldol 型縮合（環化様式によって生成物に変化）

〔例〕

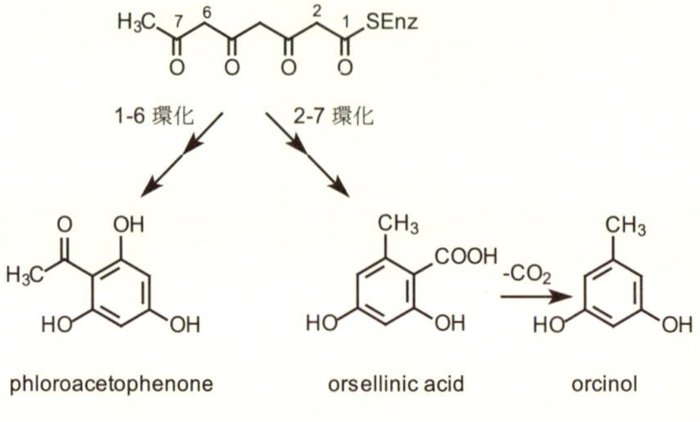
H3C
7
6
2
1
SEnz
1-6 環化
2-7 環化
H3C
OH
HO
OH
CH3
COOH
HO
OH
-CO2
CH3
HO
OH
phloroacetophenone
orsellinic acid
orcinol

5) phenolic oxidative coupling
　単純なフェノール類からC-CまたはC-O結合を生成してより複雑な生成物を与える．
① *in vitro* の類似反応

② Pummerer の ketone[11]

Pummerer ketone（改訂式）[11b, c]　　（旧式[11a]）

③酵素（horseradish peroxidase : HRP）と H_2O_2 による反応：　p-cresol から Pummerer ketone を生成する．この酵素の prosthetic group（補酵素）は protohematin IX で，その構造は $Fe(CN)_6^{3-}$ に類似している．6配位のうち
　　4配位……N

1配位······ polypeptide 鎖
1配位······ H_2O, OOH^-
この酵素反応は芳香族基質の水酸化反応を触媒する．

〔例〕 phenylalanine $\xrightarrow{HRP/H_2O_2}$ tyrosine $\xrightarrow{HRP/H_2O_2}$ DOPA

5.2.4 polyketide 鎖の環化と変化

1) simple phenolics と benzoquinone

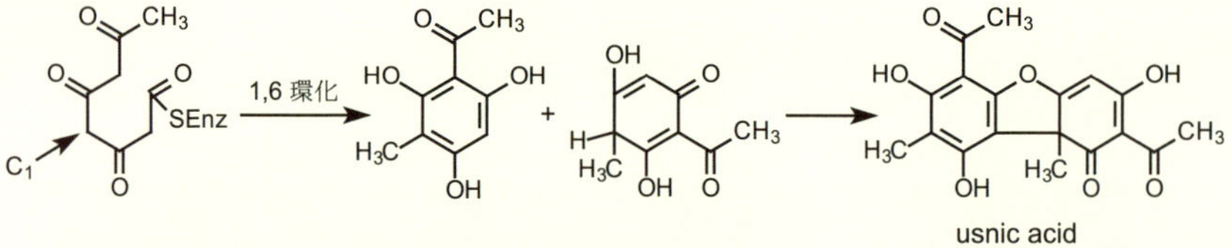

usnic acid
（地衣サルオガセ）

Barton らは前述のように Pummerer ketone の化学構造を改訂し，酸化的フェノール縮合反応[注]によって usnic acid の短行程合成に成功している[11b]．

注　この phenolic oxidative coupling の考え方は，その後，morphine alkaloid（とりわけ morphine）や Amaryllidaceae alkaloid など多くの天然物質の生合成研究に導入・展開されている（後述）．

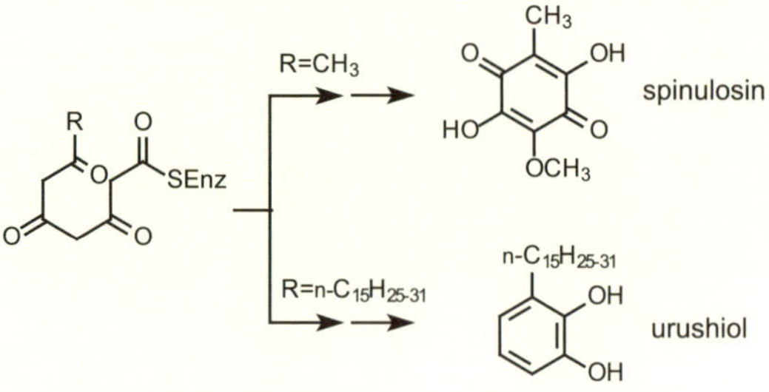

spinulosin

urushiol （ウルシ科）

2) depside, depsidone, dibenzofuran（地衣成分[注]）の生成

注　地衣成分については，Y. Asahina, S. Shibata, "Chemistry of Lichen Substances", Japan Society for the Promotion of Science, Tokyo, 1954.

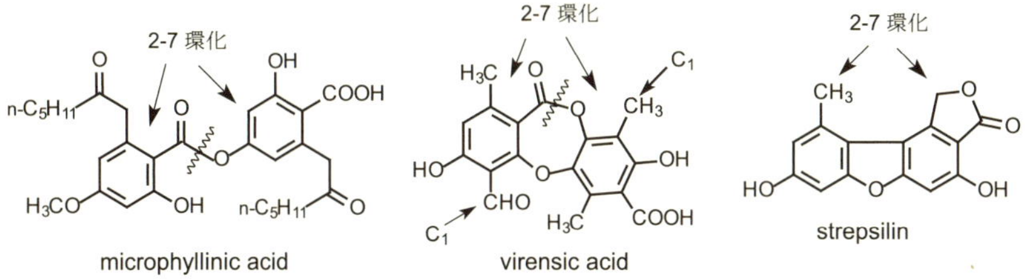

5.2 酢酸-マロン酸経路

microphyllinic acid virensic acid strepsilin (2-7 環化)

これらの場合は側鎖，COOH，酸素官能基の位置に注目すれば，環化の様式が推定できる．

3) chromone

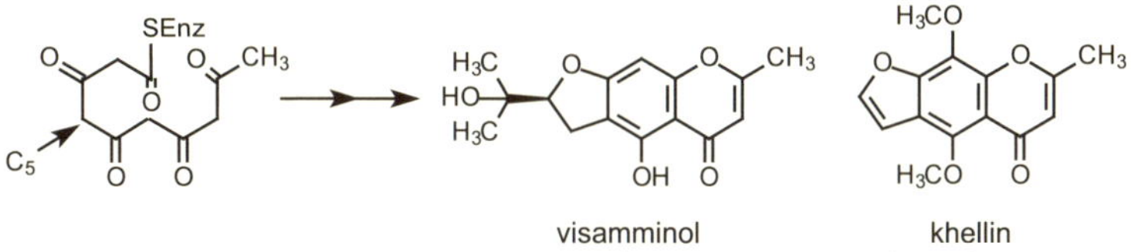

visamminol　khellin
(*Ammi visnaga* セリ科の果実)

4) 多環性芳香環化合物

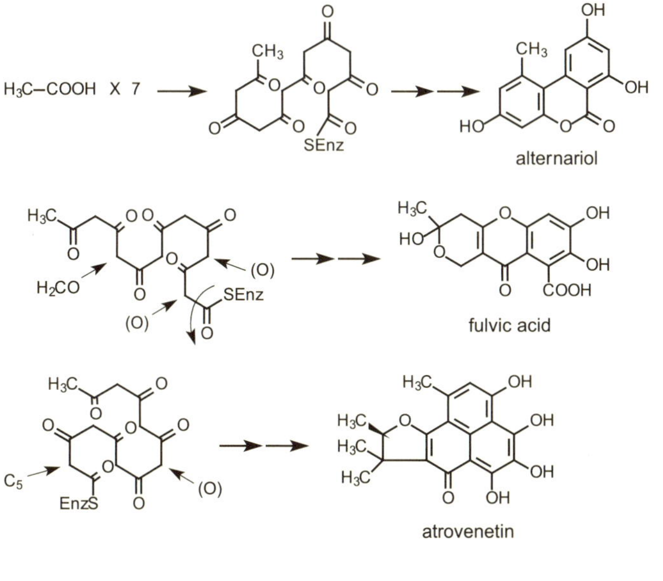

$H_3C-COOH \times 7 \longrightarrow$ ... alternariol

fulvic acid

atrovenetin

5) 骨格がさらに分解する例

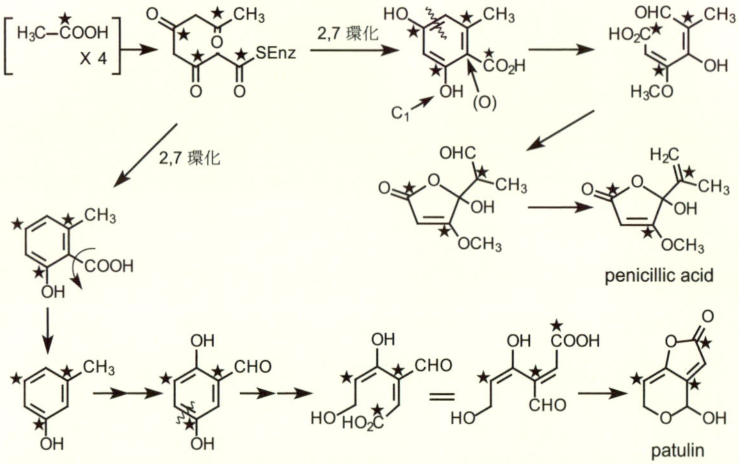

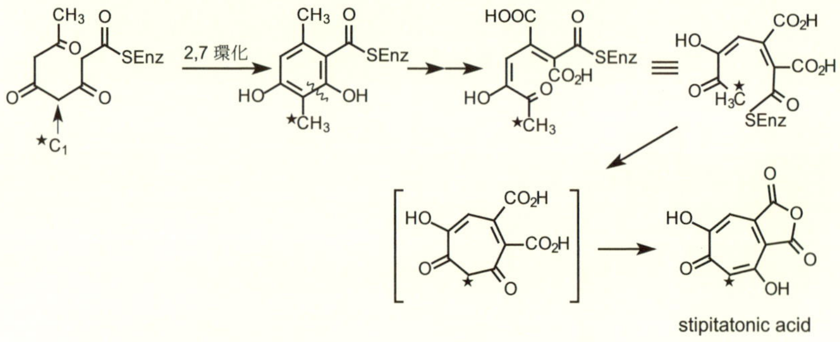

penicillic acid

patulin

stipitatonic acid

6) flavonoid, stilbene の生合成： CH_3CO- のかわりに RCO-，ArCO- などが head になる場合の例である．p-coumaroyl-CoA に diketide, triketide, tetraketide と拡張してゆく過程が chalcone synthase (CHS) による連続反応として明らかにされている[12]．

7) benzophenone, xanthone 関連化合物

8) quinone および関連化合物

① anthraquinone の場合. anthraquinone 類には OH 基の存在形式が, ⓐ両側の環にまたがるもの (例: emodin), ⓑ片側の環に偏在するもの (例: alizarin) の2種に大別され, ⓐは上述のように acetate-malonate 経路で生合成される.

アカネ科植物の anthraquinone 色素はⓑのタイプで, 以下のように複合生合成経路で生合成される.

5.2 酢酸－マロン酸経路

shikimic acid → chorismic acid → isochorismic acid (C_4: 2-oxoglutarate) → ※

※ → (TPP: thiamine diphosphate coenzyme) → → → → (C_5) →

→ $-CO_2$ → → (C_1) →

→ → alizarin （アカネ科）

→ rubiadin （アカネ科）

② tetracycline 類は放線菌 *Streptomyces* sp. の培養で得られ，経口投与できる作用スペクトルの広い抗生物質である．最初に発見された chlortetracycline の生合成経路の head は malonamyl-CoA である．

③ *Streptomyces peucetius* などの培養で生産される抗がん抗生物質 adriamycin や daunomycin の生合成では head は propionyl-CoA である.

④その他の RCO- が head になった polyketide 鎖で生合成される化合物として次のような例がある．

⑤かび *Aspergillus flavus* が生産するマイコトキシン aflatoxin 類（特に B_1，B_2，G_1，G_2）は強力な発がん性を示す．それらの生合成経路がわかっている．

⑥大麻カンナビノイド cannabinoid は hexanoyl-CoA を head として，途中 geranyl diphosphate の C-アルキル化（複合経路）で生合成されることが明らかにされている．

5.2.5　マクロリド抗生物質

acetate, propionate, あるいは両者の混合経路で生合成される 12, 14, あるいは 16 員環ラクトン抗生物質群である．

propionate 経路では，propionyl-CoA，methylmalonyl-CoA が関与する．

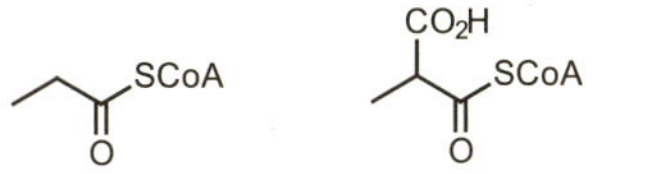

propionyl-CoA

methylmalonyl-CoA

かび類においては S-adenosylmethionine の C_1 導入の例が多いが，放線菌など

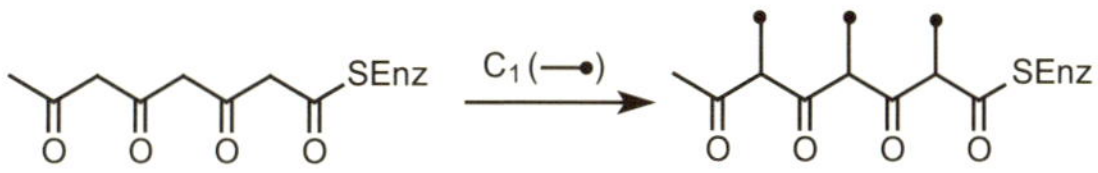

では acetyl-CoA を head に methylmalonyl-CoA が続く例が多い．

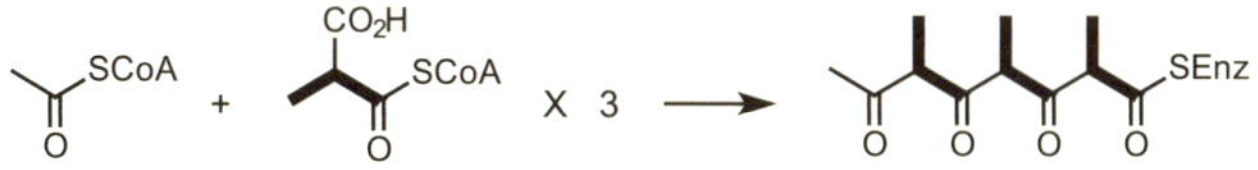

Saccharopolyspora erythraea が産生する erythromycin A は抗菌性の 14 員環マクロリドで，propionate 単位（head も含めて）で生合成されることがわかっている．

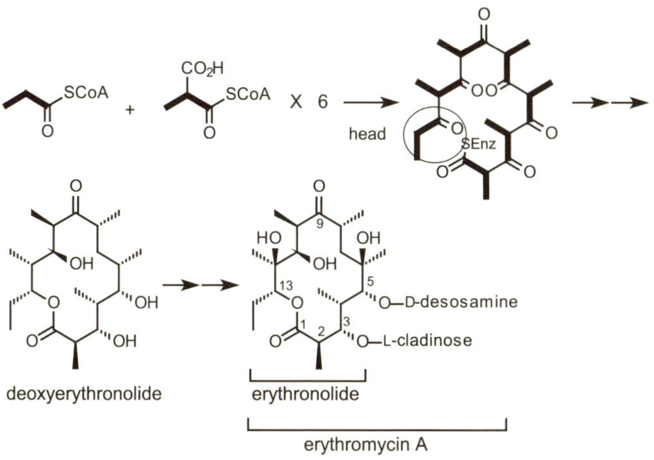

deoxyerythronolide

erythronolide

erythromycin A

5.2.6 ポリエン抗かび活性物質 (antifungal)

これらは抗菌活性 (antibacterial activity) を示さない．通常 26〜38 員環ラクトン構造をもっている．代表的な例は *Streptomyces nodosus* の培養液から得られる amphotericin B である．ほとんどのかびや酵母に対して生育阻害活性を示すが，腸管からは吸収されないので経口投与はむずかしい．

amphotericin B は 38 員環ラクトンで acetyl-CoA (1)，malonyl-CoA (15)，methylmalonyl-CoA (3) から生合成される．

5.3 シキミ酸―ケイヒ酸経路

天然物質（とりわけ植物成分）には炭素骨格に phenylpropane 単位 (C_6-C_3) を含むものが多い．これらの化合物は化学的にはかなり異なった性質を有しているが，その骨格の共通部分を基にして"phenylpropanoid"とまとめられ，glucose から shikimic acid を経て生合成される．shikimic acid は元来シキミ *Illicium religiosum*（シキミ科）から発見された化合物であるが，UV 照射などで作成した *E. coli* の変異株を用いて glucose から生合成される経路が明らかにされている[注]．

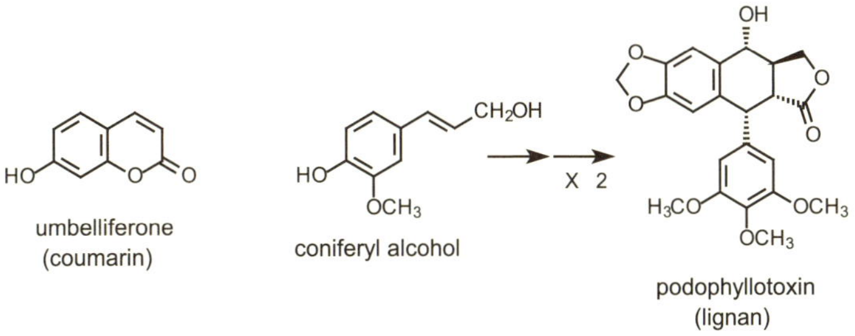

HO
umbelliferone
(coumarin)
CH_2OH
HO
OCH_3
coniferyl alcohol
X 2
OH
O
O
O
O
H_3CO
OCH_3
OCH_3
podophyllotoxin
(lignan)

注　ここでは植物と菌での生合成経路が同様に進行するという大前提に立っている．

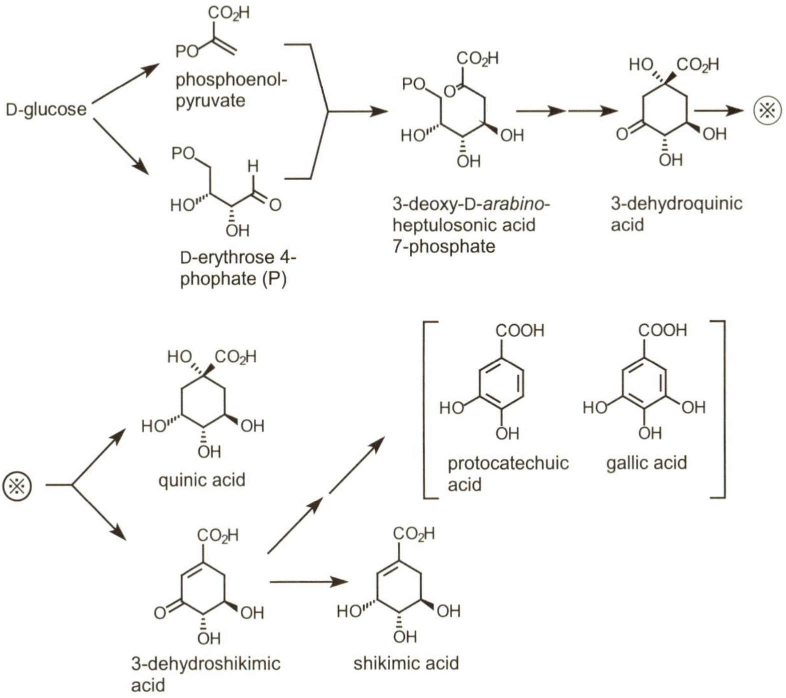

D-glucose
CO_2H
PO
phosphoenol-
pyruvate
PO
H
HO
O
OH
D-erythrose 4-
phophate (P)
CO_2H
PO
O
HO
OH
OH
3-deoxy-D-*arabino*-
heptulosonic acid
7-phosphate
HO
CO_2H
O
OH
OH
3-dehydroquinic
acid
※
※
HO
CO_2H
HO
OH
OH
quinic acid
CO_2H
O
OH
OH
3-dehydroshikimic
acid
CO_2H
HO
OH
OH
shikimic acid
COOH
HO
OH
protocatechuic
acid
COOH
HO
OH
OH
gallic acid

この shikimic acid を経て芳香族アミノ酸，安息香酸やケイヒ酸類が生合成され，ケイヒ酸類 cinnamate からリグナン，リグニン，フェニルプロペン類やクマリン類が生合成される．shikimic acid から chorismic acid を経る phenylpropanoid（C_6-C_3）生合成経路の大略は，以下のようである．

5. 二次代謝産物の生合成経路

shikimic acid → 5-enolpyruvyl-shikimic acid 3-phosphate (P) → chorismic acid → prephenic acid → ※

chorismic acid → anthranilic acid → L-tryptophan

※ → R=H L-phenylalanine / R=OH L-tyrosine
→ R=H cinnamic acid / R=OH 4-coumaric acid (+ malonyl-CoA × 3, R=OH)
→ [中間体] → resveratrol (stilbene)
→ (chalcone) → flavonoids / isoflavonoids

→ esculetin (coumarin)

coniferyl alcohol ×2 → (+)-pinoresinol (resinol 結合) (lignan)^(注)
→ dehydrodiconiferyl alcohol (phenylcoumaran 結合)

注 当初, 2分子の phenylpropanoid 〇-C-$\overset{\beta}{C}$-C が β 位で C-C 結合している二量体構造の化合物に対して lignan と総称された.

シキミ酸−ケイヒ酸経路 (shikimate-cinnamate)^(注) と酢酸−マロン酸経路が複合して生合成されるものに, flavonoid 類, isoflavonoid 類, stilbene 類のほかに,

5.3 シキミ酸-ケイヒ酸経路

styrylpyrone 類,flavonolignan 類がある.また,テルペノイドキノン類はシキミ酸-ケイヒ酸経路とメバロン酸経路の合作ということになる.近年,このように新しいタイプの複合経路で生合成される骨格の天然物質が明らかにされている.

注 シキミ酸経路の進行過程でケイヒ酸が鍵中間体と位置づけされるので,このように呼称されている.

5.4 メバロン酸 (MVA) ーリン酸メチルエリスリトール (MEP) 経路

5.4.1 イソプレン則からメバロン酸ー非メバロン酸経路へ

1939年にL. S. Ruzickaが提唱したイソプレン則 (いわゆる"古典的イソプレン則") では，①すべてのテルペノイド化合物の炭素骨格はイソプレン単位から成り，②それがhead to tailに結合して構築されているというもので，テルペノイドの化学構造推定に大きな拠り所を与え，構造の是非を判断する目安ともなった．

天然物化学研究の進歩に伴って，見かけ上このイソプレン則を満足しない構造のテルペノイド化合物が数多く明らかにされるに及んで(注)，このイソプレン則も改訂されねばならなくなった．

注 1990年頃までに約22000のテルペノイド化合物が報告されている (Dictionary of Terpenoids, J. D. Connolly & R. A. Hill, 1991).

(-)-menthol

α-santonin

eremophilone

nootkatone

i

たとえば，eremophiloneやnootkatoneの炭素骨格はhead to tailの古典的イソプレン則を満足しないが，その生合成前駆体iは合致している．1953年"生合成を加味したイソプレン則" (biogenetic isoprene rule) がまとめられ，1955年頃になって，Eschenmoser, Ruzickaらが生合成経路におけるコンホメーションも考慮に入れ，トリテルペノイドの生合成を考察し，ここに今日のイソプレン則に充実された．

しかし，テルペノイド化合物は生物細胞内ではイソプレンそのものから生合成されるものではないことが, 全く別に日米2グループの研究から明らかにされた．

5.4 メバロン酸(MVA)−リン酸メチルエリスリトール(MEP)経路

すなわち，K. Folkers（当時 Merck）が *Lactobacillus acidophilus* の生育因子 mevalonic acid を単離して構造を明らかにした．一方，それとは独立に同じ頃，田村学造ら（東京大学農芸化学科）は酒を腐敗させる真性火落菌 *L. homohiochii* や *L. heterohiochii* の生育因子として火落酸 hiochic acid を発見し，その構造を解明した．両者は同一化学物質で名称は mevalonic acid (MVA) に統一されたが，やがてこの化合物がイソプレン単位の真の生合成前駆物質（biosynthetic precursor）であることが明らかになり，天然化学物質生合成における重要な経路の一つ，メバロン酸経路となった．

生合成的イソプレン単位は isopentenyl diphosphate（IPP, C_5）とその異性体 dimethylallyl diphosphate（DMAPP, C_5）で，その縮合によって C_{10}〜C_{40} のテルペノイド化合物が生合成されることが明らかにされている．近年，その IPP はメバロン酸を経て生合成されるだけでなく，2-C-メチル-D-エリスリトール-4-リン酸（MEP）を経る非メバロン酸経路のあることが明らかにされている．すなわち，イソプレン単位の生合成経路には，メバロン酸経路と非メバロン酸経路の2種類の生合成経路のあることが判明したのである．その骨子は以下のように示される[13]．

注[14] 立体特異的なアリル転位（酵母，動植物から isomerase が分離されている）．

重水中の異性化では D_3C を含む DMAPP を生成する．

哺乳動物ではメバロン酸経路のみでテルペノイドが生合成されているが，マラリア原虫や大腸菌，結核菌，緑膿菌などの病原菌では非メバロン酸経路のみが利用されている．したがって，非メバロン酸経路の特異的な阻害剤は副作用の少ない抗マラリア剤の開発に繋がり，植物においても非メバロン酸経路は生育に必須なので，この阻害剤は除草剤になりうる[13b]．

IPPやDMAPPから種々のテルペノイドが生合成されてゆく大筋は，下記のようである[14]．

5.4 メバロン酸(MVA)－リン酸メチルエリスリトール(MEP)経路

注1 生合成的イソプレン単位の head to tail 結合

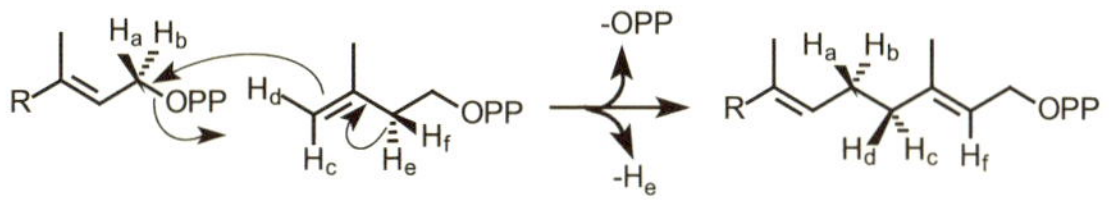

(C₅ 単位ずつ鎖延長に関わる酵素の総称 "prenyltransferase")

注2 farnesyl PP の二量化で squalene (C_{30}) を生成

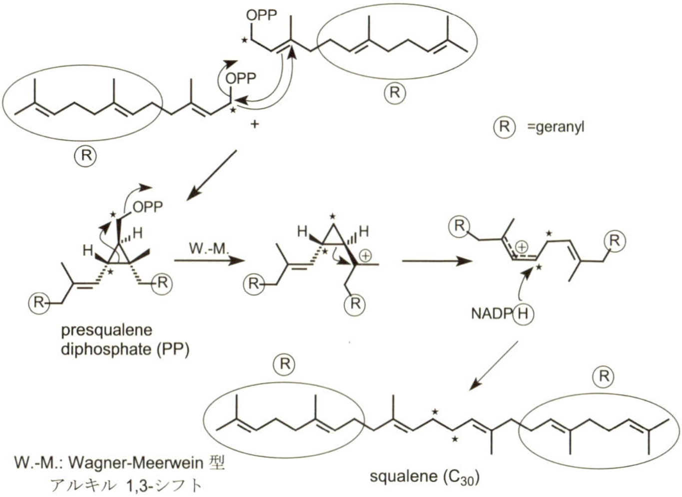

Ⓡ = geranyl

W.-M.: Wagner-Meerwein 型
アルキル 1,3-シフト

presqualene diphosphate (PP)

squalene (C_{30})

注3 geranylgeranyl PP の二量化で phytoene (C_{40}) を生成

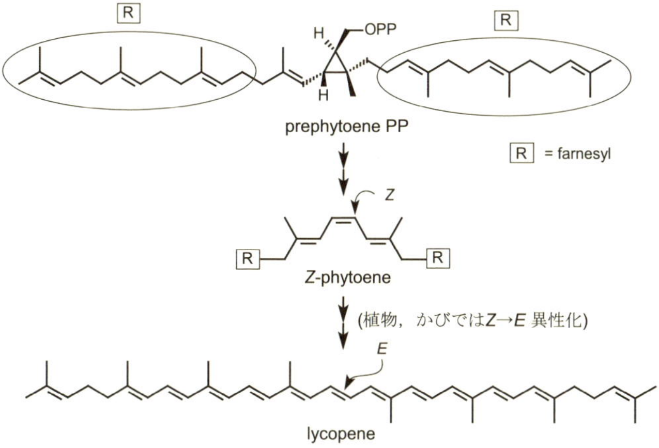

prephytoene PP

R = farnesyl

Z-phytoene

(植物, かびではZ→E 異性化)

lycopene

5.4.2 モノテルペン (monoterpene)

精油，香料などの成分である鎖状モノテルペン類はC10のhydrocarbon, alcohol, aldehyde, ester, acetateなどで，geranyl diphosphateあるいはneryl diphosphateから生合成される．

ついで，Wagner-Meerwein型1,3-hydride転位などを経て生成する様々なカルベニウムイオンを経て環状モノテルペンが生成される．

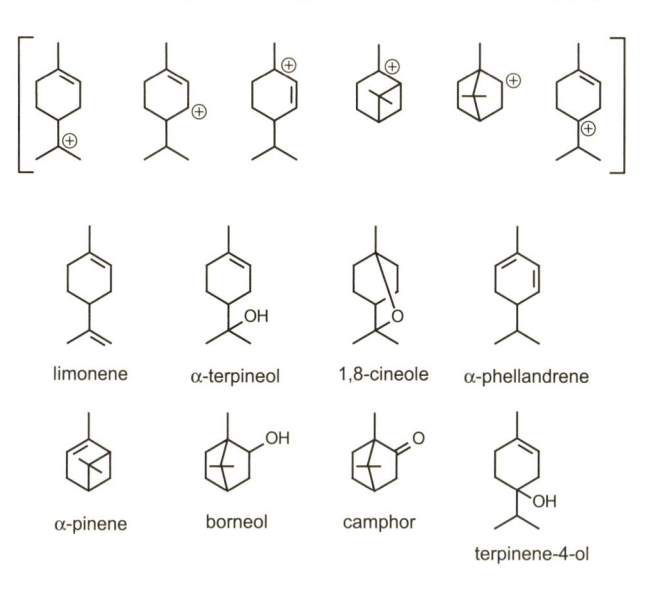

5.4 メバロン酸(MVA)－リン酸メチルエリスリトール(MEP)経路

[構造式: 各種カチオン中間体]

limonene   α-terpineol   1,8-cineole   α-phellandrene

α-pinene   borneol   camphor   terpinene-4-ol

1) これらから，さらに酸化，転位などの反応を経て様々なモノテルペン類が生成される．モノテルペン類にも不規則な構造のもの（変型モノテルペン）がある．たとえば，ほとんどの場合キク科植物から得られているキク酸（chrysanthemic acid）やピレスリン（pyrethrin）類である．

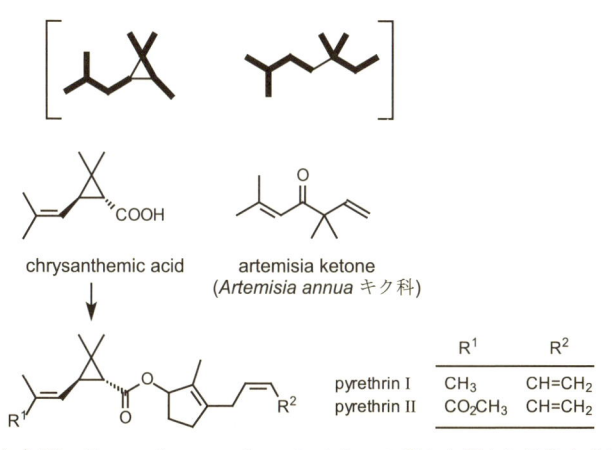

chrysanthemic acid　　artemisia ketone
　　　　　　　　　　　(*Artemisia annua* キク科)

	R^1	R^2
pyrethrin I	CH_3	$CH=CH_2$
pyrethrin II	CO_2CH_3	$CH=CH_2$

（たとえば，*Chrysanthemum cinerariaefolium* の花から得られる殺虫成分）

2) またイリドイド類も特徴的なモノテルペノイドである[15]．

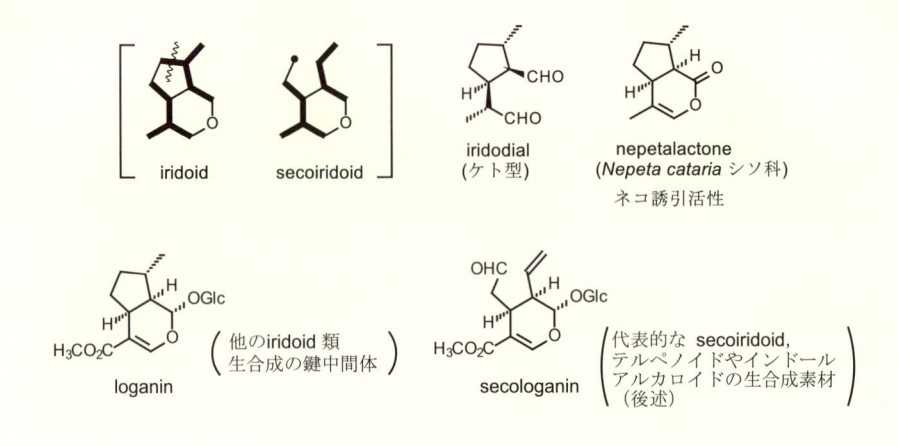

5.4.3 セスキテルペン（sesquiterpene）

セスキテルペン（C_{15}）は E, E-farnesyl cation や E, Z-farnesyl cation などから生合成され，膨大な種類と数の天然化学物質が知られている[16]．

1) セスキテルペン artemisinin（quinghaosu 青蒿素）は中国の抗マラリア生薬 quinghao の有効成分である．artemisinin は以下のように bisabolyl cation を経て生合成されると理解されている．

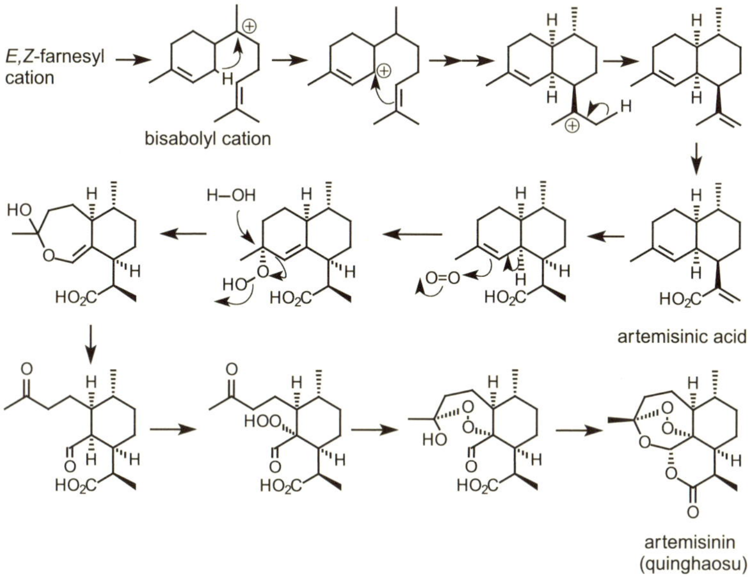

5.4 メバロン酸(MVA)-リン酸メチルエリスリトール(MEP)経路

artemisinic acid

artemisinin (quinghaosu)

artemisinin から導かれた artemether はクロロキン耐性マラリア原虫 *Plasmodium falciparum* に有効で, 抗マラリア薬（注射剤）に用いられている[17].

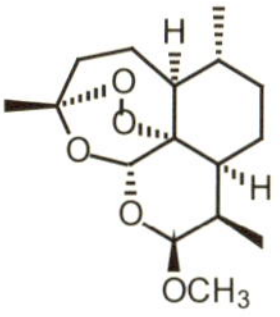

2) ワタ（*Gossypium* sp., アサ科）の種子に 0.1～0.6% 含有される gossypol は cadinane 型芳香環セスキテルペンの二量体である. gossypol にはラセミ化しにくいアトロプ異性体があって,（-）-体には男性避妊作用のあることが中国で明らかにされている[18].

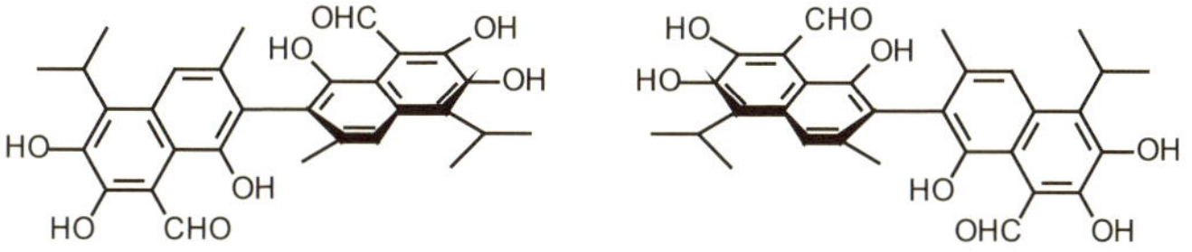

artemether

(+)-gossypol   (-)-gossypol

これらの生合成経路は次のように推定されている．

cadinyl cation → δ-cadinene → hemigossypol —$-H^{\oplus}$, $-e$→ [(a free radical)] ↓ ×2 gossypol

5.4.4　ジテルペン（diterpene）

　ジテルペン類（C_{20}）の生合成鍵基質は geranylgeranyl diphosphate（GGPP）で，鎖状ジテルペン phytol 単位のほか，多様な環化反応を経て，単環性，双環性，三環性，四環性，多環性のジテルペンなどが生合成され，多彩な化学構造のジテルペンが知られている[19]．GGPP から二〜三環性の骨格のいくつかが形成されるルートは，次ページのように理解されている．

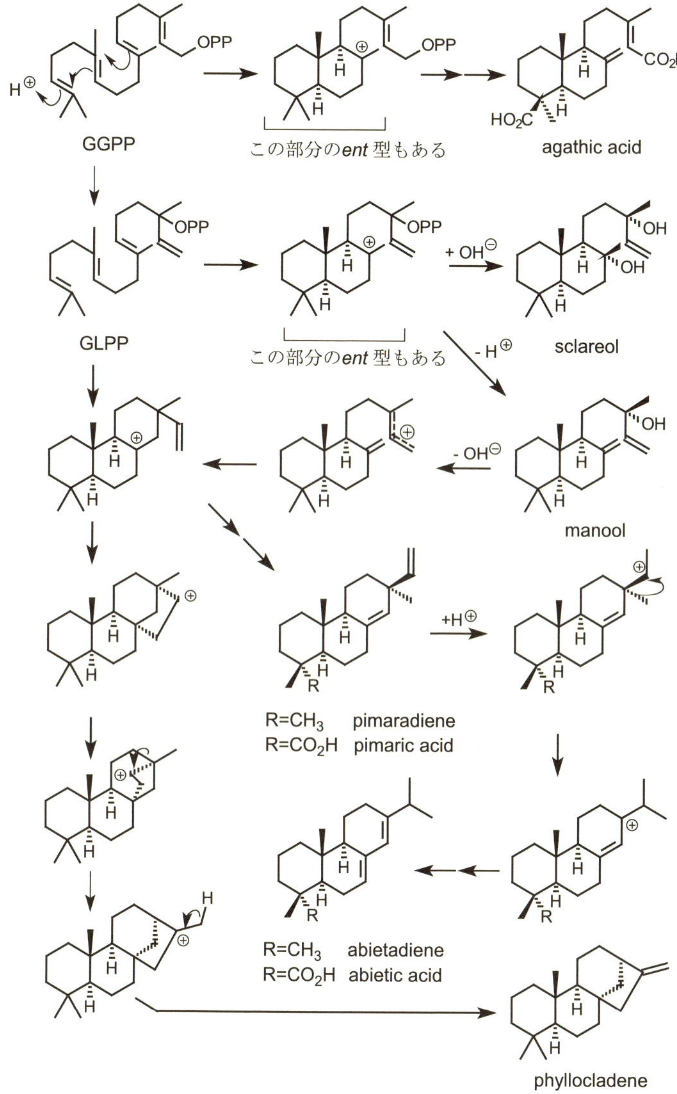

5.4 メバロン酸(MVA)−リン酸メチルエリスリトール(MEP)経路

GGPP

この部分のent型もある

agathic acid

GLPP

この部分のent型もある

sclareol

manool

R=CH$_3$ pimaradiene
R=CO$_2$H pimaric acid

R=CH$_3$ abietadiene
R=CO$_2$H abietic acid

phyllocladene

1) 鎖状ジテルペンの代表的なものは phytol 単位で遊離の phytol のほかに vitamin E, vitamin K, chlorophyll の重要な構成単位になっている.

2) マツ (*Pinus palustris*, マツ科) の樹皮に傷をつけると浸出物 (oleoresin) が得られ, これを水蒸気蒸留すると留出物はテレビン油でその主成分はモノテルペン類である. このときの残渣はロジン (rosin) という. 樹脂酸 (resin acid) はその主成分であり, 量的な供給が可能なので, これを出発原料として数多くの化学変換研究が行われている[20].

3) ジテルペンには苦味質が多い.

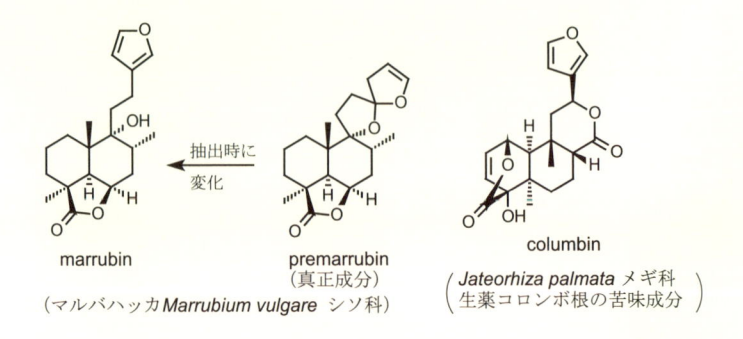

5.4 メバロン酸(MVA)－リン酸メチルエリスリトール(MEP)経路

ent-kaurene → [中間体] →→ enmein

(ヒキオコシ*Rabdosia japonica*（シソ科，民間胃腸薬）の主要苦味成分，「たおれた人をひきおこす」の意でこの名がある）

4) vitamin A には retinol（V. A_1）と dehydroretinol（V. A_2, 活性は A_1 の 40％）があっていずれも動物性．卵，乳製品，肝，腎，魚肝油に特に多い．植物由来の carotenoid（後述）が，動物肝で代謝されて vitamin A に変換される．

β-carotene →（a）→ retinal ×2 → retinol (V. A_1) → dehydroretinol (V. A_2)

vitamin A_1（retinol）は視覚物質の生合成材料になるので視力に関わる重要な物質である．

5) セイヨウイチイ（*Taxus brevifolia*, イチイ科）の樹皮から得られる paclitaxel（登録名 taxol®）は抗がん薬として用いられている[21]．

paclitaxel (taxol®) ← ← R=H 10-deacetylbaccatin III

セイヨウイチイから taxol を抽出する樹皮が得られるまで 100 年の歳月がかかり，1 g の taxol を得るのに 3 本の 100 年ものの樹皮が必要である．また治療の 1 クールに 2 g の taxol が必要で，年間の需要に応えるのに 100～200 kg の taxol が必要とされる．そこで，taxol 資源が求められた結果，*Taxus baccata* の枝葉から得られる（～0.2％）baccatin III や 10-deacetylbaccatin III から taxol が部分合成された．細胞培養による taxol の生産も検討されているが，未だ経済ベースにはのっていない．一方，10-deacetyl-baccatin III から誘導される docetaxel（taxotere®）は卵巣がんや乳がんの治療に用いられている[注]．

docetaxel (taxotere ®)

注 最近スマトライチイ *Taxus sumatrana*（イチイ科）の葉から taxol が見出されている．[I. Kitagawa, T. Mahmud, M. Kobayashi, Roemantyo, H. Shibuya, *Chem. Pharm. Bull.*, 43, 365 (1995)].

paclitaxel（taxol）の生合成ルートは以下のように理解されている．

6) *Euphorbia* 属植物（トウダイグサ科）の中にはその乳液（latex）がヒト，動物に有毒で，とりわけ粘膜や眼に刺激性があり，皮膚炎，細胞増殖，腫瘍助長をおこす．それらの毒性は含有される phorbol ester に起因する．これは protein kinase C（PKC）を活性化することによるものとされており，PKC の活性化が続くと，がん細胞の増殖を加速することになる．phorbol ester の最も一般的な

例は強力な発がんプロモーター（§12.1）として知られている 12-O-tetradecanoylphorbol 13-acetate で，その生合成ルートは以下のように考えられている[22]．

12-O-tetradecanoylphorbol 13-acetate　　phorbol

5.4.5　セスタテルペン (sesterterpene)

セスタテルペン類（C_{25}）はテルペノイドとしてはまだ例の少ないグループで，基本的には geranylfarnesyl diphosphate（GFPP）から生合成される．植物病原菌 *Ophiobolus miyabeanus* (= *Cochliobolus miyabeanus*) の代謝産物として発見された ophiobolane 類がセスタテルペンの初めての例で，その後，海綿，昆虫のワックス，地衣，シダからも単離されている．主な例は以下のようである．

1) 鎖状セスタテルペン

geranylfarnesol (昆虫 *Ceroplastes albolineatus* のワックスから)

fasciculatin (海綿 *Ircinia fasciculata* から)

2) ophiobolane 類[23)]

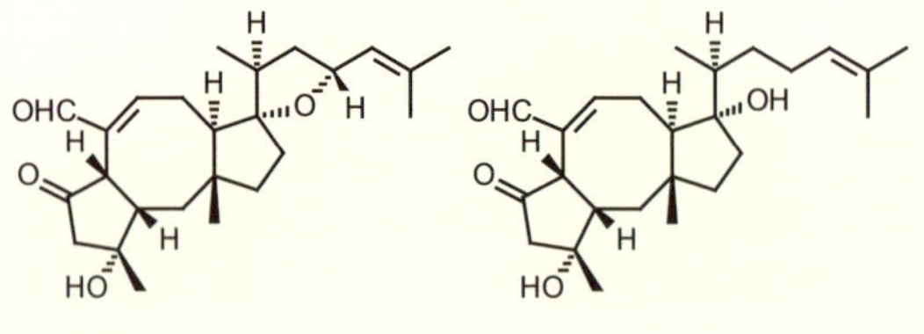

ophiobolin A
(= cochliobolin A)

ophiobolin B
(= zizanin B,
cochliobolin B)

ophiobolin C
(= zizanin A)

植物病原菌 *Ophiobolus miyabeanus*, *Helminthosporium tubericum*, *Cochliobolus heterostrophus* などの代謝産物として得られている．その生合成ルートは geranylfarnesyl diphosphate (GFPP) から以下のように考えられている．

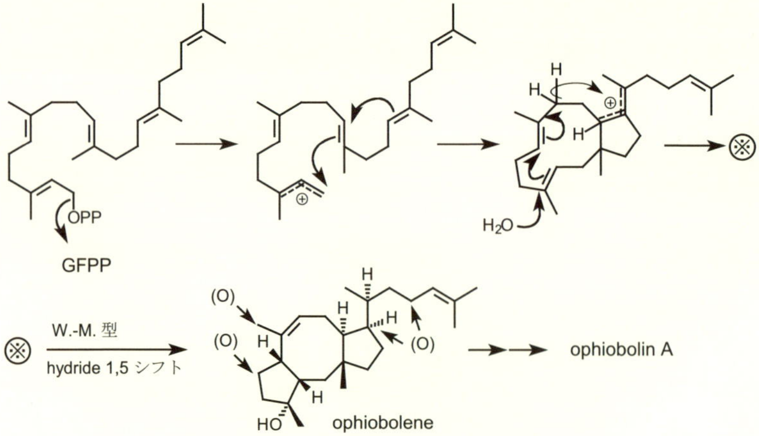

GFPP

W.-M. 型
hydride 1,5 シフト

ophiobolene

ophiobolin A

3) 海綿から得られているセスタテルペノイドでは，GFPP からの生合成ルートは以下のように理解されている．

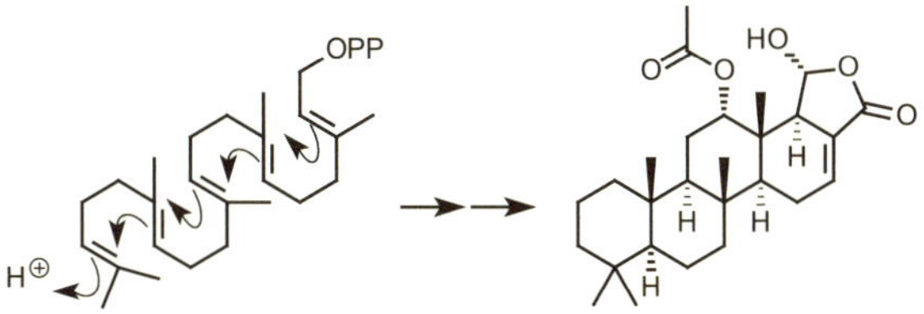

5.4 メバロン酸(MVA)-リン酸メチルエリスリトール(MEP)経路

GFPP

scalarin [24)]
(海綿 *Cacospongia scalaris* から)

4) 昆虫 *Gascardia madagascariensis* のワックスから得られたセスタテルペン gascardic acid の生合成ルートは,以下のように考えられている[25)].

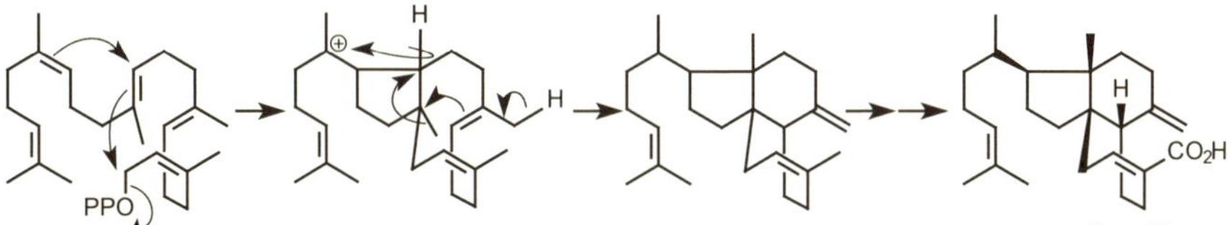

GFPP

gascardic acid

5) 地衣 *Lobaria retigera* から得られたセスタテルペン retigeranic acid の生合成ルートは,以下のように考えられている[26)].

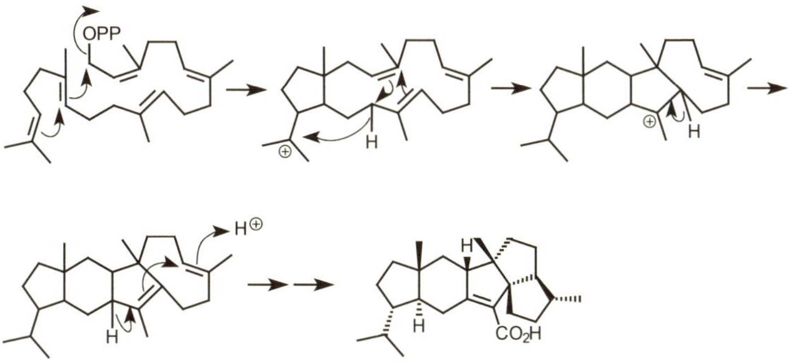

retigeranic acid

5.4.6 トリテルペン (triterpene)
a. トリテルペンの基本骨格 (C_{30}) の形成[27]

これまでのモノテルペン (C_{10}), セスキテルペン (C_{15}), ジテルペン (C_{20}), セスタテルペン (C_{25}) のように, C_5 単位が順次縮合して生成するのではなく, C_{15} 単位 farnesyl PP が tail to tail で還元的に縮合 ($C_{15} \times C_{15}$) して生合成される squalene のエポキシ体 ($3S$)-2,3-oxidosqualene が出発物質となって生合成される.

squalene は元来,軟骨魚サメの肝油から分離されたが, その後, ラット肝, 酵母, 植物の種子油 [たとえば, *Amaranthus cruentus* 種子 (これには squalene の含量大, ヒユ科), *Salvia* officinalis 種子 (シソ科), Anis 果実 (セリ科) など] からも得られている. その all trans 型構造はチオ尿素付加体の X 線結晶解析で決定されている.

トリテルペン類は天然に広く分布し, テルペノイド群 (イソプレノイド) では最大のグループであり, 特に植物界に多い. ($3S$)-2,3-oxidosqualene (オキシドスクアレン) 閉環酵素が触媒するオキシドスクアレンの閉環反応では, 鎖状の出発基質から複数のコンホメーションを経て多様な 4～5 環性のトリテルペン骨格を一挙に (協奏反応的に) 構築し, トリテルペン類が生合成されている. そして, それらの閉環反応過程は見事に立体制御され, 生成したトリテルペノイドや, それからさらに生合成されるステロイドは, 生物界に広く分布して生物体内で重要な役割を担っている.

脊椎動物ではトリテルペンの lanosterol から生合成される cholesterol は細胞膜構成成分として, さらに様々なステロイドホルモンへと変換されている. かびや酵母においても lanosterol から生合成される ergosterol は細胞膜の構成成分として重要である. 高等植物ではオキシドスクアレン閉環生成物は cycloartenol, これは種々の植物ステロールの前駆体である. また別の閉環生成物には β-amyrin や dammarenediol II など様々な骨格のトリテルペンアルコールが生合成され, 今日では 80 種以上のトリテルペン基本骨格が知られている (次ページ)[27].

このように生成したトリテルペンやステロイドは骨格上様々な変換をうけた後, 糖転位酵素によって配糖体化されてサポニン (saponin) (後述) として蓄積されることが多い.

5.4 メバロン酸(MVA)−リン酸メチルエリスリトール(MEP)経路

b. オキシドスクアレンの閉環−トリテルペン骨格の生成− [27)]

以下，オキシドスクアレンから数種のトリテルペン骨格が生合成される様相を描くことにする．

squalene oxide が環化する際,酵素面上での A, B, C, D 環形成予定鎖部分のコンホメーションが,たとえば,chair-boat-chair-boat で oxide 環の開環で開始されると protosteryl cation が生成し,その後,methyl 基や hydride 基の Wagner-Meerwein 反応(W.-M.)型の協奏的転位反応(1,2-シフト)で,動物やかびでは lanosterol を生成する.植物の場合では 9 位カルベニウムイオンを 10 位 methyl 基から cyclopropane 環生成によって反応を終結することにより cycloartenol が生成する.

80 種以上にも及ぶトリテルペン類の骨格生合成は,基本的には 1,5 diene 鎖部分のコンホメーションと,W.-M.型転位反応での生合成反応の終結の仕方によって,説明されている.たとえば,ウリ科植物の苦味成分としてよく知られている cucurbitacin 類(例:cucurbitacin E)の生合成は 5,6-二重結合の形成で協奏反応を終結したものと考えられている.

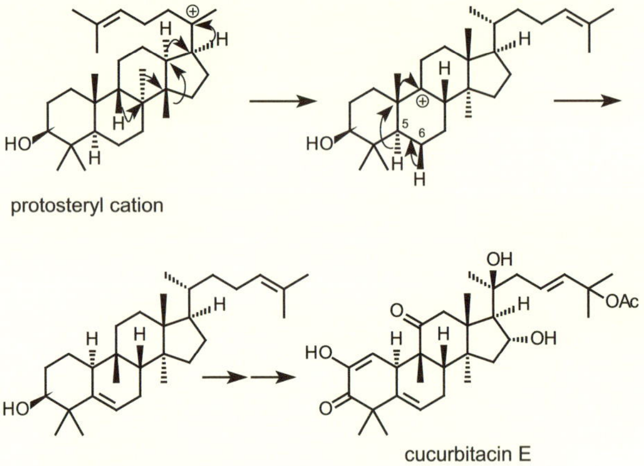

protosteryl cation

cucurbitacin E

5.4 メバロン酸(MVA)-リン酸メチルエリスリトール(MEP)経路

squalene oxide の酵素面上のコンホメーションが chair-chair-chair-boat で環化反応が進んだ場合には，dammarenyl cation が生成する．

c. スクアレンの直接環化で生合成されるトリテルペン

squalene oxide に酸素化されることなく squalene の直接環化反応によって生合成されると考えられる hopane 系トリテルペンがある．それらは squalene から chair-chair-chair-chair-chair 型コンホメーションを経て生合成される．その場合，生成物は 3 位水酸基を欠いている．

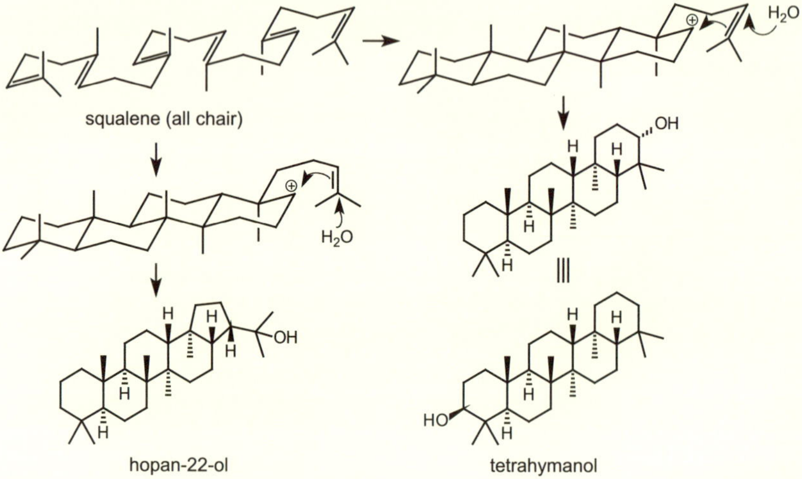

squalene (all chair)

hopan-22-ol

tetrahymanol

もう一つの例は，原虫 *Tetrahymena pyriformis* のトリテルペン成分 tetrahymanol で，見かけ上 3β-OH をもっているが，実際に生成しているのは 21α-OH 基ということになる．

d. 変型トリテルペノイド

トリテルペン類には変型トリテルペノイドとしてまとめられる一群の化合物が

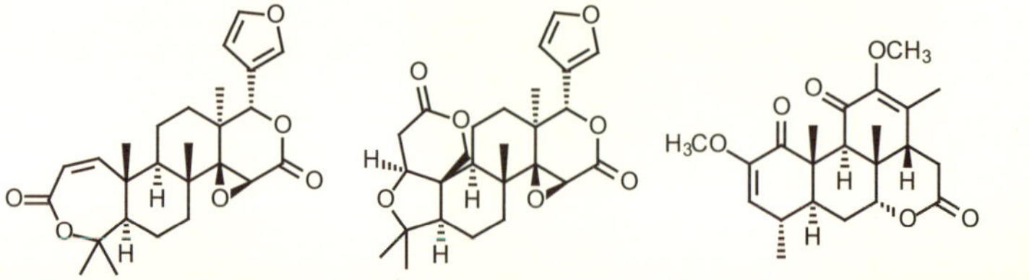

obacunone

limonin

quassin

(*Citrus* 種子，ミカン科，苦味質，
"tetranortriterpenoid" 骨格 C_{26})

(*Quassia amara*, ニガキ科，
"quassinoid" 骨格 C_{19-20})

知られている．それらは骨格が変換されて生成されたものばかりではなく，骨格炭素数 C_{30} を保持していないものもある．ミカン科植物から得られる例が多く，"limonoid" といわれる[28]．ニガキの苦味質は "quassinoid" といわれ，骨格はさらに減炭して $C_{19} \sim C_{20}$ である[29]．

5.4.7 様々なステロイド (steroid)

　前述のように，動物やかび，酵母などのステロール (sterol) はトリテルペン lanosterol から，植物ステロールはトリテルペン cycloartenol を経て生合成され，

lanosterol (C_{30})　　cholesterol (C_{27})　　ergosterol ($C_{28}=C_{27}+C_1$)　　C_1 単位

cycloartenol (C_{30})　　stigmasterol ($C_{29}=C_{27}+C_1+C_1$)　　β-sitosterol　　C_2 単位

cholic acid (C_{24}) (bile acid)

malonyl-CoA
digitoxigenin (cardenolide) → cardiac glycosides[30]

oxaloacetyl-CoA
bufalin (bufadienolide) ⇑ the skin of toads[31]

それぞれのステロールからステロイド (steroid) 系の代謝生成物が生合成される. その過程で lanosterol (C_{30}) や cycloartenol (C_{30}) の3個のメチル基は酸化的にカルボキシル基を経て脱炭酸反応で除去されて C_{27} 化合物になる.

1) cholesterol から様々な steroid が生合成される経路は，次のように明らかにされている.

2) 副腎皮質ホルモン（corticosteroid 類）も cholesterol から生合成される．

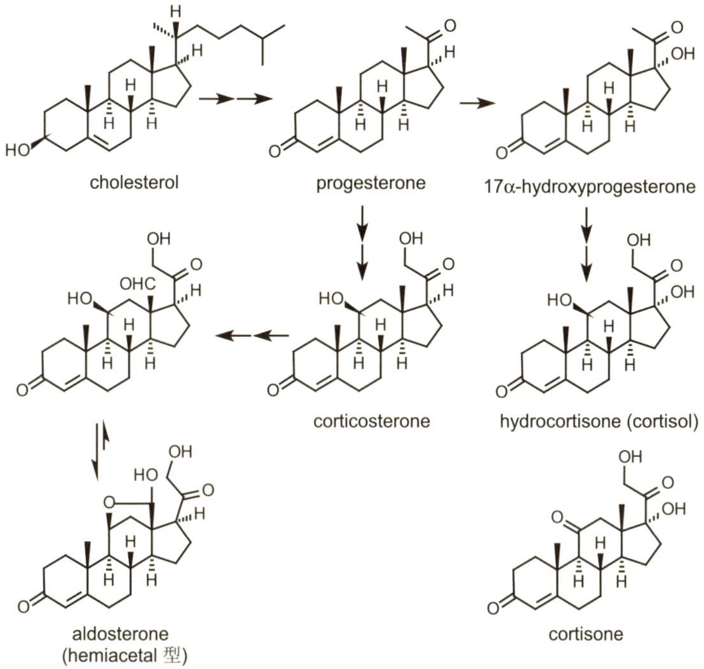

cholesterol　　　progesterone　　　17α-hydroxyprogesterone

corticosterone　　hydrocortisone (cortisol)

aldosterone
(hemiacetal 型)

cortisone

3) 性ホルモン（estrogen, androgen）も cholesterol から 17α-hydroxy-pregnenolone を経て生合成される．

17α-hydroxypregnenolone dehydroepiandrosterone androstenedione

testosterone

estrone estradiol

5.4.8 サポニン (saponin)

　サポニン saponin の名称は，ラテン語の石鹸 sapo に由来している．古くからサポニンを含有する植物素材（たとえばシャボンの木樹皮，サボンソウ汁などといわれて）は洗剤に用いられていた．サポニンはトリテルペノイドやステロイドのオリゴ配糖体（糖数 2～6 個の糖鎖がサポゲノールの 1～3 カ所に結合している）で，一般性として水と振盪すれば持続性の泡が生じる．界面活性を示し，溶血作用やコレステロールと難溶性のコンプレックスを形成するものもあり，魚毒活性（魚の鰓呼吸を阻害）を示すなど，植物トキシンに分類されてきた．一方，抗炎症，祛痰作用，抗菌作用などを示すサポニンもある．サポニンの中には血流にはいると有毒であるが，吸収されにくいので，経口投与では無毒で，食材（大豆などのマメ類，ホウレン草，燕麦など）にはかなりの含量のサポニンを含んでいるものがある．

　近年，分離技術が進歩して，非常に多数のサポニンが単離され，それらの化学構造が明らかにされるようになって，上述のサポニンの諸性質はサポニン全般に共通の性質ではないことがわかってきた．たとえば，溶血性を示さないものや消化管から吸収されるサポニンのあること，さらには界面活性を示しにくいサポニ

ンがあるなど，上述の諸性質はある特定のサポニンの化学構造によるものであることが明らかになってきている．

サポニンは一般の配糖体に比べて，酸などによる加水分解反応に対して抵抗性を示すが，加水分解されるとアグリコン（サポゲノール，sapogenol）と糖を与える．

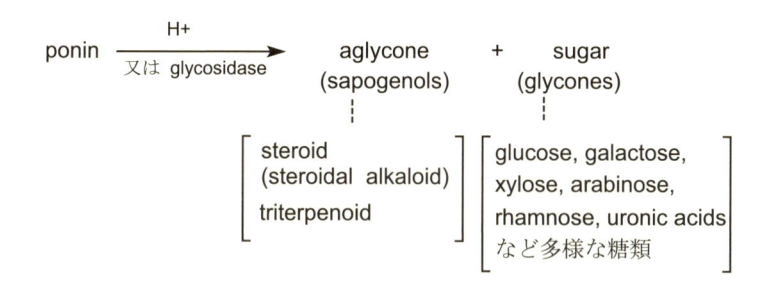

$$\text{ponin} \xrightarrow[\text{又は glycosidase}]{\text{H}^+} \text{aglycone (sapogenols)} + \text{sugar (glycones)}$$

$$\begin{bmatrix} \text{steroid} \\ \text{(steroidal alkaloid)} \\ \text{triterpenoid} \end{bmatrix} \begin{bmatrix} \text{glucose, galactose,} \\ \text{xylose, arabinose,} \\ \text{rhamnose, uronic acids} \\ \text{など多様な糖類} \end{bmatrix}$$

これまでに見出されているサポニンの分布は植物界に多いが，動物界にも例が見られる．

植物界：種子，根，茎（樹皮），葉などに含有され，組織の水分発散の防止，防虫，栄養貯蔵などに役立っていると考えられる場合がある．それらのサポニンの分布と植物分類の関係は次のようにまとめられる．

トリテルペノイド・サポニン

双子葉植物：キキョウ科，アカネ科，エゴノキ科，サクラソウ科，ウコギ科，ツバキ科，ムクロジ科，トチノキ科，ヒメハギ科，マメ科，ナデシコ科，アカザ科

ステロイド・サポニン

双子葉植物：ゴマノハグサ科，ナス科

単子葉植物：ヤマノイモ科，ヒガンバナ科，ユリ科，ヤシ科

動物界：ナマコ類（ラノスタン型トリテルペン・サポニン），ヒトデ類（ステロイド・サポニン）などの棘皮動物，海綿動物（ノルラノスタン型トリテルペノイド・サポニン）などの海洋生物から見出されている．それらの中には魚毒活性を示すものがあり，化学防御物質になっている場合もある．ナマコ含有サポニンはⅠ編で例示しているので，ここでは次のように海洋生物由来サポニンを2例示す．

sarasinoside A₁
(海綿*Asteropus sarasinosum* から) 33)

thornasteroside A
(オニヒトデ*Acanthaster planci* から) 34)

5.5 アミノ酸経路

5.5.1 アルカロイド研究の始まり

　もともと植物に含有される塩基性物質（植物塩基）と呼称されるようになったアルカロイド alkaloid［alkali+〜oid（様物質）］は，顕著で特有の生物活性を示すことが多く，古くから天然物化学研究の対象とされた天然薬物の活性成分を代表しているものが多い．そして，苦味と毒性を有する半面，薬用として重要なものが多い．

　アルカロイドの分布は広く，植物界（特に双子葉植物に豊富で，さらに単子葉，裸子植物など）のみならず，菌類，動物界（たとえば，サンショウウオ，フグ毒，カエル毒，貝毒などの自然毒）にも分布していることがわかっている．

　化学的には酸アミド型の colchicine のように中性のもの，methylamine, choline, ephedrine, mescaline のような生体アミン（biological amine）もあって，有機化学的には同種（homogeneous）とはいえない一群なのでアルカロイドを定義することは難しい．しかしその分子組成には必ずN原子を含有している．

　塩基性を示すものが多いので，生物細胞内では簡単な有機酸（たとえば，シュウ酸，酢酸，乳酸，酒石酸，リンゴ酸，クエン酸，安息香酸などの counter acid）と対になって存在しているが，ある種のアルカロイドでは特有の有機酸と共存している場合もある．たとえば, fumaric acid（ケシ科植物），aconitic acid（トリカブト類），veratric acid や chelidonic acid（バイケイソウ属植物），quinic acid（キナ属植物）など．

アルカロイドは天然薬物活性成分である場合が多く，植物分類（科，属など）から見て，ある植物の特徴的な成分であることが多い．以下に例をあげる．

双子葉植物：lobeline（*Lobelia* 属）［キキョウ科］；emetine（*Cephaelis* 属），quinine, cinchonine（*Cinchona* 属）［アカネ科］；hyoscyamine（*Datura* 属，*Hyoscyamus* 属，*Scopolia* 属），nicotine（*Nicotiana* 属）［ナス科］；reserpine（*Rauwolfia* 属）［キョウチクトウ科］；strychnine（*Strychnos* 属）［マチン科］；pelletierine（*Punica* 属）［ザクロ科］；berberine（*Phellodendron* 属）［ミカン科］；cocaine（*Erythroxylon* 属）［コカノキ科］；physostigmine（=eserine）（*Physostigma* 属），matrine（*Sophora* 属）［マメ科］；morphine, codeine（*Papaver* 属）［ケシ科］；columbamine（*Jateorhiza* 属）［ツヅラフジ科］；aconitine, mesaconitine（*Aconitum* 属），berberine, palmatine（*Coptis* 属），hydrastine（*Hydrastis* 属）［キンポウゲ科］

単子葉植物：colchicine（*Colchicum* 属），veratrine（*Veratrum* 属）［ユリ科］

裸子植物：ephedrine（*Ephedra* 属）［マオウ科］；arecoline（*Areca* 属）［ヤシ科］

菌類：ergometrine, ergotamine（*Claviceps* 属）［子嚢菌］

5.5.2　アルカロイド化学構造の成り立ち

アルカロイドの化学構造は，その基本骨格部分とN原子を供給しているものがアミノ酸（amino acid）の場合とアミノ酸でない場合に大別される．これに前述の生体アミン類を加えて，アルカロイドを以下のように大別する考え方がある．

① protoalkaloid：biological amine 類（ephedrine, mescaline など）

② alkaloid：amino acid 由来，例が最も多い．この場合でもアルカロイド構造のすべての部分がアミノ酸のみに由来するのではなく，他の生合成経路で生成された部分とアミノ酸由来の部分とで合作されて（複合生合成経路で）構築されるアルカロイドも多い．

③ pseudoalkaloid：他の生合成経路で構築された基本骨格に，生合成後期にN

原子が導入されたもの．たとえば aconite alkaloid, veratrum alkaloid, steroidal alkaloid など．

タンパク質構成アミノ酸は必須アミノ酸*8種を含めて20種類あるが，アルカロイド生合成に関わっているアミノ酸は ornithine[注]，lysine*，phenylalanine*，tyrosine，tryptophan*，histidine（少ない）と限られているのは興味深い事実である．以下，それらのアミノ酸から多種多様なアルカロイドが生合成される様相を概観し，それぞれの過程で生合成される活性アルカロイドについて略述する．

注

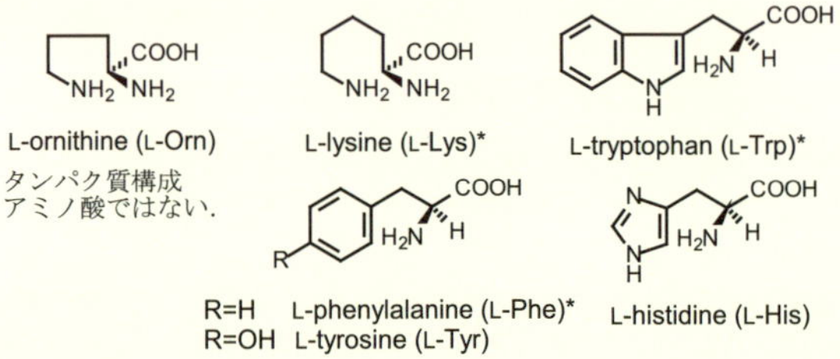

L-ornithine (L-Orn)
タンパク質構成アミノ酸ではない．

L-lysine (L-Lys)*

L-tryptophan (L-Trp)*

R=H　L-phenylalanine (L-Phe)*
R=OH　L-tyrosine (L-Tyr)

L-histidine (L-His)

5.5.3　ornithine-lysine 由来のアルカロイド

1) L-Orn はタンパク質構成アミノ酸ではないが，動物では尿素サイクルの中で L-arginine（L-Arg）から生合成される塩基性アミノ酸である．一方，植物では L-glutamic acid（L-Glu）から生合成される．

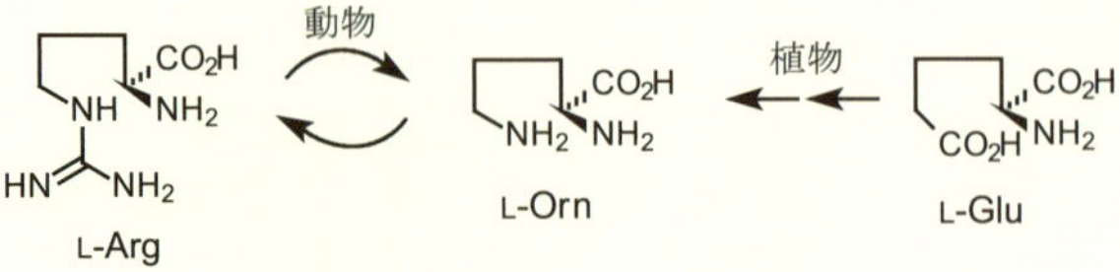

L-Arg　動物 ⇄ L-Orn　植物 ← L-Glu

5.5 アミノ酸経路

L-Orn は以下のように pyrrolidine alkaloid や tropane alkaloid の前駆アミノ酸であることがわかっている.

2) 2単位の putrescine から pyrrolizidine alkaloid が以下のように生合成される．その過程で酸化的脱アミノ化（*）が多く見られる．

retronecine (pyrrolizidine 骨格)

キク科 *Senecio* 属植物によく知られている senecio alkaloid（たとえば senecionine）は，pyrrolizidine 型中間体に 10 炭素酸［たとえば L-isoleucine (L-Ile) 2 単位から構築される］と中員環ジラクトン化で生合成される．senecio alkaloid は肝毒性を示すことが知られている．

senecionine

3) L-Orn よりメチレン鎖 1 個長い塩基性アミノ酸 L-Lys から，同様にジアミン体 cadaverine を経て生合成される Δ^1-piperidinium cation が生合成鍵中間体と考えられている．

4) マメ科 *Lupinus* 属植物に含有されている lupine alkaloid には有毒なものが多い．それらの quinolizidine 骨格は，ジアミン体 cadaverine に由来する Δ^1-piperidinium cation の 2 単位が鍵中間体で生合成される．

5) 水溶性ビタミンの一つ nicotinic acid（vitamin B_3）は食材中の分布が広く，生化学的には補酵素 NAD^+, $NADP^+$ の部分構造としても重要で，pyridine alkaloid の生合成素材でもある．動物では以下のように L-tryptophan（L-Trp）から L-kynurenine を経て生合成される．

植物では，たとえば *Nicotiana* 属（ナス科）植物では，動物とは異なった経路で生合成されている．すなわち pyridine 環の構築は以下のように glyceraldehyde と L-aspartic acid（L-Asp）に由来している．

5.5 アミノ酸経路

Nicotiana 属植物に含有されるアルカロイド nicotine や anabasine は，さらに次のような経路で生合成されることがわかっている．

anabasine はアカザ科植物 *Anabasis aphylla* にも含有されているが，この場合の anabasine は Δ^1-piperidinium cation の二量化反応で生合成されることがわかっている．このように化学構造の見かけだけでは，生合成経路の正しい解明ができない場合もあって biosynthetic study は必須の場合がある．

nicotinic acid は以下のように他に ricinine や arecoline の生合成の鍵出発物質になっている．

ricinine
（トウゴマ *Ricinus communis*（トウダイグサ科）の種子（ヒマ子）に含有される.）

arecoline
（ビンロウ *Areca catechu*（ヤシ科）の種子（ビンロウジ檳榔子-areca nuts）(注) の主成分．家畜の条虫駆除に用いられる．）

注 アセンヤク（阿仙薬, gambir）を水とねって石灰を混ぜ，ビンロウジを半切りにしたものにつけ，キンマ *Piper betle*（コショウ科）の葉に包みチューインガムのように嗜好性咀しゃく料とする．歯や唾液を赤く染める．

5.5.4　phenylalanine-tyrosine 由来のアルカロイド

哺乳動物の組織では，必須アミノ酸の一つ phenylalanine（L-Phe）の水酸化反応で tyrosine（L-Tyr）が合成されるので，L-Tyr は必須アミノ酸ではない．一方，植物細胞では L-Phe と L-Tyr はアルカロイド生合成の前駆物質としては等価ではない．

phenylalanine-tyrosine 経路でアルカロイドが生合成される過程では，phenolic oxidative coupling 反応が鍵反応になっている場合が多い．すなわち，以下に述べるように，phenol 性 OH 基がメチル化されて OCH_3 基などになる段階と，phenolic oxidative coupling によって新たに C-C 結合が形成して骨格の変化をもたらす場合などが，巧みに組み合わされている．

この経路に由来して生合成されるアルカロイド類を概観すると，以下のようになる．

5.5 アミノ酸経路

a. tyrosine（L-Tyr）からbiological amine類やtetrahydroisoquinoline類の生成

L-Tyrから，① pyridoxal phosphateが関与する脱炭酸反応で生成するtyramineや，あるいは，②酸化生成したL-DOPAの脱炭酸反応で生成するdopamineが，phenylethylamine型の生理活性生体アミン類生合成の鍵中間体になっている．

これらのうちdopamine，noradrenaline，adrenalineは"catecholamine"と分類され，哺乳動物における神経伝達物質としてとりわけ重要な生体アミンbiological amine類である．hordenineはオオムギ *Hordeum vulgare*（イネ科）から得られ，種子発芽抑制活性を示す．mescalineはサボテンの一種 *Lophophora williamsii* から得られた幻覚を誘発する活性物質で，米国南西部やメキシコの土着民族によってこのサボテンが儀式に用いられる理由になっている．このサボテンには他に，anhalamine，anhalonineなどのアルカロイドが含有されている．

b. tyrosine（L-Tyr）x2からノルコクラウリン型アルカロイド（C_{16}-N）の生成

ほとんどのbenzyltetrahydroisoquinoline系alkaloidは，L-Tyrから生合成されるdopamineと4-hydroxyphenylacetaldehydeのPictet-Spengler型反応で生合成される（S）-norcoclaurineを鍵中間体として，以下のような経路で生合成される．

この経路で生合成されるアルカロイド数種を以下に略説する.

㋑ papaverine：ケシ opium に含有される benzylisoquinoline 型アルカロイドだが，共存する morphinane 型アルカロイドとは構造的に全く異なっている．鎮痛や催眠作用はほとんどなく，鎮痙作用や血管拡張作用を示す．(S)-coclaurine から N-nor-reticuline を経て生合成される．

㋺南アメリカ土着民族が用いる矢毒クラーレは筋弛緩作用で毒性を示す．クラーレは地域，容器などによって3種類に大別され，エキスを作る原植物が異な

り，アルカロイド含量は4〜7%である．
  ① tube curare（竹筒クラーレ）
    Chondodendron tomentosum（ツヅラフジ科，つる性）
  ② calabash curare（ヒョウタンクラーレ）
    Strychnos toxifera（マチン科，樹皮）（毒性最強）
  ③ pot curare（壺クラーレ）
    ツヅラフジ科，マチン科の植物の混合から作成される．
  近年，最もよく使われるクラーレはツヅラフジ科植物由来のものが多い．
  tube curare の主成分としてよく知られている (+)-tubocurarine は，(*S*)-*N*-methylcoclaurine（ⅰ）と (*R*)-*N*-methylcoclaurine（ⅱ）から以下のように生合成される．

(ハ) ケシ *Papaver somniferum*（ケシ科）の未熟果皮に傷をつけて滲出する白い乳液を集めて乾燥固化して製造されたものがアヘン（阿片）である．アヘンは5000年も古くから鎮痛，催眠，鎮咳の目的で用いられている．アルカロイドの総含量は25%で，その組成は由来によってばらついているが，そのうち，morphinane型アルカロイド morphine（4〜21%），codeine（0.8〜2.5%），thebaine（0.5〜2.0%）のほか，papaverine（0.5〜2.5%），noscapine (narcotine)（phthalide-isoquinoline alkaloid）（4〜8%），narceine（0.1〜2.0%）が含有されている．
  morphinane alkaloid は (*R*)-reticuline から以下のように生合成されることが明らかにされている．

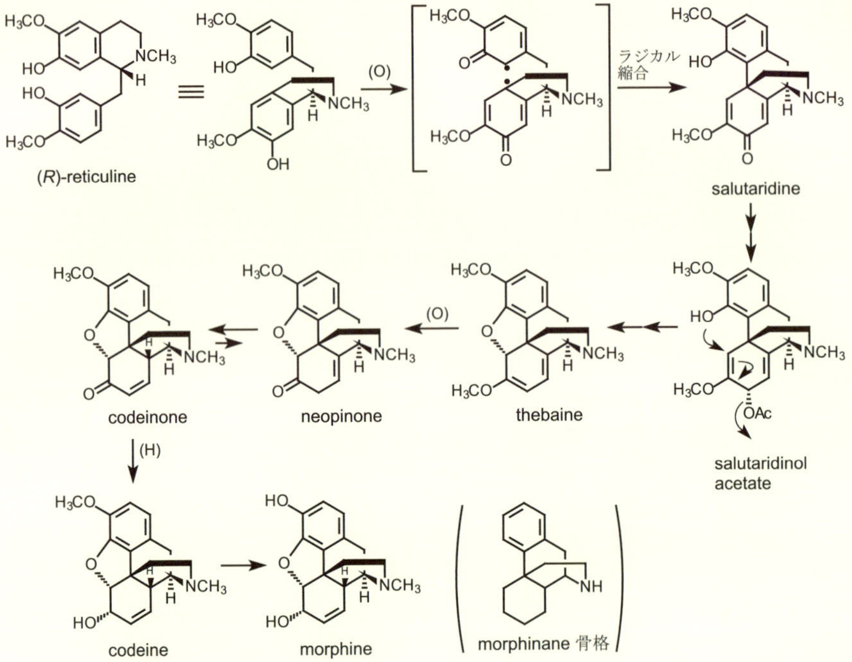

(R)-reticuline

salutaridine

salutaridinol acetate

codeinone neopinone thebaine

codeine morphine morphinane 骨格

ここで codeine の脱メチル化反応で morphine が生合成されている経路は，見かけ上逆のコースのようで興味深い．

日本で詳細に研究された sinomenine[35a] は (S)-reticuline から同様の経路で生合成されることがわかっている[35b]．

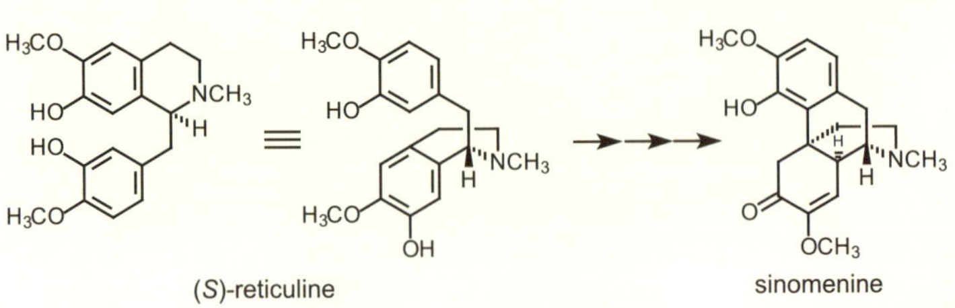

(S)-reticuline sinomenine

㊂ケシ Papaver somniferum (ケシ科) の少量成分として aporphine 型アルカロイドがある．それらは (S)-reticuline から (R)-reticuline へ異性化する前の段階で，生合成される．ここでも phenolic oxidative coupling のメカニズムが効

いている.

(S)-reticuline —(O)→ [中間体] —酸化的カップリング→ (S)-isoboldine （aporphine 型）

Stephania 属植物（ツヅラフジ科）成分 stephanine（ⅰ）や Aristolochia 属植物（ウマノスズクサ科）の多くから得られている aristolochic acid（ⅱ）（めずらしいニトロ化合物で腎毒性を示す）もこの系列で生合成される.

(R)-orientaline —o, p カップリング→ → → stephanine（ⅰ）→→ aristolochic acid（ⅱ）

㊉ berberine は N-nor-reticuline に C_1-unit が導入された (S)-scoulerine を経て生合成される. 2次成分の中ではめずらしく分布の広いアルカロイドで, 主な含有植物をあげると以下のようである.

① Hydrastis canadensis（ヒドラスティス・カナデンシス）（キンポウゲ科）
② Coptis japonica（オウレン）（キンポウゲ科）
③ Phellodendron amurense（キハダ）（ミカン科）
④ Chelidonium majus（クサノオウ）（ケシ科）

berberine

⑤ *Berberis amurensis*（ヒロハヘビノボラズ）
B. thunbergii（メギ）（メギ科）

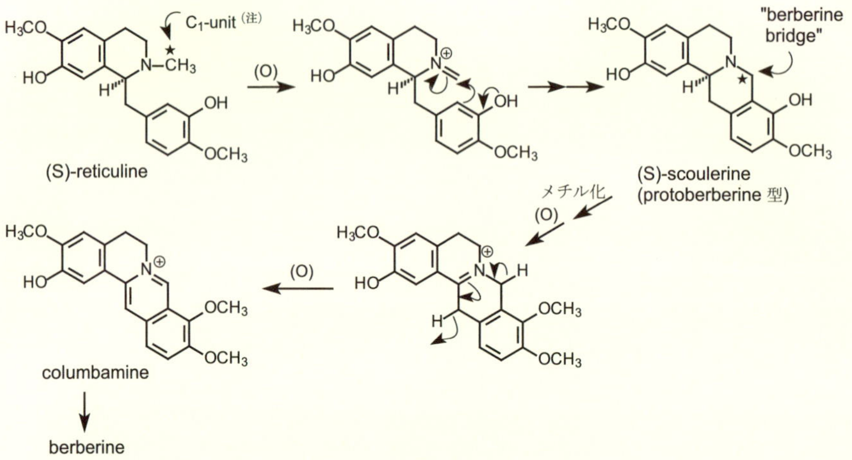
H3CO
HO
C1-unit (注)
N−CH3
OH
OCH3
(S)-reticuline
(O)
"berberine bridge"
(S)-scoulerine
(protoberberine 型)
メチル化
(O)
columbamine
berberine

注　C_1-単位が導入され，それが "berberine bridge" を形成することになる．C_1-単位の導入では methionine C*（*S*-adenosylmethionine）の方が formate C* より取り込み効率が高い．

㋬ (*S*)-scoulerine に見られる protoberberine 型骨格から色々な変型アルカロイドが生合成的に誘導される．

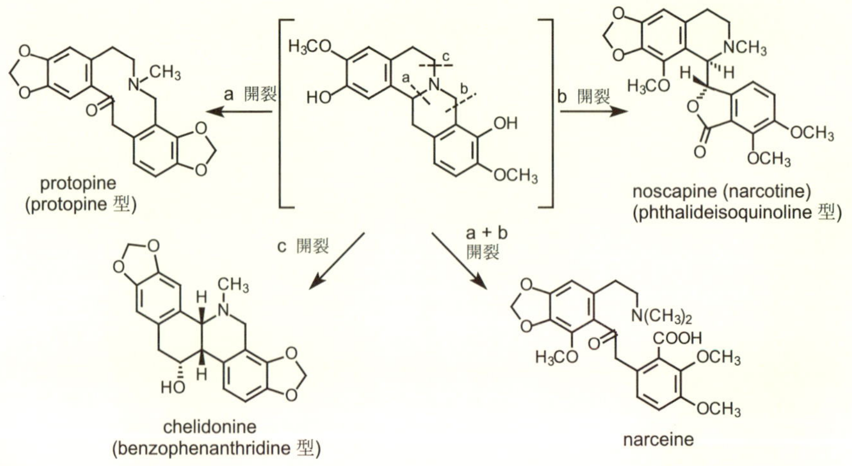
a 開裂
b 開裂
c 開裂
a + b 開裂
protopine
(protopine 型)
noscapine (narcotine)
(phthalideisoquinoline 型)
chelidonine
(benzophenanthridine 型)
narceine
N(CH3)2
COOH

noscapine はアヘンアルカロイドの一つだが鎮痛活性はなく,有効な鎮咳活性がある.

⑹ *Erythrina* alkaloid は isoquinoline alkaloid では小さなグループだが,沖縄の初夏に真赤な花をつける高さ 20 m にもなる高木デイゴ *Erythrina variegata*(マメ科)は同属の植物である.種子から得られるアルカロイドは (*S*)-*N*-norprotosinomenine(ⅰ)から erysodienone(ⅱ)を経る以下のような経路で生合成されることがわかっている[36].

c. phenylethylisoquinoline alkaloid の代表的化合物

colchicine は,コルヒクム(イヌサフラン)*Colchicum autumnale*(ユリ科)の種子や球茎から得られる(種子から 0.8%,球茎 0.6%).colchicine は *N*-acetyl 体なので塩基性を示さない.副成分として得られる demecolcine は *N*-deacetyl-*N*-methylcolchicine に相当する.

colchicine は痛風の治療に用いられたが,尿酸の代謝[注]に有効というわけで

はなく，抗炎症作用で痛みを和らげた．しかし毒性が強いので使用には限界がある．

注　xanthine oxidase 抑制剤として allopurinol が用いられる．

　colchicine は植物細胞の有糸分裂を中期において停止する．すなわち，分裂細胞の紡錘体形成を阻害し，染色体の極移動を妨げる．その結果，倍数体（polyploid）の人工的形成に用いられる^(注)．実際には，colchicine の 0.01〜1.0% の水溶液に種子を浸したり，植物の成長点を処理して容易に倍数体が作られる．腫瘍に対しても有効といわれているが，毒性［致死量 30 mg/450 g（モルモット）］が強い．demecolcine は毒性 1/40 で，白血病，ホジキン病，悪性リンパ腫などに用いられる．

注　種なしスイカなどへの利用がある．

　colchicine は L-Tyr と L-Phe を出発アミノ酸として，(S)-autumnaline を経て以下のように生合成される．

d. amaryllidaceae alkaloid

ヒガンバナ科植物に含有されるアルカロイドは化学構造的には変化に富んでいる．しかし，生合成経路で途中の phenolic oxidative coupling の様式を考慮に入れて整理すると，以下のように理解しやすい．

5.5.5 tryptophan 由来のアルカロイド

L-tryptophan (L-Trp) のインドール骨格とアラニン側鎖がいろいろな様式でアルカロイド骨格の形成に関与している．L-Trp のインドール骨格は前述(§5.3)のようにシキミ酸経路由来の anthranilic acid から生合成される．そして，イン

ドールアルカロイドのインドール環はさらにキノリン環に生合成的変換を受けるので,さらに多様なアルカロイド類の構築に展開される.

これに前に述べたメバロン酸-リン酸メチルエリスリトール経路 (§5.4) で生合成されるテルペノイドが関与する複合生合成経路 (combined biosynthetic pathway) で生合成されるアルカロイド類を加えると,きわめて多様で多彩なアルカロイド生合成の世界が広がることになる.

a. L-Trp から生体内で生成される生体アミンはインドール誘導体型アルカロイド群に入る.

1) tryptamine (植物界) や 5-hydroxytryptamine (=serotonin) (動物界) の分布は広い. そのうち, serotonin は心臓血管組織, 末梢神経, 赤血球, 中枢神経に見られるモノアミン型神経伝達物質である.

L-Trp → 5-hydroxy-L-Trp → serotonin (5-HT)

psilocin やそのリン酸化体 psilocybin は幻覚性キノコ (いわゆるマジックマッシュルーム(注)) (*Psilocybe* 属や *Panaeolus* 属) が幻覚症状をおこす原因物質である.

注 マジックマッシュルームの乱用が社会問題化して, psilocin や psilocybin を含有するキノコ類は麻薬原料植物として規制されている.

L-Trp → tryptamine → psilocin → psilocybin

2) このインドール誘導体型アルカロイド群には,他に β-carboline アルカロイドの harmine や harmaline などが知られていて,これらは基原植物 *Peganum harmala* (ハマビシ科) が精神に影響を及ぼす統合失調症の原因物質とされている.

5.5 アミノ酸経路

harmine   harman   β-carboline

3) オオムギ (*Hordeum vulgare*, イネ科) に見出された gramine は L-Trp の側鎖から2炭素少ない構造だがインドール骨格を保持している.

L-Trp → → gramine

b. 西アフリカ Calabar 地方 (ナイジェリア) に自生, 栽培[注]もされるつる性低木 *Physostigma venenosum* (マメ科) の種子 (カラバル豆) はアルカロイド含量が高く (1.5%), その主成分 (〜0.3%) はめずらしい型の indole 骨格をもつ猛毒の physostigmine (=eserine) である. 抗コリンエステラーゼ活性を示すのでアセチルコリンの分解を阻害してコリン作動性を増強する. 瞳孔を縮小 (アトロピンと拮抗), 眼圧を低下させ, 緑内障の治療薬として重要である [pilocarpine (後述) と併用]. コリンエステラーゼ拮抗薬はアルツハイマー病の治療に注目されている.

　注　カラバル豆はこの地方の裁判に使われていた. 容疑者の判決に挽いた豆を服ませ, 毒が効いて麻痺が進み, 心臓, 呼吸機能が止まり死に至れば死罪, 嘔吐などで助かったら無罪釈放とされた.

　physostigmine の生合成は以下のように考えられている.

薬理活性発現の中心はその carbamate 側鎖であるといわれている．

pyrroloindole 系アルカロイドには二量体構造の folicanthine のようなめずらしい例がある．

c. L-Trp とテルペノイド生合成とが関与して構築されるインドールアルカロイド類は多彩である．

1) 麦角アルカロイド ergot alkaloid の生合成経路の概略は次ページのようである（★→C^{14}, Ⓗ→T を用いた実験もある）．

麦角（ergot）はライ麦 *Secale cereale*（イネ科）その他のイネ科植物の花に寄生するバッカクキン *Claviceps purpurea*（バッカクキン科）の菌核．もともとは植物病原菌で，ヒトや動物が誤って食用として中毒したことに始まる．アルカロイド（麦角アルカロイド）含量 0.01〜0.4％．(+)-lysergic acid 誘導体系とその diastereomer の (+)-isolysergic acid 誘導体系（語尾に -in- を挿入，たとえば ergometrinine, ergotaminine）のものがある（8位が異性化しやすいため）．

lysergic acid 8位側鎖の構造によって酸アミド型（水溶性，ergometrine 型）とペプチド型（水不溶性，ergotamine 型）に分類される．ergometrine は速効的かつ持続性の平滑筋収縮作用が顕著，epinephrine とは拮抗しない．陣痛促進，子宮出血治療に用いられる．ergotamine は強力で持続性の平滑筋収縮作用を示し，epinephrine と強く拮抗し，交感神経遮断作用，血管収縮作用が著しい．子宮収縮剤，血管収縮剤などで使用される．

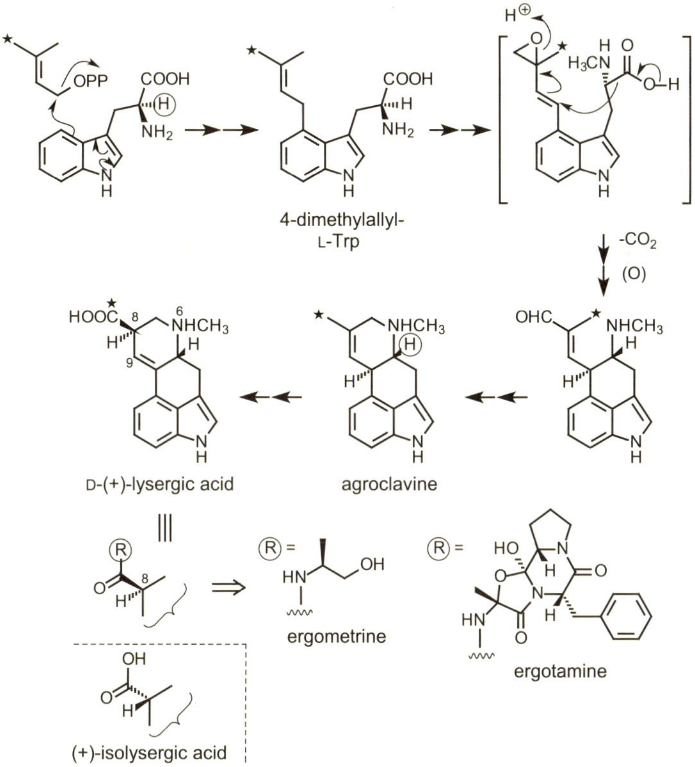

5.5 アミノ酸経路

2) モノテルペン geraniol からイリドイド配糖体 loganin を経て生合成される secologanin(注) が，L-Trp との複合経路で生合成に関与しているアルカロイドは次ページの図のように明らかにされている．

注 secologanin が事実上すべてのモノテルペノイド・アルカロイドの非アミノ酸部分の生合成前駆体である．最初にこれを nature's keystone と認めたのは Battersby（英国）らで，1969年のことであった[37]．

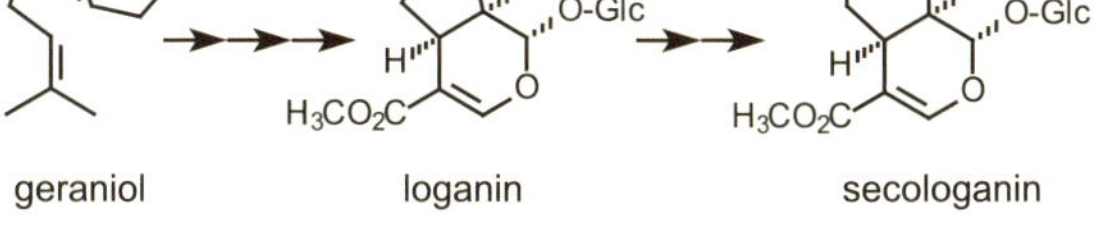

今日，がん化学療法で最も有効な抗がん剤の一つと知られている二量体インドールアルカロイド vinblastine や vincristine は catharanthine 型と vindoline 型アルカロイドの縮合型の二量体である．

R=CH₃ vinblastine
R=CHO vincristine

3) アカネ科植物 *Cephaelis ipecacuanha* の根および根茎は，トコン（吐根）としてアメーバ赤痢の治療薬に用いられる．アルカロイド 2～2.5% を含有し，その主成分は二量体イソキノリンアルカロイド emetine と cephaeline である．それらの構造の非アミノ酸部分は上述の ajmalicine 生合成の場合と類似の反応経路で secologanin から導かれる corynanthe 型中間体である．

5.5 アミノ酸経路

R=CH₃ emetine
R=H   cephaeline

注 実際,中間体の C-1 位異性体 ipecoside が単離されている.

irinotecan

4) 卵巣や結腸,直腸のがんに対する抗がん剤として広く世界中で用いられている irinotecan などは,pyrroloquinoline alkaloid の一つの camptothecin から半合成的に誘導されている.

camptothecin は中国原産カンレンボク(旱蓮木,別名喜樹ともいう)*Camptotheca acuminata*(ヌマミズキ科)の種子(0.3%),樹皮(0.2%),葉(0.4%)から得られ,その後他の数種の植物にも含有されていることがわかっている.は

じめ，抗がん活性で注目されていたが，毒性の発現と難溶性のため改良が試みられ，irinotecan 類が発見された（§12.3.1 参照）.

tryptamine と secologanin から生合成される経路は以下のように考えられている.

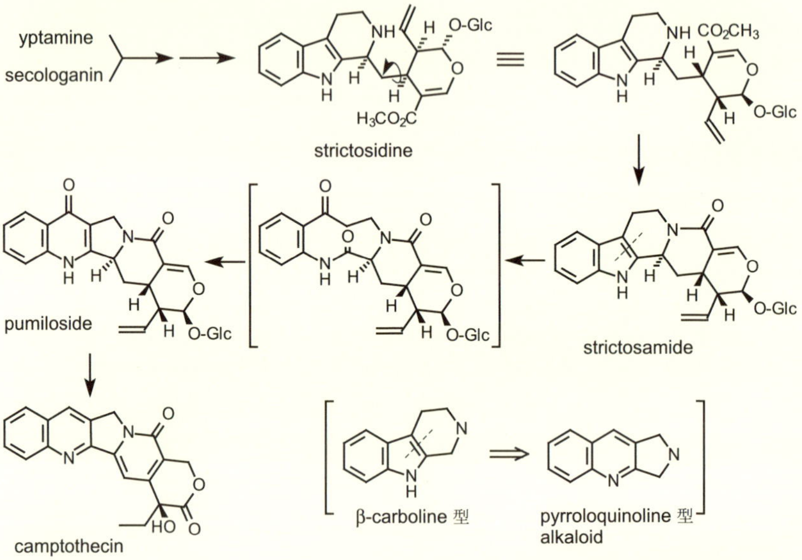
yptamine
secologanin
strictosidine
H₃CO₂C
O-Glc
CO_2CH_3
strictosamide
pumiloside
camptothecin
β-carboline 型
pyrroloquinoline 型
alkaloid

d.　quinoline alkaloid

1)　南米北部のアンデス山系原産 *Cinchona* 属（アカネ科）植物の樹皮，根皮を乾燥したものがキナ皮で，ボリビア，グァテマラ，インド，インドネシア，コンゴ，タンザニア，ケニアなど世界各地で栽培されて，10 数種が知られているが，アルカロイド含量はまちまちである．*Cinchona succirubra*（アカキナノキ）(5～7%)，*C. ledgeriana*（5～14%），*C. calisaya*（4～7%）の 3 種が優れている．変種ではアルカロイド含量が 17% になるものもあるが，成長に 8～12 年を要する．

含有アルカロイドの主要成分はキノリンアルカロイドの quinine（主成分），quinidine，cinchonidine，cinchonine で，樹皮細胞中では quinic acid（シキミ酸経路参照）のエステルで存在している．

quinine はマラリア（原虫 *Plasmodium falciparum* で罹病）の治療薬で解熱作用がある．かつてインドネシアで栽培されるキナノキから quinine が供給されて

いたが，第2次世界大戦などにより供給が難しくなり，quinine の化学構造をヒントに開発合成された chloroquine が用いられ，これもやがてクロロキン耐性の P. falciparum が出現し，耐性原虫に対する合成抗マラリア薬が開発され，現在も尚，副作用のない抗マラリア薬が求められている．WHO によれば，現在も年100万人以上がマラリアで死に至っているという．マラリアはきわめて深刻な熱帯病である．

quinidine は quinine のジアステレオマーで，硫酸キニジンはかつて，抗不整脈薬の第一選択薬であった．

2) quinoline alkaloid がインドール骨格から構築される骨子は次ページのようで，corynanthe 型アルカロイドからの生合成ルートの概略は以下のように考えられている．

骨子 [indole 骨格 ⇒ quinoline 骨格]

3) 前述の camptothecin の生合成において β-carboline 型から pyrroloquinoline 型への変換も，結果として indole 環から quinoline 環への生合成変換の例にほかならない．

e. シキミ酸経路において chorismic acid から生合成される anthranilic acid は L-Trp そのものの生合成鍵中間体である．したがって，結果的には anthranilic acid は indole alkaloid 生合成への寄与が大きいことになる．また，哺乳動物では L-Trp は代謝分解されて anthranilic acid を生成するのも注目すべきことである．

シキミ酸経路 → chorismic acid → アミノ化 (L-Gln) → → anthranilic acid → phosphoribosyl PP → → → → -CO₂ -H₂O → → (enzyme-bound) → L-Ser → L-Trp

anthranilic acid が直接関与する生合成経路もある．たとえば，quinazoline furoquinoline, acridone alkaloid の生合成経路は以下のように明らかにされている．

5.5.6 histidine 由来のアルカロイド

これまで例はそれほど多くないが，基本骨格からわかるように，L-histidine (L-His) は imidazole alkaloid 生合成の前駆体になっている．中でも，ブラジル，パラグアイ産のヤボランジ葉 *Pilocarpus microphyllus* （ミカン科）にはアルカロイドが 0.5〜1.0% 含有されていて，その重要成分 pilocarpine の生合成ルートは次のように考えられている．

pilocarpine は前述の physostigmine (eserine) と同様, 副交感神経末梢を興奮させ縮瞳作用があり (これは atropine と拮抗作用), 緑内障の治療に用いられる眼科領域で重要な天然薬物成分である. pilocarpine は muscarine のアゴニストなのでアルツハイマー病の治療薬として有望とされている.

5.5.7 アルカロイドの N 原子がその他さまざまな経路で導入される場合

アミノ化 (transamination) の例が多い. 主な例を以下に略記する.

a. (+)-coniine の場合

[ドクニンジン *Conium maculatum* (セリ科) の有毒成分(注)]

注 ソクラテスの処刑に用いられた poison "hemlock" の名で知られている.

b. (−)-ephedrine の場合

L-Tyr はアルカロイド生合成の前駆アミノ酸として多彩な役割を果たしている. 一方, フェノール性 OH 基を欠いている L-phenylalanine (L-Phe) は C_6-C_3 (例: colchicine), C_6-C_2 (例: lobelia alkaloid), C_6-C_1 骨格形成の炭素源になっている場合が多く見られる. L-Phe 由来の C_6-C_1 が生合成に関与しているアルカロイドの一つに ephedrine 類がある.

マオウ科の *Ephedra sinica, E. equisetina* (中国産), *E. geriardiana, E. intermedia, E. major* (インド, パキスタン) などマオウ属植物の地上部はアルカロイドを 0.5〜2% 含有し, その主成分 (30〜90%) は (−)-ephedrine で鎮咳作用を示す. (−)-ephedrine は喘息治療薬, 鎮咳薬として重要で, 日本の長井長義によって 1887 年に単離, 構造研究がされたので歴史的にもよく知られている (I 編参照).

その化学構造が phenylalanine 型（C_6-C_3N）であることから当初 L-Phe から生合成されると思われたが，検討の結果，L-Phe は以下のように C_6-C_1 単位を提供していることがわかった．

c. capsaicin の場合

トウガラシ *Capsicum annuum*（ナス科）の主辛味成分 capsaicin は酸アミド型辛味成分の一つである．その生合成は L-Phe と L-Val の二つのアミノ酸から炭素骨格部分が構築されている．

d. メバロン酸（MVA）-リン酸メチルエリスリトール（MEP）経路でテルペノイドやステロイド骨格が生合成され，そのいずれかの段階でN原子単位が導入されたアルカロイドは pseudoalkaloid と総称されたことがある．近年それらは terpenoid alkaloid, steroidal alkaloid とまとめられている．以下に2，3の例をあげる．

1) terpenoid alkaloid では，diterpene alkaloid に相当する aconitine 類や atisine 類がよく知られている（aconitine 類については後述，Ⅲ編参照）．そこではN原子は 2-aminoethanol 単位で導入されている．

5.5 アミノ酸経路

atisine 骨格から aconitine 骨格への変換は以下のように説明されている.

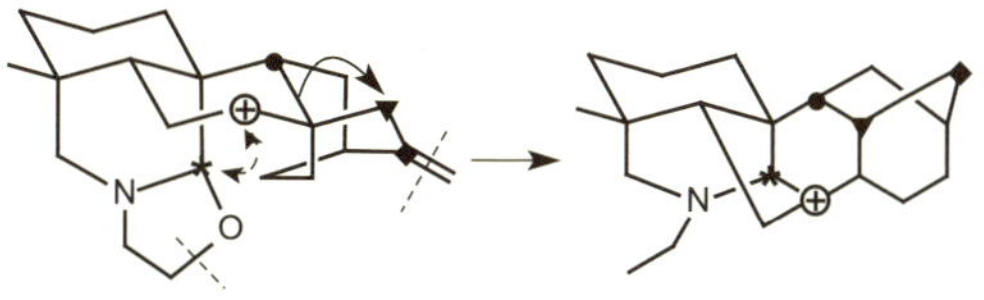

atisine 骨格   aconitine 骨格

2) steroidal alkaloid では, ナス科 *Solanum* 属植物成分 solasodine, tomatidine, solanidine がよく知られているが, いずれも saponin (solasonine, tomatine, α-solanine) として含有されていて saponin には界面活性作用や溶血作用がある (前節参照).

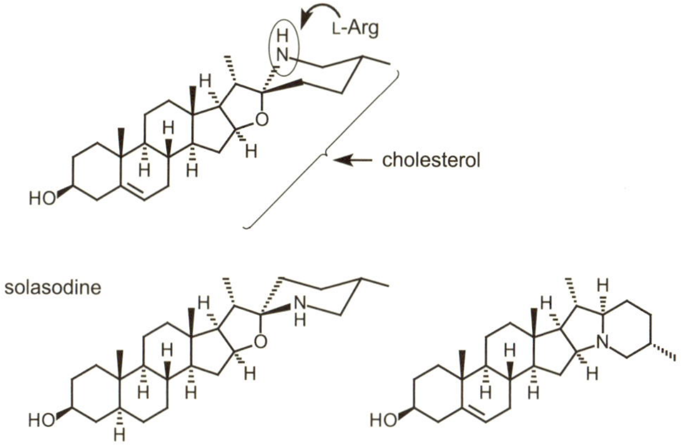

solasodine

tomatidine   solanidine

3) ユリ科 *Veratrum* 属植物に含有される steroidal alkaloid は C-nor-D-homosteroid を基本骨格とし, それに N 原子が導入された構造である. たとえば, *Veratrum californicum* が含有する jervine は有毒で催奇形成性を有する. その生合成経路の概略は以下のように理解されている.

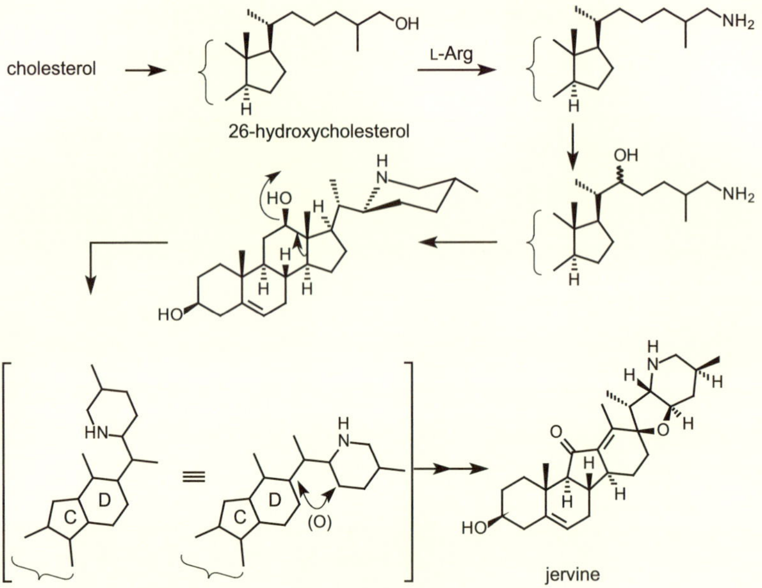

e. purine alkaloid

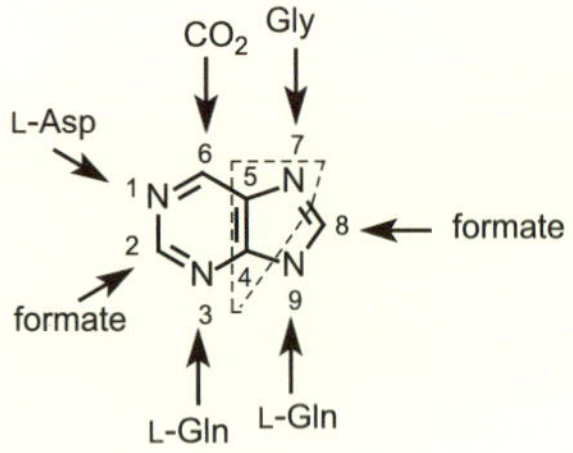

プリン骨格は分子が小さいわりには数多くの1次成分から構築されている．Nはアミノ酸から，CはCO_2やformateから主として生合成される．caffeine, theobromine, theophyllineはpurine alkaloidに分類されているが，2次成分のアルカロイドにしては分布が広い．たとえば，代表的な成分のcaffeineは，前述のberberine（§5.5.4）と同様，それを含有する植物を分類学上で見ると多くの科にまたがっている．

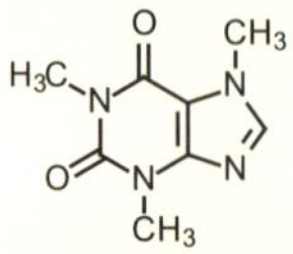

caffeine
(=1,3,7-trimethylxanthine)

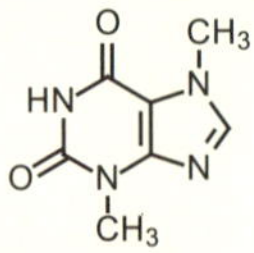

thebromine

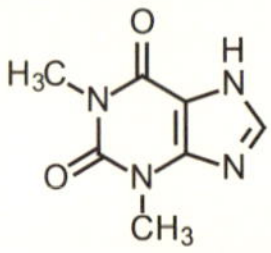

theophylline

5.5 アミノ酸経路

caffeine は中枢神経を興奮させ，弱い利尿作用を示す．不思議なことに，世界中で「チャ」として飲用にされている植物には caffeine が含有されている．

飲物	基原	科	caffeine 含量 (%)
coffee	*Coffea arabica, C. canephora, C. liberica* etc.（種子）	アカネ科	1.3
cola	*Cola acuminata, C. nitida*（種子）	アオギリ科	2.0〜2.5
cacao	*Theobroma bicolor, T. cacao*（種子）	アオギリ科	1.0〜4.0*
tea	*Camellia sinensis, C. assamica*（葉）	ツバキ科	1.7〜3.0
mate	*Ilex paraguaiensis*（葉）	モチノキ科	1.0
guarana	*Paullinia cupana*（種子）	ムクロジ科	4.3

＊：theobromine の含量．caffeine 含量は 0.2〜0.5%

purine alkaloid の化学構造は，核酸の nucleoside や nucleotide を構成している purine 塩基 adenosine や guanine との関連性が大きい．

adenine　　　guanine　　　xanthine

purine alkaloid の生合成経路の概略は，次ページのように考えられている．

f. 動物界のアルカロイド

植物界に比べれば例は少ないが，自然毒に分類される特徴的なアルカロイドが知られている．

1) salamander alkaloid： ヨーロッパ産サンショウウオの皮膚から分泌される steroidal alkaloid．その主アルカロイドは samandarine で，ステロイド A 環由来の部分にアミナール環があり，HBr 塩の X 線解析で構造が決定された[38]．毒性は最低致死量 1.5 mg/kg（マウス）といわれている．

2) 南米コロンビア産カエル *Phyllobates aurotaenia* の皮膚の分泌腺から発見された batrachotoxin も steroidal alkaloid の一つで，上述の samandarine と同様に 5β-ステロイド母核にアミノエタノール構造が導入された化学構造であ

る．これはフグ毒 tetrodotoxin の 4 倍の毒性をもっている（I 編参照）

3) 海洋生物毒：麻痺性貝毒 saxitoxin[39]やフグ毒 tetrodotoxin[40] は L-arginine (L-Arg) を素材として生合成されることが明らかにされているが，これらのアルカロイドの真の生産者は貝やフグではなく内在する微生物（プランクトン渦鞭毛藻や *Vibrio* sp. などの共生バクテリア）であることがわかってきた．

5.6 配糖体の生合成

青酸配糖体 amygdalin が加水分解されて glucose を生じることが認識されて配糖体の重要性が指摘されたのは，非常に古く 1837 年にさかのぼるという．以来，今日まで数多くの配糖体が明らかにされている．

水酸基を有する化合物が糖の lactol 水酸基と脱水縮合してエーテル結合（配糖体結合）したものが O-配糖体（O-glycoside）で，これは酸または酵素（一般的には glycosidase）によって糖部（glycone）と非糖部（aglycone）に加水分解される．配糖体結合の様式には，糖部 anomer 部位の立体配置によって β-結合と α-結合の 2 種類がある．

糖部が D-glucose の場合で例示すると以下のようになる．

Ⓡ O-β-D-glucoside は β-glucosidase (emulsin 中の主酵素) により，Ⓡ O-α-D-glucoside は α-glucosidase (maltase はこの一つ) によって加水分解されることになる．ここで逆反応による合成系酵素によれば，Ⓡ-OH を単糖とすると生成する glycoside は二糖類 disaccharide となり，これを繰り返すと多糖類 polysaccharide が生成する．

配糖体には O-配糖体のほかに R-SH 基と糖が結合して生成した S-配糖体 (例: sinigrin, 後述), R-NH 基に結合して生成した N-配糖体 (核酸のヌクレオシドがまさにこの例である．たとえば，adenosine) のほか，C-配糖体 (例: puerarin) などがある．

配糖体の生合成では，非糖部が uridine diphosphosugar (UDP-sugar) によって配糖体化 (glycosylation) される．glucosylation を例にすると，uridine diphosphoglucose が生合成反応剤になっている．

5.6 配糖体の生合成

5.6.1 cyanogenic glycoside（青酸配糖体）[41)]

植物由来のものが多い．加水分解で HCN を生成するので天然毒に分類される．代表的な成分 amygdalin はバラ科の，①ホンアンズ *Prunus armeniaca*；アンズ（apricot）*P. armeniaca* var. *ansu*（中国, 日本栽培）の種子（杏仁）（3〜5% 含有），②モモ *P. persica*；*P. persica* var. *davidiana*（中国）の種子（桃仁）（3〜5%），③苦扁桃（bitter almond）*P. amygdalus* var. *amara*（ヨーロッパ，西アジア）の種子に含有される[(注)]．

注　甘扁桃 *P. amygdalus* var. *dulcis* は cyanogenic glycoside を含有しない．

種子を粉砕すると，配糖体とは別の細胞に含有されている酵素が作用して加水分解が進んで HCN が発生する．それで，cyanogenic glycoside は草食動物に対する防御作用があると考えられる．

加水分解の様式は次のようである．

カッサバ（cassava，トウダイグサ科）は cyanogenic glycoside を含有しているが，これからタピオカ（tapioca，澱粉）をとるとき，充分に水でさらすのでその間に分解されて安全になる．

amygdalin の生合成は，L-Phe から以下のように進むと考えられている．

L-Phe 以外のアミノ酸を出発物質として，いろいろな cyanogenic glycoside の生合成されることが知られている．

5.6 配糖体の生合成

L-Phe →→ [構造式] prunasin　バクチ *Prunus macrophila* 葉（バラ科）

[構造式] sambunigrin　セイヨウニワトコ *Sambucus nigra* 葉（スイカズラ科）

L-Tyr →→ [構造式] taxiphyllin　*Taxus* sp.（イチイ科）

[構造式] dhurrin　*Sorghum bicolor*（イネ科）

L-Val →→ [構造式] linamarin (=phaseolunatin)　アマ *Linum usitatissimum* 種子（アマ科）／*Phaseolus lunatus* 種子（マメ科）

L-Ile →→ [構造式] lotaustralin　アマ種子

L-Leu →→ [構造式] heterodendrin　*Acasia* sp.（マメ科）

cyanohydrin 構造部位に R, S 両配置の配糖体構造のものがあって，興味がもたれる．

5.6.2　glucosinolate（芥子油配糖体，mustard oil glycoside）

青酸配糖体に似ているところが多い．組織を破砕すると，配糖体とは別の細胞に存在する酵素が作用して刺激性の allylisothiocyanate（芥子油 mustard oil という）を生じる．

a. sinigrin はアブラナ科植物カラシナ *Brassica juncea*（日本産），クロガラシ *B. nigra*（ヨーロッパ産），ワサビ *Wasabia japonica*（日本産）に含有され，以下のような分解反応を受ける．

[反応式: sinigrin → (myrosinase, −Glc) → 中間体 → (Lössen 型転位) → allylisothiocyanate（刺激性，皮膚引赤）＋ KHSO$_4$]

sinigrin は myrosinase（thioglucosidase の一つ）の作用で分解して allyliso-thiocyanate，D-glucose，KHSO$_4$ を生成することから，以前その化学構造は [構造式] と考えられていた．その後，以下のような誘導反応の結果改訂され，さらに [42)] それが支持される反応経過が示された．

sinigrin の生合成は L-Met を出発物質として，次のように進むと考えられている．

b. sinalbin もアブラナ科の植物シロガラシ *Sinapis alba* の種子から得られる glucosinolate である．酵素分解で辛味成分 acrinylisothiocyanate を生成する．

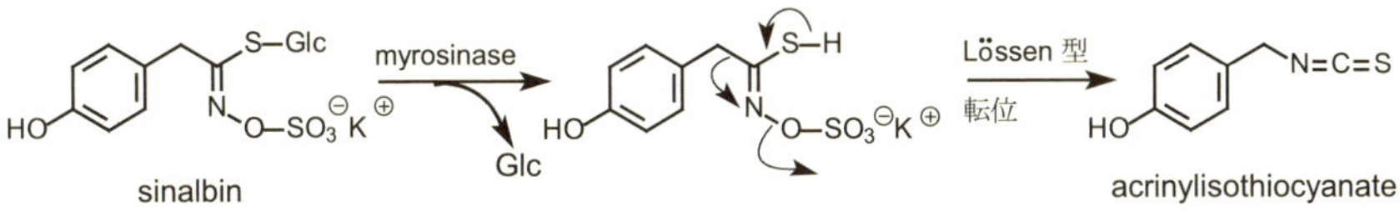

その生合成経路は次のように考えられている.

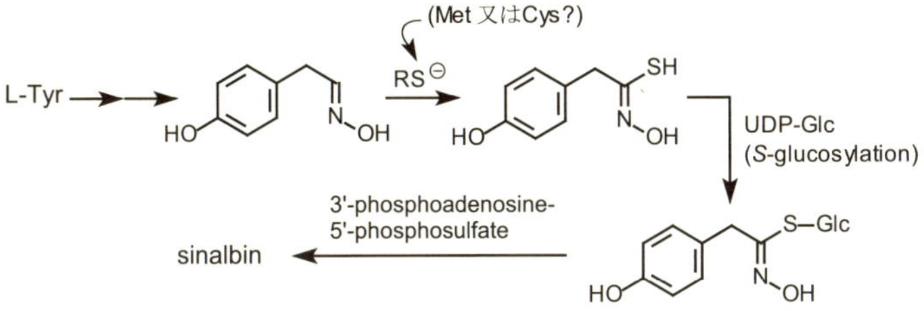

glucosinolate はアブラナ科植物のほとんどとそれに近縁のフウチョウソウ科, モクセイソウ科植物の他, ヤマゴボウ科, トウダイグサ科, オオバコ科, ノウゼンハレン科, パパイア科の植物の種子や葉に含有されているので, 捕食者 (predator) に対する防御に役立っていると考えられる.

5.6.3 辛味成分と刺激性成分

刺激性で辛味性を示す芥子油配糖体に関連して, 辛味料などにも使用されている種々の植物に含有されている辛味物質を, それらの化学構造をもとに, 以下のように大別することができる.

a. 酸アミド

脂肪族や芳香族の不飽和脂肪酸のアミドでアミン部分の構造によって辛味のニュアンスが異なる.

脂肪族アミン……清涼な辛味

α-sanshool

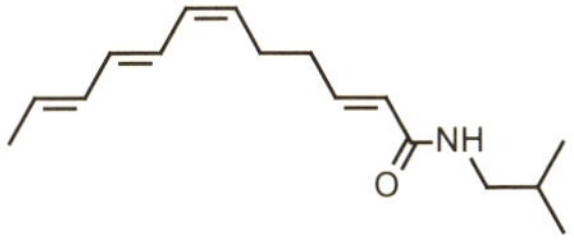

サンショウ *Zanthoxylum piperitum* 果皮（ミカン科）

piperine　　　　　　　　　　　コショウ *Piper nigrum* 果実（コショウ科）

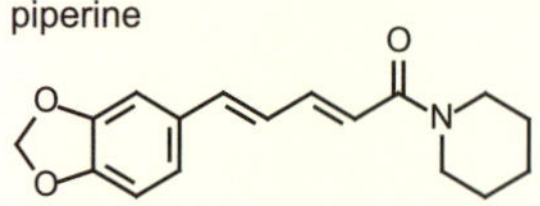

環状（芳香環）アミン……灼くような辛味

capsaicin　　　　　　　　　　トウガラシ *Capsicum annuum* 果実
　　　　　　　　　　　　　　　　（ナス科）

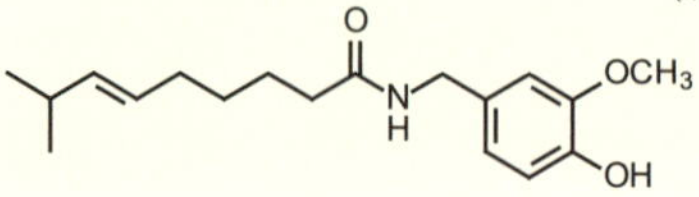

b.　ケトン

gingerols [n=3, 4 (主), 5, 6, 8, 10]　　ショウガ *Zingiber officinale* 根茎
　　　　　　　　　　　　　　　　　　（ショウガ科）

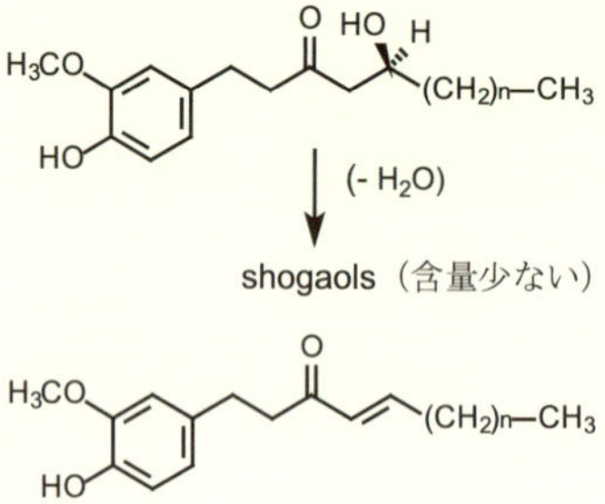

↓ (- H_2O)

shogaols（含量少ない）

c.　**芥子油配糖体**（5.6.2 項参照）
d.　スルフィド

1)　ニンニク *Allium sativum*（ユリ科）の鱗茎を摩砕して生成する allicin は不安定な無色の油で，抗菌性，抗かび性があり，SH 基阻害活性を示す．植物体中には alliin として含有されていて，鱗茎をドライアイスで凍結して抽出すると alliin が無臭の白色結晶（mp = 163〜165°）として得られる．Alliin は (+)-*S*-allyl-L-cysteine から酸化生成され，以下のような分解反応を受ける（alliin と alliinase は乾燥時には安定である）．

5.6 配糖体の生合成

2) alliin 型化合物 (S-alkylcysteine sulfoxide[43]) は他の *Allium* 属植物（ニラ，ラッキョウ，ノビル，ネギ，タマネギ）に含まれ，alliin の allyl 基のかわりに methyl, propyl, benzyl など様々である．

　タマネギ *Allium cepa* では，以下のように催涙性化合物が生成する[44]．海藻には methyl sulfide $(CH_3)_2S$ が含有されている．

6

生合成研究の進展
－組織培養と細胞培養－

6.1 薬用植物バイオテクノロジー

　第5章までに，二次代謝成分が生物細胞において生合成される経過について，有機化学的側面から概説した．それらの生合成過程ではいうまでもなく，ほとんどの場合，酵素（タンパク質）による触媒作用が反応の進行を推進している．そして，それら酵素反応は遺伝子設計図（ゲノム）によって支配されている．

　生命の営みという動的な側面から「天然化学物質の生合成」を見て，それらの諸反応を自然界に依存すること少なく，人工的な環境でかつ有用な天然物質の人工生産を目指す植物バイオテクノロジーの研究が進展している．

　薬用・有用植物バイオテクノジーは，①植物組織・細胞培養の技術の確立から，②細胞培養の技術を基盤として，プロトプラストの培養や細胞融合など細胞レベルの人工操作技術の確立へと進んで，さらには，③特定遺伝子の単離，改変，植物体への再導入と発現などの技術革新へと進み，時代は遺伝子レベルでの人工操作の技術革新へと進んでいる．

　ここでは，とりわけ薬用植物バイオテクノロジーの進歩が，天然物質の生合成研究発展に貢献した，組織培養・細胞培養の成果の一例を紹介する(注)．

　注　他に，薬用ニンジンの組織培養研究に端を発したニンジンサポニン ginsenoside 類の人工生産[45]，有用アルカロイドの代謝工学研究[46] などが特筆される．

6.2 ムラサキの組織培養・細胞培養とシコニンの生産

　生薬の紫根（シコン）はムラサキ *Lithospermum erythrorhizon*（ムラサキ科）の根を基原とし，創傷治癒促進，抗浮腫，殺菌，抗腫瘍の諸作用が認められている要薬で，その有効成分は shikonin と acetylshikonin であることが明らかにされている．これまで，日本でのムラサキの大量栽培は成功していないので，生薬

の紫根は，原産地の中国からの輸入に頼っているのが現状である．そこで，shikonin の供給を目標としてムラサキの組織培養・細胞培養が検討された．

ムラサキ種子を植物ホルモン 2,4-D (=2,4-dichlorophenoxyacetic acid) を添加した Linsmaier-Skoog 寒天培地 (L-S 培地) 上で発芽させ，その実生からカルス（脱分化した細胞集塊）を得て，まずこのカルスを 25 ℃，暗黒下で継代培養することに成功した．

R=H　shikonin
R=Ac　acetylshikonin

2, 4-D（合成品）

indoleacetic acid
(IAA，天然)

6-furfurylaminopurine
(kinetin，天然)

これは赤色色素を作らなかったが，培地の成長ホルモンを 2,4-D から IAA と kinetin に置き代えて赤色色素（紫根と同じ shikonin 誘導体）の生成に成功，ここにムラサキのカルスを用いた shikonin の合成が達成された．次にこの系を用いてトレーサー実験を行って L-Phe から shikonin が生合成される経路が明らかにされた[47]．

L-Phe

geranyl diphosphate

m-geranyl-p-hydroxybenzoic acid

この過程が 2,4-D で阻害される

shikonin　　dexoyshikonin　　geranylhydroquinone

ついで shikonin 高生産培養株が育成され，生合成調節要因の検討，生産培地の開発，さらには 2 段階培養方式の採用などによって，世界で初めて，植物細胞培養による二次代謝産物の工業生産が実現した[48]．shikonin の生産は培地 1 ℓ あ

たり 4.0 g に達するという高い効率である．

　ここで 2 段階培養方式というのは，先ず L-S 培地で細胞増殖を行って一次代謝を進め，ついで White の培地に代えて二次代謝産物 shikonin の生合成を増進するという興味深いものである．

II編 (3〜6章) の文献

1) F. R. Sternitz, H. Rapoport, *J. Am. Chem. Soc.*, **83**, 4045 (1961).
2) 柴田承二, 山崎幹夫「植物成分の生合成」, 東京化学同人 (1970).
3) P. M. Dewick, *"Medicinal Natural Products – A Biosynthetic Approach"*, John Wiley & Sons, 2nd Ed. (2002).
4) M. Hesse, *"Alkaloids"*, Wiley-VCH, N. Y. (2002) p. 279.
5) J. E. Graebe, P. Hedden, J. MacMillan, *J. Chem. Soc. Chem. Commun.*, **1975**, 161.
6) T. J. Simpson, *Chem. Soc. Rev.*, **16**, 123 (1987).
7) J. S. E. Holker, R. D. Lapper, T. S. Simpson, *J. Chem. Soc. Perkin 1*, **1974**, 2135.
8) J. A. Gudgeon, J. S. E. Holker, T. T. Simpson, *J. Chem. Soc. Chem. Commun.*, **1974**, 636.
9) a) H. Seto, L. Cary, M. Tanabe, *J. Chem. Soc. Chem. Commun.*, **1973**, 867 ; b) H. Seto, M. Tanabe, *J. Am. Chem. Soc.*, **95**, 8461 (1973).
10) T. J. Simpson, J. S. E. Holker, *Tetrahedron Lett.*, **1975**, 4693.
11) a) S. Pummerer, H. Puttfarken, P. Schopflocker, *Ber.*, **58**, 1808 (1925) ; b) D. H. R. Barton, A. M. Deflorin, O. E. Edwards, *Chem. & Ind.*, **1955**, 1039; *J. Chem. Soc.*, **1956**, 530; c) V. Arkley, F. M. Dean, A. Robertson, P. Sidisunthorn, *J. Chem. Soc.*, **1956**, 2322.
12) J. Staunton, K. J. Weissman, *Nat. Prod. Rep.*, **18**, 380 (2001).
13) a) 葛山智久, 農化, **75**, 1053 (2001) ; b) 高木基樹, 瀬戸治男, 葛山智久, 蛋白質 核酸 酵素, **47**, 58 (2002) ; c) T. Kuzuyama, H. Seto, *Nat. Prod. Rep.*, **20**, 171 (2003).
14) 小倉協三, 有合化, **33**, 256 (1975).
15) P. Junior, *Planta Med.*, **56**, 1 (1990).
16) K. Nakanishi, T. Goto, S. Ito, S. Natori, S. Nozoe ed., *"Natural Products Chemistry"*, vol.1, Kodansha, Academic Press, Tokyo, N. Y., London (1974).
17) A. K. Bhattacharya, R. P. Sharma, *Heterocycles*, **51**, 1681 (1999).
18) J. W. Jarosjewski, T. Strøm-Hansen, S. H. Hansen, O. Thastrup, H. Kofod, *Planta Med.*, **58**, 454 (1992).
19) J. R. Hanson, *Nat. Prod. Rep.*, **18**, 88 (2001).
20) A. San Feliciano, M. Gordaliza, M. A. Salinero, J. M. M. del Corral, *Planta. Med.*, **59**, 485 (1993).
21) a) D. Guénard, F. Guéritte-Voegelein, P. Potier, *Account Chem. Res.*, **26**, 160 (1993); b) K. C. Nicolaou, W.-M. Dai, R. K. Guy., *Angew. Chem. Int. Ed. Engl.*, **33**, 15 (1994).
22) A. M. Jeffrey, R. M. J. Liskamp, *Proc. Natl. Acad. Sci. USA*, **83**, 241 (1986).
23) a) S. Nozoe, M. Morisaki, K. Tsuda, Y. Iitaka, N. Takahashi, S. Tamura, K. Ishibashi, M. Shirasaka, *J. Am. Chem. Soc.*, **87**, 4968 (1965) ; b) L. Canonica, A. Fiecchi, M. G. Kienla, M. Galli, A. Scala, *Tetrahedron Lett.*, **1966**, 1211, 1329.
24) E. Fattorusso, S. Magno, C. Santacroce, D. Sica, *Tetrahedron*, **28**, 5993 (1972).
25) R. K. Boeckman, Jr., D. M. Blum, E. V. Arnold, J. Clardy, *Tetrahedron Lett.*, **1979**, 4609.
26) a) M. Kaneda, R. Takahashi, Y. Iitaka, S. Shibata, *Tetrahedron Lett.*, **1972**, 4609 ; b) H. Sugawara, A. Kasuya, Y. Iitaka, S. Shibata, *Chem. Pharm. Bull.*, **39**, 3051 (1991).
27) 渋谷雅明, 海老塚 豊, 有合化, **60**, 195-205 (2002) (review).

28) D. E. Champagne, O. Koul, M. B. Isman, G. G. Z. Scudder, G. H. N. Towers, *Phytochemistry*, **31**, 377 (1992).
29) a) J. Polonsky, *Prog. Chem. Org. Nat. Prod.*, **30**, 101 (1973) ; *ibid.*, **47**, 221 (1985) ; b) J. D. Connolly, R. A. Hill, *Nat. Prod. Rep.*, **12**, 609 (1995) ; c) *Idem, ibid.*, **19**, 494 (2002).
30) D. Deepak, S. Srivastava, N. K. Khare, A. Khare, *Prog. Chem. Org. Nat. Prod.*, **69**, 71 (1996).
31) L. Krenn, B. Kopp, *Phytochemistry*, **48**, 1 (1998).
32) D. W. Russell, K. D. R. Setchell, *Biochemistry*, **31**, 4737 (1992).
33) M. Kobayashi, Y. Okamoto, I. Kitagawa, *Chem. Pharm. Bull.*, **39**, 2867 (1991).
34) I. Kitagawa, M. Kobayashi, *Chem. Pharm. Bull.*, **26**, 1864 (1978).
35) a) K. Goto, I. Yamamoto, *Proc. Japan Acad.*, **30**, 769 (1954) ; b) D. H. R. Barton, A. J. Kirby, G. W. Kirby, *Chem. Commun.*, **3**, 52 (1965).
36) E. Leete, A. Ahmad, *J. Am. Chem. Soc.*, **88**, 4722 (1966) ; b) ; D. H. R. Barton, R. Boar, D. A. Widdowson, *J. Chem. Soc. (C)*, **1970**, 1213 ; c) D. H. R. Barton, C. J. Potter, D. A. Widdowson, *J. Chem. Soc. Perkin 1*, **1974**, 346.
37) A. R. Battersby, A. R. Burnett, P. G. Parsons, *J. Chem. Soc. (C)*, **1969**, 1187.
38) C. Schöpf, *Experientia*, **17**, 285 (1961).
39) Y. Shimizu, *Chem. Rev.*, **93**, 1685 (1993).
40) T. Yasumoto, M. Murata, *Chem. Rev.*, **93**, 1897 (1993).
41) a) E. E. Conn, *Planta Med.*, **57**, S1-S9 (1991) ; b) D. A. Jones, *Phytochemistry*, **47**, 155 (1998).
42) M. Benn, *Can. J. Chem.*, **58**, 1892 (1980).
43) E. Block, *Angew. Chem. Int. Ed. Engl.*, **31**, 1135 (1992).
44) M. Yagami, S. Kawakishi, M. Namiki, *Agr. Biol. Chem.*, **44**, 2533 (1980).
45) I. Asaka, I. Ii, M. Hirotani, Y. Asada, T. Furuya, *Biotechnology Lett.*, **15**, 1259 (1993).
46) 橋本 隆, 山田康之, 農化, **75**, 674 (2001).
47) H. Inouye, H. Matsumura, M. Kawasaki, K. Inoue, M. Tsukada, M. Tabata, *Phytochemistry*, **20**, 1701 (1981).
48) Y. Fujita, M. Tabata, A. Nishi, Y. Yamada, in "*Plant Tissue Culture* (1982)" (ed. Fujiwara), Maruzen, Tokyo, p.312.

III
天然化学物質の科学

　生物活性天然化学物質の存在が予言されたのは,古く16世紀前半の欧州であったといわれているが,実証されたのは,ドイツの薬剤師 F. W. A. Sertürner によって,アヘン（阿片）から麻酔作用成分 morphine が初めて単離された1805年のことである（I編）.以来,天然薬物（生薬）に含有される活性天然物質の分離や,活性物質の存在が期待される動植物や微生物などの天然素材が探索され,さまざまな見地や立場から天然化学物質の科学が展開されている.そして,それらについては,これまでに数々の成書に総説されている（I編）(注).

　注　2002年8月の Dictionary of Natural Products のデータベースによると,天然化学物質としてこれまで173000種の化合物が報告されている（これはその半年間に4000種が増加したというペースである）.活性天然物質の検索は,植物,微生物,海洋生物,昆虫類などさまざまな起源を対象として行われているが,それでも,地球上の植物25万種のうち15%が天然物化学の対象にされているにすぎないという.

　天然物化学では,自然の営みの中で生物が造り出した有機化学分子（天然化学物質）を研究対象にしているので,常々,研究者は自然に化学を学ぶ視点を忘れることはできない.何が,何ゆえにどのように研究されるのかは,さまざまである.本編は天然薬物やそれに近縁の有用天然素材から得られた活性天然物質の科学の略述から始まる(注).

　注　ここで取りあげたトピックスは,いうまでもなく,筆者の「独断と偏見」によるものである.しかし,その流れの中から,これからの天然物化学が進んでゆく方向を見ていただければ幸いである.

7

天然化学物質の探索

7.1 天然薬物とヒトとのかかわり

　数多くの動植物や鉱物の中から永年の使用経験に基づいて薬用材料の取捨選択が行われ，西暦1～2世紀の頃，中国やインドなどにおいてその利用システムが整えられた．天然薬物は**伝統薬**（traditional medicine）（中医薬，日本では漢方薬，あるいはアーユル・ヴェーダ医薬など）として重用され，現代医療においても盛んに用いられている．一方，世界各地では，今なお民間薬（folk medicine）として用いられている**伝承薬**がある．

　天然薬物はさらに，食品，香粧品や農薬などとして幅広く利用されている場合もあって，天然薬物はいわば人類の貴重な文化資産ともいうことができる．しかし，有効成分や有用成分が未明の場合も多いので，天然薬物は自然から活性天然物質を探索する貴重な研究対象でもある．そして視点を変えてみると，地球規模で自然破壊が急速に進んでいく今日，天然素材からの活性天然物質の探索は，急がれなければならない重要な課題である．

　地球規模での天然資源の調査研究は，海外学術調査として，文部省（現，文部科学省）の支援で進められてきた．世界で植物種の豊富な熱帯雨林は，南米アマゾン，アフリカ熱帯コンゴ，東南アジアにあって，日本研究者のアプローチの様相の一端は，1985～1987年頃の研究課題からも窺い知ることができる．すなわち「カメルーン熱帯多雨林における有用植物の探索ならびに生理活性植物成分の化学的研究」「トルコの伝統薬物と薬用植物資源に関する調査研究」「チベット医学ならびにネパール・ダウラギリ周辺における天然薬物資源の学術調査」「日本と雲南の有用植物の化学分類学的及び種生物学的比較に関する日中共同研究」「アフリカ地域の民族生薬と未利用薬物資源の研究」「インドネシアの天然薬物調査」などである．

　1年を通じて高温で湿潤な熱帯地域は，地球上で最も豊かな生物相を育んでい

て，その生物多様性（biodiversity）が維持されているメカニズムについては，分類学や生態学などの立場から論議されている．D. G. Frodin（1984）によれば，熱帯アメリカには9万種，熱帯アジアには3.5〜4万種，そしてアフリカには3万種ほどの計16万種の維管束植物が分布していて，これは全世界27万種の約6割にあたり，残り11万種が熱帯以外に分布しているという．とりわけ熱帯雨林には，植物種の多様性が認識されている．

このような背景をふまえて進められた活性天然物質探索の一つの例を以下に紹介する．

7.2 インドネシアの天然薬物調査 [1)]

7.2.1 研究の背景と概要

インドネシアは東南アジア島嶼部の大部分を占め，スマトラ，カリマンタン（ボルネオ島），イリアンジャヤ（ニューギニア島）など巨大な島からサンゴ礁のような無人の小さな島を含めて無数の島々から成っている．気象的には東部の東ヌサ・テンガラ州（チモール島，フローレス島など）のサバナ気候を除いてほとんどの地域が熱帯雨林気候で，また地理的変化に富んでいるので，その植物種は豊富で4万種に及ぶといわれている．

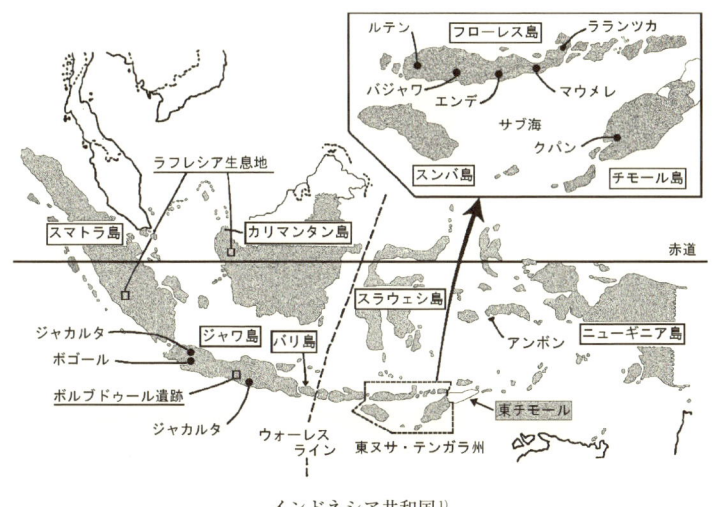

インドネシア共和国 [1)]

インドネシア社会における医療形態を見ると，都市部では近代医療による病院，医院および薬局があるが，郡部では**ドクン**（dukun）と呼ばれる医師免許をもたない世襲制の民間治療師が，その集落の病人を扱っている．ドクンたちは近隣の野山や森林の熱帯薬用植物を用いて（時にはブラック・マジックを併用するが），熱帯病（マラリア，コレラなど），腹痛，下痢，発熱，喘息などの呼吸器疾患，高血圧，結石，糖尿のほか，骨折や蛇咬傷をはじめ，種々の傷の治療などあらゆる疾病の治療を行い，出産も取り扱っている．

ジャワ島，バリ島を中心とした地域では，種々の病気の治療や予防に伝統的薬物である**ジャムウ**（jamu）が広く用いられ，これらは街をゆく行商人のジャムウ・ゲンドン（jamu gendong）や，市場（パッサル）の生薬屋から購入したり，都市部ではジャワ島中部に多いジャムウ製薬工場で製造された製剤が市販されている．

このようにインドネシアでは世界有数の薬用植物（天然薬物）資源をベースとした民間医療（ドクン）および民間薬（ジャムウ）が，人々の医療に大きな役割を果たしている．そして，それらの天然薬物資源の科学的な解明の進展が望まれている．

これらの情勢を背景として，日本文部省（当時，国際学術研究）の援助で，インドネシア科学院（LIPI）の系列にある国立生物学研究所との共同研究で民間薬，民間医療の調査が行われた．その目標の一つには，活性天然物質の探索とそれらを通して，インドネシア研究者の育成があった．

7.2.2　調査資料の整理と化学的研究

学術調査は1985年から1997年の12年間に計8回，日本・インドネシアの合同メンバーによって進められた．これらの学術調査では，日本人研究者は研究用入国査証（research visa）の発給をうけることを前提として，インドネシア共同研究機関との同意（文書）が交換されて進められてきた．

調査地と調査項目については，ジャワ島ボゴールにある国立生物学研究所との協議によって決定され，日本側は天然物化学，生薬学を専攻する研究者が，インドネシア側からは植物分類学，生態学を専門とする研究者が参加している．

各調査ごとに収集した情報，ジャムウ生薬，薬用植物はすべてボゴールにある国立生物学研究所に集められ，基原植物の同定などが行われ，そこから日本側の

まとめ役の大阪大学に空輸されて植物検疫をうけ，日本側参加研究者がそれぞれの立場から検討を行い，現在もそれらの共同研究は続けられている．

人類はいま熱帯原生林（ジャングル）の過度の開発や伐採の代償として，地球規模の深刻な環境問題に遭遇している．見方を変えれば，これは未だ科学的な検討がなされていないおびただしい数と種類の熱帯薬用植物が現実に失われていることを意味している．そして天然薬物調査は貴重な遺伝子資源の確保の見地からも緊急かつ重要な課題である．

調査で得られた知見の一つ，樹脂配糖体の例を以下に示す．ヒルガオ科 *Merremia mammosa* はジャワ島中部で"bidara upas"と呼ばれる薬用植物で，その塊根は糖尿病や呼吸器疾患の治療を目的としたジャムウ処方に配合されている．これまでに，このジャムウから13種の新規樹脂配糖体 merremoside 類および mammoside 類が単離され，それらの環状構造が明らかにされ，イオノホア活性を示すことが判明している．その一つ，merremoside f の構造は以下のとおりである．

merremoside f （Ca^{2+} イオンに対する顕著なイオン捕捉能および赤血球膜イオン透過能が認められた）

7.3　海洋天然物化学の研究 [2]

海洋生物由来の活性天然物質の研究が，世界各地で盛んに行われるようになったのはそれほど古いことではない．日本でも海人草（マクリ）*Digenea simplex*

の回虫駆除成分 kainic acid，環形動物イソメ *Lumbrinereis brevicirra* の毒 nereistoxin，フグ毒 tetrodotoxin などの注目すべき研究がなされていた．"pharmaceuticals from the sea"（海洋から医薬を）のうねりが世界的に広がり出したきっかけの一つは，1969 年 A. J. Weinheimer ら（当時，米国オクラホマ大学）が，カリブ海に生息する腔腸動物八放サンゴの一種ヤギ類 *Plexaura homomalla* から

kainic acid

nereistoxin

15-epi-PGA$_2$ (R=R^1=H)
15-epi-PGA$_2$ acetate methyl ester
(R=CH$_3$, R^1=CH$_3$CO)

15-epi-PGA$_2$（0.2%）と 15-epi-PGA$_2$ acetate methyl ester を好収率で得たことが世界中の研究者の注目を集めたことである[注]．加えて，スクーバ（SCUBA）ダイビングの普及で海洋生物採取の方法が一般的にも進歩し，一方，日本の「しんかい 6500」で象徴されるような潜水艇（submersible）を駆使して海洋生物が採取されるなど，支援技術の進歩，さらに海洋生物成分研究方法のめざましい進歩などによって，様々な海洋生物から多彩な化学構造の活性天然物質が相ついで発見されるようになった．

注　その後，15S，15R の PG 類が得られている（1972）．

　海洋は地球全面積の 7 割以上を占め，地球上の動物種の 80% が海洋域に住んでいるといわれている[注]．海洋生物には 50 万種にも及ぶ豊富な種類があって，それらの生物が生息している環境は，海水中という閉鎖系で，高い塩濃度，水深によっては水圧がかなり高く，その上，生物は体表面を海水に露出して生きているなど，いずれも陸上生物とは著しく異なっている．このような環境に適応して生きるために，海洋生物はその進化（evolution）の過程で，陸上生物とは異なった代謝系あるいは生体防御系を発展させてきたと考えられる．その結果として，海洋生物が代謝し生産する化学物質（二次代謝産物）は，陸上生物由来の天然化学物質には見られない，新規で多彩な化学構造と様々な生物活性の発現が期待される．

注　地球上の水の量はおよそ 14 億 km^3，その 97% 以上が海水で陸地の湖，河川，地下水を

あわせても 3% 弱にすぎないといわれている．海の面積がおよそ 3 億 600 万 km^2 とすると，海洋の平均水深は 3800 m 以上となり，富士山をさかさまにした以上の深さになる．しかし実際は，「大陸棚」と呼ばれる水深 200 m くらいまでのところが多く，それから数十 km 先まで「大陸斜面」が続き，水深 4000 m くらいの「海洋平坦面」になっている．それに，太平洋マリアナ海溝（水深約 11000 m），インド洋ジャワ海溝（水深約 7000 m），大西洋プエルトリコ海溝（水深約 8400 m）があって，海底に深みの変化がつけられている．

以来，海洋天然物質（marine natural product）について，世界的に広範な研究が展開され，それらはさらに天然物化学の研究領域を広げ，奥行を深くしている．そして，活性天然物質がますます多彩になって$^{(注)}$，海洋天然物質の生物有機化学が展開されている（後述，§11）$^{3)}$．

注 最近の統計（2003）によれば，発見された海洋天然物質の数は 1 万を超えている．

これまでに研究されてきた海洋天然物質は次の 3 項に大別することができる．

1) 有用生化学資源（useful biochemical resource）： たとえば，褐藻類から豊富に得られる fucosterol が活性型 vitamin D$_3$ の合成原料にされたり，オバケコンブなどから得られる酸性多糖 alginic acid には種々の用途があり，アルギン酸繊維の原料として利用されている．さらに，エビ，カニなどの甲殻類から豊富に得られる塩基性多糖 chitosan や chitin，それらの加水分解で得られる glucosamine は用途も広い．また，フカの鰭などから得られる chondroitin やタコの煮汁から得られた taurine も有用な生化学資源である．

2) 生物活性物質（bioactive substance）： これらの中には，医薬素材あるいはその先導化合物の探索という見地から，活性天然物質の探索が盛んに行われた結果，発見されたものも多い．

抗病原微生物活性（抗菌，抗ウイルスを含めて）を示す物質や，海洋生物の生理機能や生態系の制御に重要な役割を果たしている生理活性物質や生態化学物質が数多く発見されている．また，生物活性試験（bioassay）でモニターしながら探索される薬理活性物質は創薬のシーズとして期待され，種々の腫瘍細胞に対する増殖制御や増殖阻害の活性を示す物質群，さらには抗腫瘍活性物質など，それらは抗ガン剤への展開が期待されるものである．

3) 海洋生物毒（marine toxin）： 海洋と人類との関わりにおいて，とりわけ海洋生物を貴重なタンパク源としてきたヒトにとって，海洋生物毒の研究は重要で，今日では環境科学研究の一環として重要なことはいうまでもない．フグ毒 tetrodotoxin，麻痺性貝毒 saxitoxin，腔腸動物スナギンチャク毒 palytoxin，シガ

テラ魚毒 ciguatoxin 類,赤潮毒 brevetoxin 類や palytoxin の9倍も猛毒な藻食魚毒 maitotoxin など,続々と解明が進んでいる toxin 類はきわめて毒性が強い.

それらの毒の強さは,かつて,「毒草の毒を制御して薬にする」というように考えられたこともあった発想を超えている(注).現在では,これらの marine toxin 類の活性(毒性)発現メカニズムの解明から,「毒を毒として活用する」という発想に転換され,やがて,生理学,薬理学研究の手段(tool)として役立って,分子生物学の分野に大きな寄与をしている.また,これらの toxin 類は,海洋生物の生態系にも顕著な影響を及ぼす生態化学物質としての役割がある.

注 tetrodotoxin には cocaine の1万倍の強さの局所麻酔作用がある.

筆者らも海洋生物由来の活性天然物質の探索を続けてきた[4,5].ここでは,赤潮プランクトン *Heterosigma akashiwo* の培養で得られた heterosigma-glycolipid 類について略述する.

海洋植物プランクトンの培養と代謝生産物の化学的研究の一つとして,大阪湾須磨浦で採集して培養増殖させたラフィド藻綱プランクトン *Heterosigma akashiwo* から,複合糖脂質 heterosigma-glycolipid Ⅰ,Ⅱ,Ⅲ,Ⅳが単離され,それらの化学構造が明らかにされた.それらのうちⅡとⅣにおける脂肪酸残基の一つはω3(20:5)の eicosapentaenoic acid(EPA)である.EPA はさまざまな生理活性を示すことで注目されている魚油成分であるが,魚は実際には EPA 生合成能を欠いているので,プランクトンが魚油中の腸内細菌とともに魚の EPA のルーツの一つであることを示唆する結果になっている[6].

heterosigma-glycolipid Ⅱ

heterosigma-glycolipid Ⅳ

7.4 動物起源の毒[7]

海洋生物毒を天然の毒(natural toxin)の一群と考えると,動物の毒として発見されたものが多いので,その意味では,海洋生物成分の多くは動物起源の成分ということもできる.

日本では,マムシやハブなどの毒蛇は有毒動物として知られているが,一般にはハチやクモなど有毒小動物が多く,これらは動物起源の毒成分として活性天然物質の研究対象として興味深い.刺毒,咬毒,接触毒など小動物が産生する毒液(venom)の原因物質は,主に外分泌性の細胞で産生され,外分泌腺(venom gland)に蓄えられているので,研究の効率からいってそれらの腺から抽出・分離され,探索の対象はしぼられている(注).

注 植物の場合,動物ほどには器官の分化は進んでいないが,活性天然物質は特定の細胞,組織に存在している.

7.5 微生物起源の天然物質

A. Fleming の penicillin の発見(1929)以来,G. J. P. Domagk らの sulfon-amide(1935)にはじまるサルファ剤(sulfa drug)の時代を経て,土壌微生物放線菌から S. A. Waksman らにより streptomycin が発見され(1944)(注),抗生物質(antibiotic)の時代が展開され,「抗生物質は微生物が生産する物質で,他の微生物の発育その他の生理機能を阻害する物質」と定義されたことはよく知られている.

注 streptomycin を産生する放線菌 *Streptomyces griseus* は,近年その vitamin B_{12} 生産株が vitamin B_{12}(cyanocobalamin)の生産に活用されている.

それが今日では,「微生物に不可能なし」という言葉で象徴されるように,数多くの微生物代謝産物が創薬の素材として注目され,今や微生物は活性天然物質探索の一大 kingdom を形成している(§9.3)[8].

7.6 生体起源の活性天然物質

生体の内在因子で薬理活性を示し,医薬としても用いられる活性物質はいわゆる**生体医薬**の範疇に入る.生理活性物質としては生理活性ペプチドがよく知られているが,哺乳類に由来する生理活性低分子化合物としては,adrenalin(=

epinephrine), dopamine などの catecholamine 類や, 副腎皮質 steroid やオータコイド・prostaglandin などの活性天然物質が知られており, これらはまた医薬品としても用いられている.

最近, 神経細胞死を制御する内在物質研究の過程で, 培養細胞を維持する培地に添加されるウシ胎児血清 (fetal calf serum) に含まれる非タンパク性成分から, 神経保護作用を示す有効成分の一つとして新規成分セロフェンド酸 (serofendic acid) が発見された[9](注).

注 ニューロン死により低下した脳機能を改善する薬物療法には, 補充療法を目的とした薬物が用いられているが, 進行を完全には阻止できない. 例えば, ① パーキンソン病にはレボドーパ (levo-DOPA) によって症状が改善される. ② アルツハイマー病には, ドネペジル (donepezil) などのアセチルコリンエステラーゼ阻害薬で痴呆症が改善される.

いいかえると, serofendic acid は中枢神経系のニューロン死を制御する生体内在物質の探索から発見された化合物ということになる. ヒトにも存在するかどうか興味がもたれる.

ℓ-DOPA

donepezil hydrochloride

serofendic acid は 4 環性ジテルペン atisane 骨格に methyl sulfoxide 側鎖をもつめずらしい構造の化合物で, 哺乳類由来の多環性ジテルペノイドとして最初の発見である. ジテルペンカルボン酸としては retinoic acid が知られている(注).

serofendic acid

retinoic acid

注 最近, cannabinoid-receptor に対する内在性リガンドとしてアナンダミド (anandamide, *N*-arachidonylethanolamide) が発見されている. [M. Maccarrone, *et al.*, *J. Biol. Chem.*, **278**, 33896 (2003)]

anandamide

serofendic acid は, キク科 *Stevia rebaudiana* の葉から得られる甘味ジテルペン配糖体 stevioside の酸加水分解二次生成物である isosteviol (hibaene 骨格) か

7.6 生体起源の活性天然物質

ら，以下のように sulfoxide 部異性体の 1:1 混合物として合成されている．混合物の生理活性は天然物と同等ということである．

stevioside → (H⊕) → isosteviol → (10 steps) → [methyl ester diene] → [15α + 15β-OH] ← (15α-OH 体) ← [diol COOCH₃] ← [diol fragment] ← serofendic acid (1:1 mixt.)

この発見が契機となって，哺乳類由来の新しい活性天然物質の探索が活発になることが望まれる．

8

天然薬物成分の化学
－天然薬物の科学的評価－

　天然薬物（生薬）の成分を化学的に明らかにすることは，天然物化学研究の原点の一つであった．これまで，天然薬物成分として明らかにされた生物活性物質にはアルカロイド類が多く，それらは直接あるいは間接的に医薬品開発（創薬）の出発物質になった．

　天然薬物から作用成分の本体を取り出して化学的に明らかにしようとする場合，天然薬物の用法を参考にして，目的とする生物活性物質の存在を検定する生物試験法でモニターしながら，抽出・分画・分離精製を行って，活性天然物質を探し当てる(注)．

　注　近年，ロボットを利用して，多数の検体について自動的に短時間で生化学的なテストを行うハイ・スループット・スクリーニング（high throughput screening, HTS）といわれる方法が開発されている．

　ここで，まず生物活性試験（bioassay）法をどのように組み立てるか，そしてその結果を参考にしながら分画・分離精製をどのように進めるか，最も苦心するところで，先人の実例が大いに参考になる．天然薬物の場合，伝承をもとにbioassay法を考案することになるが，天然薬物はもちろん多成分系で，かつ，その用途も多いので，bioassay法選択の決断も難しい．また，bioassay法によっては，化学的に全く異なる系統の有機化合物が，同じ活性化合物群として得られたり，ある一つの天然薬物から，それまでとは別の生物活性を示す有機化合物が得られたり，さまざまな結果がもたらされる．

8.1　伝承を解明する

　本節では天然薬物にかかわる伝承の解明に取り組んだいくつかの例を示す．

8.1.1 麻黄の抗炎症成分と麻黄根の降圧成分

生薬の麻黄にはマオウ科シナマオウ *Ephedra sinica* または同属植物の地上部が用いられる.

(−)-ephedrine や (+)-pseudoephedrine などが重要成分としてよく知られており，これらの ephedrine 類が喘息の治療や鎮咳薬の有効成分とされている[10].

(-)-ephedrine　　(+)-pseudoephedrine　　ephedroxane

麻黄を構成生薬とする漢方方剤に，抗炎症作用を期待した用法のあることをヒントに，ヒキノヒロシら（東北大学薬学部）によって，マウスを用いた酢酸による毛細血管透過性亢進の抑制作用や，ニワトリ胚の漿尿膜肉芽形成の阻害作用，カラゲニンによる急性後肢足蹠浮腫の抑制作用などの bioassay 法による検討結果を指標にして抗炎症活性成分が検索され，新たに活性成分 ephedroxane が発見された[11a]．そして，活性の強さと含量を考慮すると，(+)-pseudoephedrine が麻黄の主な抗炎症活性成分であることが明らかになった.

さらに生薬の麻黄（地上部）の薬効の一つである発汗作用は ephedrine 類に起因するとされているが，マオウ属植物地下部から調製される麻黄根には，麻黄とは逆に止汗作用があるといわれ，また麻黄エキスは血圧上昇作用を示すのに対して，麻黄根エキスは血圧降下作用を示すといわれていた．ヒキノらにより麻黄根の活性成分が検索され，顕著な降圧作用を示す中環状スペルミンアルカロイド

ephedradine A　　mahuannin A

ephedradine 類（例：A）[11b] や二量体フラボノイド mahuannin 類（例：A）[11c] などが明らかにされ，伝承が裏付けられている．

8.1.2 茵蔯蒿の利胆活性成分

生薬の茵蔯蒿(いんちんこう)はカワラヨモギ *Artemisia capillaris*（キク科）の花穂がついた全草で，消炎性利尿薬や利胆薬として黄疸，肝炎などの治療に用いられる．それまで，含有成分の esculetin dimethyl ether や capillarisin に胆汁分泌作用が認められたことから，薬効成分が解明された生薬とみなされていた[10]．

esculetin dimethyl ether

capillarisin

	R^1	R^2
capillartemisin A	OH	H
capillartemisin B	H	OH
deoxycapillartemisin	H	H

しかし，① esculetin 誘導体は他の非薬用の植物にも含有され，茵蔯蒿の特有成分というわけでもないこと，② capillarisin は静脈注射による動物実験でその利胆活性が見出されたもので，経口投与が基本である漢方の用法からすれば，なお，検討の余地があると考えられた．そこで bioassay 法の是非が検討され，経口投与に類する結果が期待されるマウスの十二指腸直接投与法が採用され検討された．その結果，既知の2成分のみでは説明できない利胆活性物質の存在が予想され，十二指腸直接投与法でモニターしながら分離精製が進められた結果，既知の2成分よりも強い利胆活性物質 capillartemisin A と B および deoxycapillartemisin が発見された[12]．capillartemisin A と B は，用いられた bioassay 法で調べると，利胆薬として用いられている dehydrocholic acid よりも強い利胆活性を示し，それらは茵蔯蒿の主薬効成分であることがわかった．

ここでは，生物試験法の選択が新しい活性天然物質の発見につながることが示されている．

8.1.3 生薬の修治における化学過程

動植物など天然由来の薬用材料(生薬)が中医学や漢方医学で医療に供される場合,採集された新鮮材料がそのまま用いられることは少なく,修治(processing)と称される加工調製を経たのちに方剤に配剤される場合が多い.いいかえると,生薬の修治は古来,中国において医薬の発展に伴って工夫改良され,伝統的な製薬技術として今日に伝えられたものである.しかし,修治の目的や効能は長年の臨床経験から裏付けされているものの,なお不明な点も多く,とりわけ,修治における含有成分の化学変化や含量の変動,生薬の効能の薬理学的改変など,生薬修治の化学過程(chemical process)については,近代科学的な解析が充分ではない.

本項では,修治して用いられる生薬の代表的な例として,附子と人参について,それらの修治における化学過程について,その天然物化学的側面を略述する[13].

a. 附子と炮附子

附子はカラトリカブト *Aconitum carmichaeli* (キンポウゲ科)やその同属植物の塊根で,鎮痛,強心,利尿,興奮,新陳代謝機能の亢進などの目的で,漢方方剤中に配剤される漢方要薬である.附子には aconitine, mesaconitine など毒性の強いアルカロイドが含有されているので,適用を誤って不測の中毒を起こすことがあり,通常,修治を施して減毒された炮附子などが治療に用いられている.

それで,それまでにも附子の修治による含有成分の変化については種々の検討がなされ,aconitine 類の 8 位脱アセチル化(benzoylaconine 類への変化)が減毒の本質であることが明らかにされていた[10].その後,それだけでは充分な理解が得られなくなり,種々の再検討がなされた.その中で,同一種を基原とする附子について,いろいろな修治方法と含有成分の変化が詳細に検討された.その結果,Ⓐ(修治 A)それまで知られていたような aconitine 型アルカロイド[たとえば, aconitine(**1**), LD_{50} 0.39 mg/kg(腹腔,マウス)]の 8 位アセチル基が脱アセチル化されて benzoylaconine 型アルカロイド[たとえば, benzoylaconine: $R^1 = C_2H_5$, $R^2 = OH$, $R^3 = H$(**14**), LD_{50} 280 mg/kg]を生成する過程のほかに,Ⓑ(修治 B)8 位アセチル基がソルボリシス型で高級脂肪酸残基(たとえば,リノール酸,パルミチン酸,オレイン酸,ステアリン酸,リノレイン酸基)に置換された lipoalkaloid[たとえば, lipoaconitine (**2**), LD_{50} 180 mg/kg]を生成する化学過程のあることが明らかになった(図 1, 2)[注].

8. 天然薬物成分の化学

	R^1	R^2	R^3
aconitine (1)	C_2H_5	OH	acetyl
lipoaconitine (2)	C_2H_5	OH	linoleoyl, palmitoyl, oleoyl stearoyl, linolenoyl
hypaconitine (3)	CH_3	H	acetyl
lipohypaconitine (4)	CH_3	H	linoleoyl, palmitoyl, oleoyl stearoyl, linolenoyl
mesaconitine (5)	CH_3	OH	acetyl
lipomesaconitine (6)	CH_3	OH	linoleoyl, palmitoyl, oleoyl stearoyl, linolenoyl
deoxyaconitine (7)	C_2H_5	H	acetyl
lipodeoxyaconitine (8)	C_2H_5	H	linoleoyl, palmitoyl, oleoyl stearoyl, linolenoyl

	R^1	R^2	R^3	R^4
talatizamine (9)	OCH_3	OCH_3	H	H
14-acetyltalatizamine (10)	OCH_3	OCH_3	H	acetyl
isotalatizidine (11)	OH	OCH_3	H	H
karakoline (12)	OH	H	H	H
neoline (13)	OH	OCH_3	OCH_3	H

図1 この研究で附子に見出されたアルカロイド成分

aconitine (1)
LD_{50} 0.39 mg/kg

(修治B) MeOH 70 ℃ → 15
LD_{50} 50 mg/kg

モデル実験 → 2a の生成
linoleic acid-pyridine (1:1)
Δ (70 ℃) 2 hr

(修治A) AcOH pyridine (70 ℃) → lipoaconitine (2)

benzoylaconine (14)
LD_{50} 280 mg/kg

dioxane-H_2O reflux, 1 hr

2a
LD_{50} 180 mg/kg

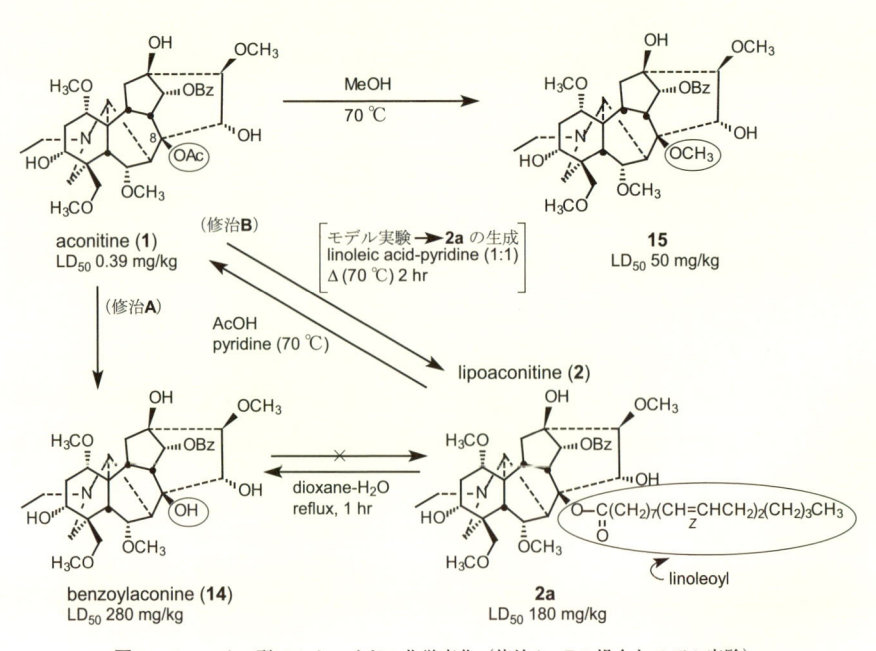

O—C(CH_2)$_7$(CH=CHCH_2)$_2$(CH_2)$_3CH_3$
         Z
linoleoyl

図2 アコニチン型アルカロイドの化学変化(修治A, Bの場合とモデル実験)

注 8位アセトキシル基はアルコール抽出の場合にはアルコキシ基［たとえば，メトキシ基 (15)］でも置換される．

つまり，附子を修治する方法の種類（A, B）[注]によって，生成する炮附子に含有される aconitine 型アルカロイドには大別して2種類あることが判明したわけである．LD$_{50}$ 値を比較するとわかるように，炮附子では毒性はかなり低下している．修治Aによって減毒されると，同時にもともと附子の重要な薬効であった鎮痛，抗炎症などの薬理活性が低下してしまうが，修治Bによれば生成する lipoalkaloid［たとえば，lipoaconitine (2)］にはかなりの鎮痛活性や抗炎症活性が保持されていることがわかった．

注 修治Aによるものには附片（fupian），Bによるものには半熟附子（banshu-fuzi）などの炮附子がある．

さらに，lipoalkaloid 類の8位脂肪酸残基は容易に加水分解されるので，炮附子を処方中に用いるときには，この点を配慮する必要のあることも判明した．

b. 人参－白参と紅参－

人参はオタネニンジン *Panax ginseng*（ウコギ科）の根から調製され，健胃強壮，止瀉整腸，鎮痛鎮痙薬とみなされて漢方方剤に繁用される．もっともよく知られた東洋天然薬物の一つで「薬用人参」と通称される．今日では野生のものは少なく，栽培で生産された6年根が生薬として用いられている[10]．

薬用人参の成分研究の歴史は古い．しかし，それまで主に白参についての研究が多かった．すなわち，人参にはオタネニンジンの新鮮な根を乾燥して調製した白参（別名，生干人参，御種人参など）のほかに，新鮮根を蒸した後に乾燥して調製した紅参がある．白参と紅参の用法には若干のちがいがあるが，元来，紅参には虫がつきにくいなどの利点がある．一般の漢方用法には白参の方がよく使われることもあって，それまで紅参の成分研究の例は少なかった．

そこでオタネニンジンの新鮮根をはじめ，中国，韓国，日本（長野県，島根県産）など生産地を異にする種々の白参と紅参について，それらの含有成分が詳細に比較検討された．

その結果，白参のオリゴ配糖体（サポニン）成分として，それまで知られていた ginsenoside 類，すなわちダマラン系トリテルペン protopanaxadiol をアグリコンとする ginsenoside Rb, Rc, Rd 群や protopanaxatriol をアグリコンとする ginsenoside Rg 群[注]のほかに，それらよりも極性が高く水に可溶性の4種の

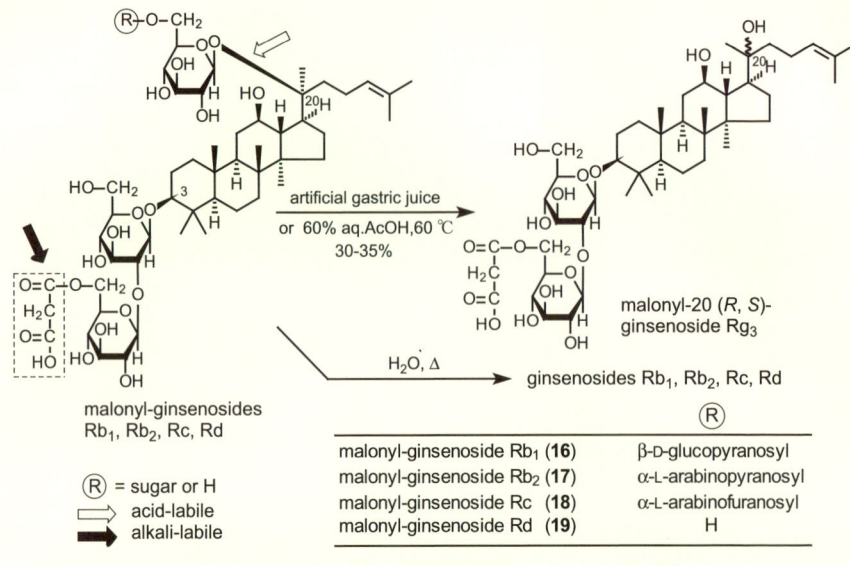

図3 malonyl-ginsenoside の化学変化（モデル実験で確証）

malonyl-ginsenoside 類（糖鎖がマロニル化されていて，いずれも protopanaxadiol がアグリコン）が白参の主要な特徴成分として見出された.

注　ginsenoside Rg_3 だけが protopanaxadiol をアグリコンとしている．これは Rg_3 が白参の malonyl-ginsenoside 群や紅参成分から発見された経緯による.

4種の malonyl-ginsenoside 類は，それぞれ protopanaxadiol 系の ginsenoside Rb_1, Rb_2, Rc および Rd のアグリコン部3位の糖鎖の末端グルコースの6位水酸基に，マロン酸が半エステル結合しているので構造全体として考えると酸性サポニンということになる.

malonyl-ginsenoside 類（**16**，**17**，**18**，**19**）は水に可溶性で，人参サポニン ginsenoside 類や他のサポニンに対する水への溶解補助作用を示す．malonyl-ginsenoside 類の構造を見ると，酸に不安定な配糖体結合（20位3級水酸基に結合）とアルカリ処理や水との加熱によって脱離しやすいマロニル基がエステル結合していて，経口投与された場合や漢方湯液にした場合などには，モデル実験でも示されているが，malonyl-ginsenoside 類の化学構造変化が予測されて，その挙動に興味がもたれる.

修治して紅参になると，新鮮根中の主要サポニンであった malonyl-

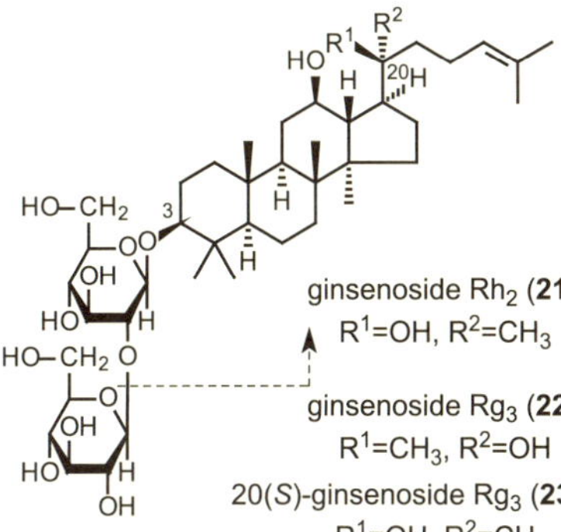

図4 紅参特有のginsenoside類

ginsenoside 類の含量は著しく減少し,紅参特有の ginsenoside 類として Rh$_1$ (**24**, **25**), Rh$_2$ (**21**), Rg$_2$ (**26**), Rg$_3$ (**22**, **23**) が生成していることがわかった.とりわけ,アグリコン20位の3級水酸基配糖体結合は,その解裂様式からも理解されるように生成する ginsenoside 類の20位水酸基の配置は R（二次生成型）と S（天然型）の混合物になっており,両者をクロマトグラフィーで分離することができる.

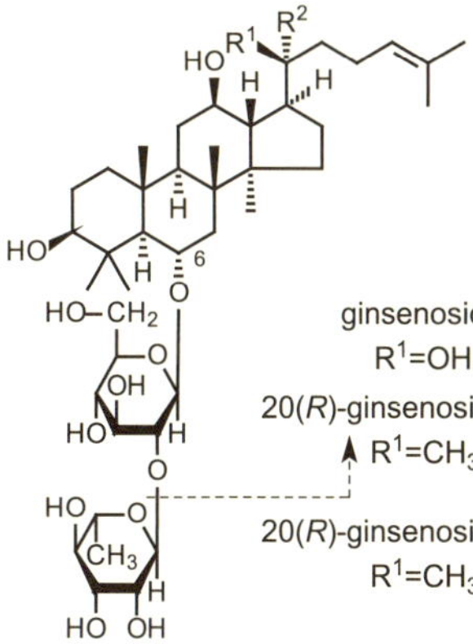

それまで人参から得られている多数の ginsenoside 類の中で, protopanaxadiol をアグリコンとする Rb, Rc 群は,動物実験によって,中枢神経抑制作用,精神安定作用,神経弛緩,解熱,鎮痛,抗痙攣,血圧下降およびパパベリン様作用を示すことが明らかにされており, protopanaxatriol をアグリコンとする Rg 群には,中枢神経に興奮的に作用して,抗疲労,疲労回復作用のあることが示されている.

紅参の特有成分の中で, ginsenoside Rh$_2$ と Rg$_3$ に興味深い生物活性が見出された.これは紅参の効能としては伝承されていなかったことである.まず, ginsenoside Rh$_2$ (20S)(**21**)は,種々のがん細胞の増殖を抑制することがわかった（Lewis lung cancer, Morris hepatoma, B-16 Melanoma, HeLa cells など）.たとえば, Rh$_2$ の B-16 メラノーマ細胞増殖に及ぼす影響が検討されたところ,細胞の増殖が Rh$_2$ によって濃度依存的に抑制（ED$_{50}$: 10 μM, ED$_{100}$: 15 μM, 細胞分裂の G$_1$ 期に作用）され,その活性は,細胞毒性（cytotoxicity）によるもので

はなく増殖抑制的（cytostatic）であることは注目すべき結果であった[14]．

一方，ginsenoside Rg_3 (20R) (**22**) はがん細胞の浸潤・転移を抑制することがわかった．がんの転移抑制を目指す抗がん剤にはがんの化学療法剤として大きな期待がもたれている．明渡，新貝ら（当時，大阪府成人病センター研究所）によってがん細胞の浸潤・転移を抑制する活性物質を探索する bioassay 法が開発され[15]，天然物質がスクリーニングされた．その一つとして，種々の人参 ginsenoside 類が検討された結果，ginsenoside Rg_3 (**22**) だけに数種類のがん細胞の浸潤・転移抑制活性が認められた[16]．この活性は，その後の動物実験 (*in vivo*) でも証明された．日本でのこれらの発見をもとに，中国においても検討されて，Rg_3 が抗がん薬として開発されたことがわかった（2000 年 7 月，中国人民日報国際版）．それによると，中国で天然薬物から開発された医薬品として，Rg_3 は抗マラリア薬（artemisinin）（§5.4.3, p. 71）についで，2 例目の医薬品とのことである．

生薬の修治を天然物化学の立場から見ると，一見，静的（static）に思われがちな生薬にも修治における成分変化という動的（dynamic）な側面のあることがわかる．中医学や漢方医学では，附子，人参以外にも，修治してから使われている生薬は多い．それで，ここに示した二つの例は天然薬物（生薬）研究の展開に一つの方向を示すものになっている．

8.2 伝承にこだわらない

伝承薬の有効成分を明らかにするために必然性のある活性試験法を開発するのに難しい場合がある．それで伝承にはあまりこだわらないで，その他の一般天然材料と同じように，方法論として一般に認められている生物試験法によって，生物活性物質の検索が行われ，かなり非効率と思われるこの方法でも数多くの活性物質が発見されている．ここでは天然薬物の伝承にこだわらない 2 例を紹介する．

8.2.1 茜草根の抗腫瘍活性中環状ペプチド

アカネ科アカネ *Rubia akane*（日本産），*R. cordifolia*（中国産）の根は生薬の茜草根(せいそうこん)として，古くから染料として知られているほか，漢方では浄血，止血，通経薬として用いられる．糸川秀治ら（東京薬科大学）は市販の生薬や採集植物材料について，マウス sarcoma 180 腹水型腫瘍やマウス白血病 P 388 腫瘍などを用

いた広範な抗腫瘍活性スクリーニングを行い，その一例として茜草根エキスが強い活性を示すことを見出した．

抗腫瘍活性試験でモニターしながら，抽出・分画・分離精製を進め，活性成分として環状hexapeptide（RA-Ⅰ，Ⅱ，Ⅲ，Ⅳ，VおよびⅦなど16種）を見出した．その中ではRA-VとⅦ（27）が主成分でマウス白血病P388やL1210，各種固型がんに対して，広範にかつ顕著な治癒効果を示し，がん細胞に対する選択毒性も高いことがわかった[17]．

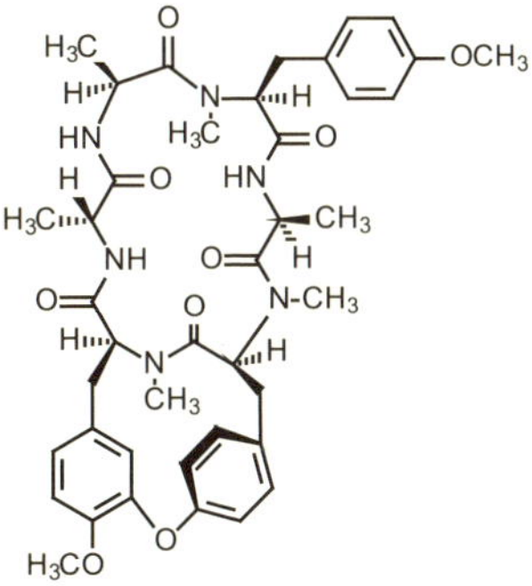

RA-VII (27)

これらの環状hexapeptide類の作用機作は，タンパク質合成阻害といわれ，RA-Ⅶ（27）の抗がん薬としての今後の展開が期待されている．

8.2.2 莪蒁の薬理活性成分

民間薬（伝承薬）として用いられている莪蒁（がじゅつ）として，日本市場には中国産や台湾産のものがあった．それに加えて，近年，日本では鹿児島県屋久島で栽培されているショウガ科植物ガジュツ *Curcuma aeruginosa* の根茎を乾燥して粉末に調製したものが健胃薬として市販されている．

健胃成分を検討するため，ガジュツの抽出分画や単離成分について，拘束水浸ストレス潰瘍，塩酸潰瘍，インドメタシン潰瘍，胃液分泌および胃運動への作用が，動物実験で詳しく検討された．その結果，セスキテルペン類に抗潰瘍活性が認められ，その当時，新規天然物質であった(4S, 5S)-(+)-germacrone 4,5-epoxide (28)（根茎中の含量0.12%[18]）やfuranogermenone (29) (0.25%[19])に顕著な活性が認められた[20]．さらにその後，dehydrocurdione (30) (0.35%)には抗炎症作用のあることが明らかにされている[21]．germacrone 4,5-epoxide

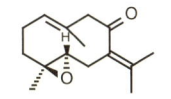

(4S, 5S)-(+)-germacrone 4,5-epoxide (28) 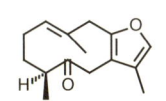   furanogermenone (29) 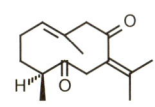   dehydocurdione (30)

(28) は，ガジュツに含有される 18 種類ほどのセスキテルペン類生合成の重要な鍵中間体と考えられる化学構造である．生薬ガジュツの抗潰瘍活性は，それらのセスキテルペン類の複合作用によるものと考えられている．

我述が肝炎の治療に用いられたという報告の例はない．四塩化炭素肝障害の発症予防に有効な生薬成分を探索する広範なスクリーニングが行われ，furanogermenone (29) にその活性が認められた．furanogermenone は中国産や屋久島産ガジュツの主要成分で，ここに伝承を超える我述の用法に一つの可能性が示された．

(4S, 5S)-(+)-germacrone 4,5-epoxide (28) の mp は 59〜60°と比較的低いが，X 線結晶解析と CD 解析によってその絶対立体構造が決定された[18]．一方，furanogermenone (29) は新規物質であったので，下記のような化学誘導反応が行われ，その絶対配置が確定された[19]．すなわち，furanogermenone から分解誘導された diol-monobenzyl ether (39) と (+)-citronellol (40) から誘導された diol-monobenzyl ether (44) が光学対掌体であることが示されたのである．

9

天然作用物質

　ここではヒトを中心に考えている．ヒトの体に作用して（外因性），何らかの薬理活性（pharmacological activity）あるいは生理活性（physiological activity）を示す天然化学物質を天然作用物質と分類する[22]．これらの物質はさらに便宜的に，作用する生体部位（器官）によって，循環器系，呼吸器系，消化器系，神経系などに作用する薬物に分類されたり，あるいは対応する病気を想定して，統合失調症，感情障害（うつ病，躁病），てんかん，パーキンソン病，喘息，心不全，不整脈，高血圧，高脂血症，糖尿病，貧血，血栓症など，その病に対応する薬理活性という理解のされ方をする．

　天然化学物質の中からそれらの作用物質の探索手法のいくつかは触れているものもあるが，天然物化学研究は，創薬の観点からいえば，先駆けの位置にある．そして，生物活性発現と化学構造との相関ということでは，天然物化学研究はメディシナルケミストリー研究に連繋し，ここでも精密有機化学の進歩に深い関わりがある．以下，いくつかの話題をとりあげる．

9.1　モルヒネとオピオイド活性

9.1.1　ケシと morphine

　くすりがヒトの体に作用する場合，薬物分子は薬物受容体に相互作用する．薬物分子の化学構造を改変して薬物作用の変化を調べること－構造と活性の相関－が最も広く深く検討された天然物質の一つは morphine で，その麻酔作用・鎮痛作用と耽溺性（依存性）との乖離を指向した研究であろう．

　I 編においても述べたように，ケシ *Papaver somniferum*（ケシ科）の未熟果（ケシボウズ）に傷をつけて滲出する乳液を集めて乾燥して製造されたアヘン（阿片）は，人類によって最も古くから鎮痛や麻酔の目的で用いられた生薬の一つである．アヘンから活性本体 morphine が単離されたのは 1805 年のことである（§2.1）．この驚異的な活性を示す morphine に関して，構造決定，合成，構造－活性相関

について，総括的な研究が展開された．とりわけ，耐性，依存性の発現の機序の解明とともに，非麻薬性鎮痛薬の開発への努力が続けられた．

1970年代前半には，morphineに対する特異的な受容体が哺乳動物の脳内に存在する(注1)ことが明らかにされて以来，受容体に結合し，痛みの制御に関与する内因性のリガンドとしてオピオイド・ペプチド(注2)類が続々と発見された．この発見がきっかけとなって，オピオイド受容体の分子構造の研究が展開され，痛みを制御する情報伝達系の分子メカニズムに関して，麻薬性と鎮痛活性との作用の分離を目指した研究[23]が展開された(注3)．

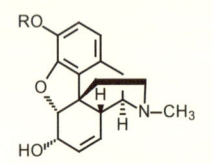

opioid-peptide

methionine-enkephalin　Tyr−Gly−Gly−Phe−Met
leucine-enkephalin　　　 Tyr−Gly−Gly−Phe−Leu

R=H　 morphine
R=CH_3　codeine

[例えばヒトβ-endorphine（アミノ酸31個のペプチド）の先端5個はmethionine-enkephalin]

私たちが痛みや不安を感じたとき，私たちの体内ではオピオイド・ペプチドが作られ，オピオイド受容体へ結合するon-offが繰り返され，鎮痛や抗不安の働きに関与している．どうしてmorphineがオピオイド受容体に結合して生体内のオピオイド・ペプチドのかわりをすることができるのかは，まだわかっていない．

注1　ヒトの細胞がなぜmorphineという天然物質（外因性）に対する受容体をもっているのか．morphineが痛覚や気分を調節する内在性シグナル分子の類縁体ではないかと考えられたことがある．1975年ブタの脳からmorphine様活性をもつ2種類のペンタペプチドが単離されエンケファリン（enkephalin，ギリシャ語で"頭の中の"という意味に由来）と名づけられ，そのすぐあと，脳下垂体その他の組織から同様の活性をもつ多数のポリペプチドが単離され，内因性モルフィン（endogenous morphine）という意味でエンドルフィン類（endorphin）と総称されるようになった．これらの内因性オピエート（注2）は分子の一部に共通なアミノ酸4個の配列を含むペンタペプチドで，morphineとは異なり，放出後，血中のペプチダーゼで速やかに分解されるので体内に蓄積されず，morphineのような耐性を生じることはない．

注2　オピオイドopioid（アヘンopiumのような……）．morphineと同じようにオピオイド受容体に作用するがアヘン由来でない化合物をopioidといい，アヘンアルカロイド類似化合物をオピエートopiateともいう．

注3　これまでも，鎮痛，抗不安作用においてmorphineに優るくすりは開発されていない．morphineの薬効は中枢神経系の制御による鎮痛にある．痛みを止めるだけではなく，不安，不

快，緊張を消失させ多幸感を与える．量を過ぎると，注意力の低下，放心の状態を招き，睡眠に誘われる．大量で縮瞳や呼吸が抑制され昏睡におちいり，ついには呼吸麻痺で死に至る．また，連用によって有効いき値がしだいに上昇してしまう耐性がある．多幸感と耐性によって乱用を招く．摂取を急に中止した場合激しい苦しみを伴う禁断症状が現れる．この身体的依存の発現のため，morphine は麻薬に指定されている．

9.1.2 新しいオピオイド作動化合物

伝承的なアヘン代用天然薬物から morphine とは化学構造が異なる新規オピオイド作動化合物が発見された．それはマレー半島やボルネオ島を中心とした東南アジアやアフリカ等の熱帯地方に自生する *Mitragyna speciosa*（アカネ科）からである．この葉を噛んだり，煎じて服むことによりアヘン様の中枢作用やコカイン様の興奮作用などを発現する．タイやマレーシアでは，灼熱下における労働力の向上と疲労回復あるいはアヘン代用薬として伝承的に用いられてきたが，幻覚性，習慣性，中毒作用のため法律で使用が禁止されている．それが端緒となって，日本，タイ，マレーシアの研究者たちの共同研究によって明らかにされたものである[24]．

mitragynine → i) $Pb(OAc)_4$ / CH_2Cl_2 ii) NaOH / aq. MeOH → 7-hydroxymitragynine

主塩基 mitragynine は morphine に相当する強力なオピオイド性の鎮痛活性を示す corynanthe 型アルカロイドである．これを酸化して誘導される 7-hydroxymitragynine はモルモット回腸を用いた実験で，morphine の数倍の，かつ即効的な鎮痛作用を示すことがわかった[25]．

9.2 マラリアとの闘い

マラリアはイタリア語 *mala aria*（悪い空気）の語源からもわかるように，近年 silent killer の別名があるほどの，恐ろしい熱帯病で，年間気温が 15℃より低くならない地域に流行の可能性があって，地球温暖化に伴ってその地域は北上し

ている．WHOによれば世界中で年間2億7000万人が感染し，200万人を超える人々が死亡しているという．

1897年ハマダラ蚊の雌が媒介するマラリア原虫 *Plasmodium falciparum* によって罹病し，キナノキ樹皮から得られる quinine による治療法が確立された．quinine はインドネシアのジャワ島で栽培されるキナノキ *Cinchona* sp.（アカネ科）から抽出供給されていたが，第二次世界大戦（～1945）によって世界的に入手困難になって，合成マラリア薬が検討され，たとえば，chloroquine や pyrimethamine が用いられるようになった．やがてそれらの合成薬に対する耐性マラリア原虫や，殺虫剤に対する耐性を有する媒介蚊が出現して，新しい抗マラリア薬が求められ，一方ではマラリア・ワクチンの開発も検討されている．

quinine
chloroquine
pyrimethamine

quinine は遊離塩基や酸の塩として，多剤耐性マラリアの治療薬[注1]やマラリア予防の目的で用いられているが，さらに活性の強い抗マラリア薬が求められている．quinine はリキュール酒の一種ベルモット vermuth や tonic water に使われ，また，夜間に高齢者におこる足の痙攣の予防と治療にも用いられている[注2]．

注1　マラリア原虫が生成する有毒なヘモグロビン分解産物の重合を妨げることが有効性の一因といわれている．
注2　quinine には骨格筋の弛緩効果があるといわれている．

9.2.1　インドネシア天然薬物 [1a]

天然素材から抗マラリア活性物質を探索するには，chloroquine 耐性マラリア原虫 *P. falciparum* に対する活性試験でモニターしながら，分離，分画，精製が行われる．インドネシア（§7.2.1の地図参照）の民間治療師（ドクン）によってマラリアの治療に用いられている天然薬物からこれまでに発見された活性物質の2例を以下に記す．

1) *Fagara rhetza*（ミカン科）の場合[26]．フローレス島中部で"hazalea"と呼ばれ，その樹皮がマラリア，下痢，嘔吐の治療に用いられている．樹皮から得られたhazaleamideは持続性の麻痺性辛味（1×10^{-6} Mで）を示し，ヒト赤血球中のchloroquine耐性マラリア原虫に対して増殖阻害活性（IC_{50} 43 μM）を示した．

2) *Beilschmiedia madang*（クスノキ科）はスマトラ島東南部ベンクル州で"medang kohat"と呼ばれ，その木部の煎液がマラリアの治療に用いられている．その抗マラリア活性主成分は，以前に*Dehaasia triandra*（クスノキ科）から単離されているbenzylisoquinolineアルカロイドdehatrine（木部からの収量0.06%）であった．dehatrineはchloroquine耐性マラリア原虫K1株に対して強力な増殖阻害活性（IC_{50} 0.17 μM，IC_{90} 3.6 μM）を示した．これは同実験でのquinine（IC_{50} 0.27 μM，IC_{90} 1.5 μM）とほぼ同程度の活性の強さであった[27]．

dehatrineの^{1}Hおよび^{13}C NMRスペクトルはその構造から期待されるよりも複雑なものであった．このことは犬伏康夫ら（京都大学薬学部）の合成研究に関する報告にも記載されていた．dehatrineのX線結晶解析を行うと，dehatrineは結晶中では2種の回転異性体（conformer AとB）のほぼ1：1の混合物で存在することが判明した．このことは，あらためて，^{1}H NMRスペクトルを温度可変で測定することで確認された．

9.2.2 ニガキ科植物 quassinoid

ニガキ科植物には抗マラリア活性天然薬物が知られていて，その有効成分はquassinoid のことが多い．*Brucea javanica*（ニガキ科）の果実から収量 0.21％で得られる deacetylyadanzioside F（**1**）を cellulase で加水分解すると bruceolide（**2**, $R^1 = R^2 = H$）が得られる．bruceolide から誘導される bruceine B（**2**, $R^1 = H, R^2 = Ac$）(注) や diacetate（**2**, $R^1 = R^2 = Ac$）は顕著な抗マラリア活性を示す．

この活性が細胞毒性（cytotoxicity）によるものであっては望ましくないので，chloroquine 耐性マラリア原虫に対する活性（EC_{50} A 値）と同時に host-animal 細胞（たとえばマウス腫瘍由来の FM3A 細胞）に対する細胞毒性（EC_{50} B 値）を比較して selective toxicity 値（B/A）を算出して評価する[28]．

注　bruceine B はこのほか, *in vitro* 実験でヒト臍帯静脈由来の血管内皮細胞へのヒト白血球（好中球）の接着抑制活性（慢性関節リウマチ治療薬の開発につながる）を示し，*in vivo* 実験で抗炎症活性を示すことが見出されている．[N. Utoguchi, *et al.*, *Inflammation*, 21, 223 (1997)]

	A (M)	B (M)	B/A
bruceine B (**2**, $R^1 = H, R^2 = Ac$)	2.4×10^{-8}	8.0×10^{-6}	333
diacetate (**2**, $R^1 = R^2 = Ac$)	3.9×10^{-8}	1.6×10^{-5}	410

9.2.3 天然薬物「常山」の場合

生薬の常山はジョウザンアジサイ *Dichroa febrifuga*（ユキノシタ科）の根を基原として，古くから中国でマラリアの治療薬に用いられた．その抗マラリア活性成分は quinazoline アルカロイド febrifugine（**1**）と isofebrifugine（**2**）で，プロトン性溶媒中で互いに容易に異性化する．

febrifugine（**1**）は顕著な抗マラリア活性を示すが，嘔吐や胃腸障害などの副

作用のために臨床応用は断念され，1，2をヒントに抗マラリア薬の開発の検討が進められている[29]．

	A* EC_{50}(nM)	B** EC_{50}(nM)	B/A***
1	0.7	170	243
2	3.4	180	53

*：*P. falciparum* FCR-3 に対する活性値
**：マウス乳がん細胞由来 FCR 細胞に対する細胞毒性
***：選択毒性 selective toxicity

9.2.4　海綿成分の peroxide

Plakortis 属海綿から発見されていた peroxide 構造をもつ peroxyplakoric acid A_3 と B_3 の methyl ester 体（1，2）[30] が抗マラリア活性を示すことがわかった．これは ozonide 構造の artemisinin（§5.4.3, p. 71）の化学構造を想起させる．
　1，2の活性発現基本構造の合成法が開発され，それを応用した種々の

	R^1	R^2	A* IC_{50} (M)	selective toxicity B**/A
1	H	H₃CO-CH(CH₃)-C(O)-	1.5×10^{-7}	140
2	H₃CO-CH(CH₃)-C(O)-	H	1.2×10^{-7}	250

*：*P. falciparum* FCR-3 に対する活性値
**：human epidermoid carcinoma KB3-1 に対する細胞毒性値（IC_{50}）

peroxide 化合物が合成され検討された結果，3 の（+）-体，（−）-体が顕著な抗マラリア活性を示すことがわかった[31]．

	A* IC_{50}（μM）	B** IC_{50}（μM）	B/A
(+)-3	0.22	77	350
(−)-3	0.22	82	370

ここで，対照薬として，抗マラリア活性試験では quinine（IC_{50} 40 ng/mL, IC_{90} 90 ng/mL）が，KB3-1 に対する細胞毒性試験では mitomycin C（IC_{50} 0.1 μg/mL）が使用されている．

9.3 微生物代謝産物とその展開

ヒトや動物における感染症の治療で，抗生物質（antibiotic）が病原微生物に対して選択毒性を示すということから，抗生物質の時代が続いた．1980 年代になると，微生物代謝産物の中に，別の生物活性を示す可能性が期待され，薬理活性や農薬活性を示す物質が探索され，微生物代謝産物の化学が新しい展開を見せて，それまでの medical antibiotic に止まらず，agrochemical antibiotic および pharmacological antibiotic が求められる時代が始まった[8]．

9.3.1　medical antibiotic

従来の微生物由来の抗生物質は，1995 年頃までには約 12,000 種の化合物が，放線菌（66%），それ以外のバクテリア（12%），かび（22%）の代謝産物として発見され，その中から市場には 1997 年に 150～300 種の医薬品が出されている．それらは天然物質，半合成品，合成品などで，その内訳は cephalosporin 系（45%），penicillin 系（15%），quinolone 系（11%），tetracycline 系（6%），macrolide 系（5%），その他 aminoglycoside 系，ansamycin 系，glycopeptide 系（vancomycin, teicoplanin などの），polyene 系などである．

現在では，新しい抗生物質が発見される確率は低下しているが，①耐性菌の発現，②新しい病気（AIDS，エボラ出血熱，レジオネラ感染，病原性大腸菌 O157 など）の出現，③既存の抵抗性病原菌（たとえば，傷，やけどに感染，肺の重症感染症を起こす Pseudomonas aeruginosa などに対する薬），④現今，使

われている抗生物質にも副作用のあるものがある．⑤グラム陰性菌，Helico-
bacter pylori（胃潰瘍をおこす）に対する治療薬が充分ではない，⑥現今，かび
感染症は深刻な問題になっている，など medical antibiotic はなお求められてい
る．

（L-vancosamine, D-glucose, vancomycin の構造式）

9.3.2　agrochemical antibiotic（fungicide）

殺真菌剤，防かび剤などで，合成農薬は安全性，環境汚染の問題から使われに
くくなって，農薬（agrochemical fungicide）の多くは天然物質由来で残留農薬
の心配は少ない．病原菌のミトコンドリアの呼吸を阻害（cytochrome b に結合）
する作用機構のものや，peptide-nucleoside 系の polyoxin 類は酵母細胞壁の
chitin-synthase を阻害するものである．

9.3.3　pharmacological antibiotic

抗生物質に新しい活性を期待する広義の概念から生まれた医薬に，現在，重要
なものが多い．抗生物質の応用範囲を拡大する動きは，1980 年代から盛んになっ
た．それまでのような抗病原微生物活性の探索に止まらず，微生物以外の生物に
対する antagonist activity の検討から，薬理活性，農薬活性の検討に拡大され，
たとえば，酵素阻害作用のテストなど，実験室レベルでの in vitro 試験で，有用
な微生物代謝産物の発見につながっている．

a. 抗がん薬 (anticancer drug)

actinomycin D, mitomycin, bleomycin 類, anthracycline 類など.

b. 酵素阻害薬 (enzyme inhibitor)

1) 血中コレステロールの濃度を低下させる (hypocholesterolemic) compactin (=mevastatin 1, R=H, δ-ラクトン開裂型) が *Penicillium citrinum*, *P. brevicompactum* の培養生産物から発見され，さらにその微生物酸化で pravastatin (1, R=OH) が開発され，続いて lovastatin (2) が発見されるなど (1979, 1980)，これらは世界的に重要な高脂血症用薬になっている. lovastatin (2) は *Monascus ruber*, *Aspergillus terreus* の培養で得られ，mevastatin (1, R=H) より少し活性が強い.

それらの作用機序は，テルペノイド生合成のメバロン酸経路 (II編参照) における HMG-CoA 還元酵素を阻害 (⇒) するところにある.

2) 腸内 α-glucosidase 阻害薬 acarbose は *Actinoplanes* 属未同定株の培養で生産されている. α-glucosidase はデンプンやショ糖の加水分解を司る酵素で，acarbose を糖尿病患者に与えることにより，食物中のデンプンやショ糖の利用

を遅らせる．つまり，腸内への a-D-glucose の放出を遅らせることにより血糖を低下させる．

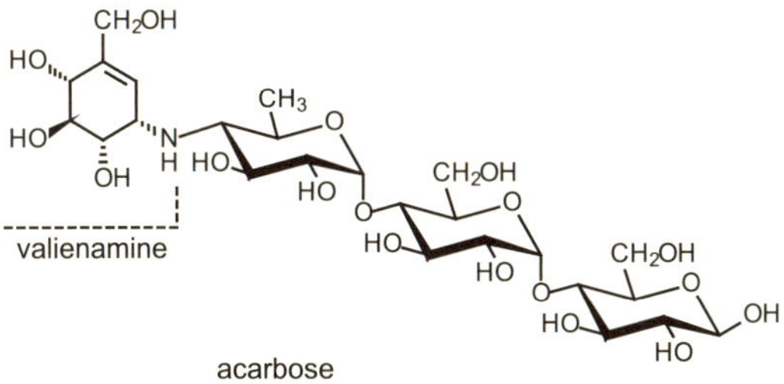

acarbose

c. 免疫抑制薬 (immunosuppressant)

免疫抑制活性を示す cyclosporin 類はもともと *Cylindrocapron lucidum* や *Tolypocladium inflatum* などのかび類が産生する環状ペプチドで，その抗かび性の作用スペクトルは狭い．その後，顕著な免疫抑制と抗炎症活性を示すことがわかり，培養抽出物の主成分 cyclosporin A (= ciclosporin) は，心臓，肺，腎などの臓器移植において，免疫抑制剤として有用となった．

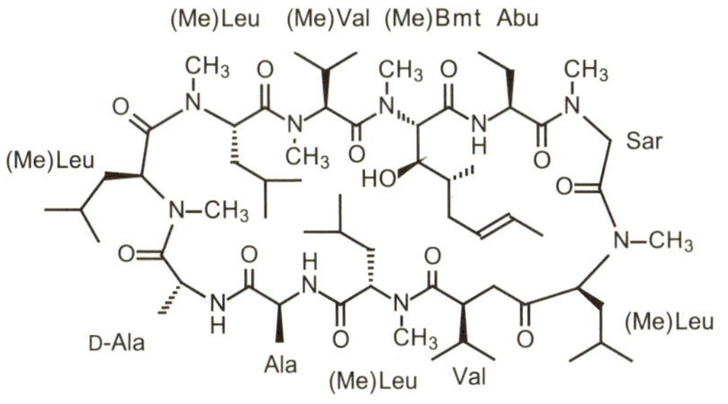

(Me)Bmt = 4-(2-butenyl)-4,*N*-dimethyl-L-threonine
Abu = L-α-aminobutyric acid
Sar = sarcosine (*N*-methylglycine)

cyclosporin A (= ciclosporin)

その後，*Streptomyces tukubaensis* の培養生産物から，やはり作用スペクトルの狭い抗かび活性を示すポリケチド系マクロリド FK 506 (tacrolimus) が発見され，やがて肺や腎の臓器移植において免疫抑制剤として用いられ cyclosporin A の 100 倍の活性を示すことがわかった．これらにはともに，腎毒性などの副作用がある．tacrolimus の生合成経路は次のように進むと考えられている．

d. 駆虫薬 (antiparasitic agent)

　駆虫薬として重要な薬物が pharmacological antibiotic 探索の路線で発見されている．これまで *Eimeria* 属の原生動物が家禽類（ニワトリ，アヒル，七面鳥など）におこすコクシジウム病（coccidiosis）に対して合成薬のみが用いられていたが，放線菌生産物 monensin A (*Streptomyces cinnamonensis* が産生) や lasalocid A (*S. lasaliensis*) などのポリエーテル抗生物質がきわめて有効で，使用されるようになった．monensin A には，また，反芻動物の消化を助ける効果があるといわれている．

　日本の北里研究所の大村 智らによって，*Streptomyces avermectilis* の生産する avermectin 類が発見された．これらは抗菌，抗かび活性，タンパク合成阻害やイオノホア活性を示さず，強力な駆虫，殺虫，acaricidal［壁蝨（ダニ）駆虫］の活性のみを示す画期的な物質である．中でも avermectin B_{1a} と B_{1b} が最も活性が強く，その 22,23- ジヒドロ体にすると低毒性で，現在は B_{1a} 85%，B_{1b} 15% の混合物のジヒドロ体が ivermectin の名で，馬，牛，豚，羊，犬の駆虫，殺ダニ（anti-mite）薬として用いられている[32]．

9.3 微生物代謝産物とその展開

以上のほかに，殺虫薬として知られている微生物代謝産物には，*Bacillus thuringiensis* が産生するタンパク質結晶 BT-toxin がある．これはいわゆる環境にやさしい bio-insecticide である．歴史的にも有名な中世のマイコトキシン "St. Anthony's Fire" の本体は ergot alkaloid 類（§5.5.5）で，麦角菌 *Claviceps* sp. の産生成分である．今日，植物ホルモンの一つとして知られている gibberellin 類は，もともとイネを徒長させる馬鹿苗病菌 *Gibberella fujikuroi* が産生するジテルペン・マイコトキシンであったことは重要なことである（後述，§10.1.5）．そして，これからも微生物由来の天然作用物質の探索は重要な研究領域である．

9.3.4 海洋生物由来の antibiotic

海洋生物成分から抗細菌，抗かび，抗ウイルスなどの抗病原微生物活性を示す作用物質を求める動きは現在も盛んである．そして，海洋の特異な環境条件下で生きる海洋微生物にも，陸上の微生物とは異質の二次代謝成分を産生する可能性が期待される．

1) その原点の一つは，地中海イタリア Sardinia 海岸の汚水処理場で海への排水口近くで分離された *Acremonium chrysogenum*（= *Cephalosporium acremonium*）から penicillin N（= cephalosporin N）（主成分）と cephalosporin C（副

成分) が得られたことであろう.

penicillin 類に比べて, cephalosporin C は酸性で不安定, α-lactamase の攻撃は受けなかったが, 経口投与では吸収されにくかった. 結局, 加水分解して得られる 7-aminocephalosporanic acid が, 後に半合成 cephalosporin 類 (cephem 系抗生物質) の合成素材として創薬に発展した[33].

2) 閉鎖系の海水中に体を曝して生息している海洋生物は, 他の生物が代謝・排泄する化学物質の影響をうけやすい.

棘皮動物 (門, phylum) にはウミユリ, ヒトデ, クモヒトデ, ウニおよびナマコの5類 (綱, class) があり, そのうちヒトデ類 (肉食性) はステロイド・サポニンを, ナマコ類 (草食性) はラノスタン型トリテルペン・サポニンを産生することで特徴的である.

ナマコ類は体壁 (body wall) にサポニンを含有しているが, サポニン含量の高いキュビエ氏腺 (Cuvier gland) をもつ種類があり, それらのサポニンは魚毒活性を示し, 特に殻のような物理的な防御構造をもたないナマコ類にとって, サポニンは化学防御物質の役割を果たしていると思われる[注].

注　500万～100万倍希釈で数分間で魚を殺す(鰓呼吸阻害). ある実験で, レモンザメ (体長1 m, 体重20 kg) を径3 m のプラスチック容器中, holothurin (ナマコサポニンの一種) の60万倍希釈溶液に入れると, 30分で嘔吐, 底に沈み, 50分で死亡. 解剖所見は溶血だけであった.

食用にもされるマナマコ *Stichopus japonicus* (Cuvier 氏腺をもたない) の体壁から分離されたサポニン混合物 holotoxin が抗真菌活性を示し, 水虫治療薬として実用化されている. その化学構造が精査されて, 主成分 holotoxin A (1) と B (2) が単離され, 化学構造に結論が出されたのは 1978 年のことである. そしてその過程でサポゲノール部 (holotoxigenol) の構造解明に CD 解析が重要な役割を果たしたことは, I 編で触れている.

マナマコのサポニン holotoxin の研究をきっかけにして, 和歌山県串本や宮崎県日南の海岸, 沖縄サンゴ礁域などで採集されたものを含めて, 計19種類のナマコ類から計21種類の新規サポニンが分離され, 全化学構造が明らかにされたが, すべて 18,20-γ-ラクトン構造を有するラノスタン型トリテルペン・サポニンであった.

かび類, 酵母, カンジダに対する活性とナマコサポニンの化学構造の相関が検

9.3 微生物代謝産物とその展開

討され，まず，holotoxin の抗真菌活性の発現には，18,20-γ-ラクトン・Δ^9-ラノスタン型トリテルペン部分の，① 11,16,23 位に CO, OH, OAc などの酸素官能基と，② 3-OH に直鎖状の 4 糖結合Ⓢ (**3** 式になる) が必要であることがわかった．そして興味深いことに，次の実例が見出された．

holotoxin A (**1**) Ⓡ = CH$_3$
holotoxin B (**2**) Ⓡ = H

Xyl = D-xylose, Qui = D-quinovose
Glc = D-glucose, 3-O-Me-Glc = 3-O-methyl-D-glucose

フタスジナマコ *Bohadschia bivittata* から得られた bivittoside B (**4**) (分枝 4 糖鎖) はほとんど抗真菌活性を示さないのに対し，トラフナマコ *Holothuria pervicax* から得られる直鎖 4 糖構造 (糖組成は **4** と同じ) の pervicoside C (**7**)

bivittoside B (**4**)

	Ⓡ
pervicoside B (**5**) (Δ^{24} 型)	SO$_3$Na
(**6**)	H
pervicoside C (**7**) (Δ^{24} 飽和型)	SO$_3$Na
(**8**)	H

の脱硫酸エステル体（**8**）と対応する pervicoside B 脱硫酸エステル体（**6**）の抗真菌活性（MIC）を比較すると興味深い[注) 34)]．

注 糖鎖構造の型が抗真菌活性発現の有無に重要な役割を果たしている例になっている．

真 菌	MIC（$\mu g/mL$）					
	1	2	3	4	6	8
Aspergillus niger	3.12	6.25	0.78	12.5	1.56	6.25
Aspergillus oryzae	6.25	12.5	1.56	50	3.12	6.25
Penicillium chrysogenum	3.12	6.25	1.56	12.5	1.56	3.12
Penicillium citrinum	12.5	12.5	12.5	50	1.56	6.25
Mucor spinescence	12.5	25	>100	>100	6.25	12.5
Cladosporium herbarum	25	12.5	12.5	>100	6.25	12.5
Rhodotorula rubra	12.5	12.5	25	>100	3.12	6.25
Trichophyton mentagrophytes	6.25	1.56	12.5	>100	1.56	6.25
Trichophyton rubrum	<1.56	0.78	12.5	50	1.56	6.25
Candida albicans	12.5	6.25	>100	>100	6.25	12.5
Candida utilis	3.12	3.12	6.25	50	6.25	12.5

9.4　甘味物質－味覚受容体への作用物質－

味には甘味，旨味[注)]，塩味，苦味，酸味の5種類があり，これらの味はヒトや動物にとって，栄養の摂取や有害物質から自らを守るのに役立っている[35)]．味覚は水に溶けている化学物質を味覚受容体で感知することによって発生するので，くすり（薬理活性物質）と受容体（レセプター，receptor）の相互作用に対比して考えられる．その意味で，甘味物質は生理活性を示す天然作用物質の一つである．

注 お茶の旨味物質といわれる theanine は乾燥葉中に 1.06～1.68% 含有されている．

theanine

9.4.1　甘味化合物

甘味は栄養学的に最も重要な味で，天然甘味物質に関する化学的研究は詳細に行われ，甘味物質にはペプチド，タンパク質，配糖体，糖質など，さまざまな化学構造の有機化合物が知られている．ここでは甘味強度と天然物化学研究が関わっている興味深い例[36)]を紹介する．

sucrose（しょ糖，砂糖）のほか[37)]の人工甘味料を図に示す．実際に甘味料と

して用いられるには甘味強度[注]（sucrose との比較値）と同時に甘味の質が重要である．

注 経験を積んだパネリストによる官能試験で決定される．

おもな甘味化合物（甘味強度）[注]

- sucrose (1)
- saccharin * (300)
- sodium cyclamate シクロ (30)
- dulcin (280)
- aspartame * (200)
- acesulfame-K * (200)

注 ＊印は食品添加物として使用されている．

9.4.2　天然甘味物質

　古くから用いられている天然薬物カンゾウ（甘草）（マメ科植物 *Glycyrrhiza glabra*, *G. uralensis*, *G. inflata* などの根）の共通甘味成分はオレアナン系トリテルペン配糖体 glycyrrhizin（甘味 sucrose の×150）であり，近年，新疆甘草から sucrose の 300 倍の甘味を示す apioglycyrrhizin が発見されている[38]．同じくマメ科植物 *Periandra dulcis* の甘い根（ブラジル甘草）から periandrin 類（Ⅰ：×90，Ⅴ：×220）が明らかにされている[39]．また，中国広西産のウリ科植物ラカンカ *Siraitia grosvenori* = *Momordica grosvenori* の乾燥果実（羅漢果）から強い甘味を示す cucurbitacin 系トリテルペン配糖体 mogroside 類（Ⅴ：×425）が得られている[40]．

　ジテルペン配糖体にも甘味物質がある．パラグアイ産キク科植物 *Stevia rebaudiana* の甘味成分は *ent*-kaurane 系ジテルペン配糖体 stevioside（×300）[41]，田中　治ら（広島大学医学部）が発見した中国（雲南，四川，チベット）の野生植物シソ科白雲参 *Phlomis betonicoides* の根の甘味成分 baiyunoside（×400）は

labdane 型ジテルペン配糖体である[42].

日本でも古くから使われているアマチャ（甘茶, ユキノシタ科）の葉の成分ジヒドロイソクマリン phyllodulcin 8-O-β-D-glucoside は甘味を示さないが, 葉を発酵させると加水分解が進んで生成するアグリコン (+)-phyllodulcin は強い甘味（×400）を示すなど, 配糖体で甘味に関わるものが多い[43].

glycyrrhizin
Ⓡ = —β—GlcA—$\frac{2\ 1}{\beta}$—GlcA

apioglycyrrhizin
Ⓡ = —β—GlcA—$\frac{2\ 1}{\beta}$—D-apiofuranosyl

periandrin
I : Ⓡ = —β—GlcA—$\frac{2\ 1}{\beta}$—GlcA
V : Ⓡ = —β—GlcA—$\frac{2\ 1}{\beta}$—Xyl

mogroside V

stevioside (前出)
R^1 = —β—Glc, R^2 = —β—Glc—$\frac{2\ 1}{\beta}$—Glc

rebaudioside A (×242)
R^1 = —β—Glc, R^2 = —β—Glc—$\frac{2\ 1}{\beta}$—Glc
                                         $\frac{3}{1}$ β
                                         Glc

(甘味の質 stevioside より良い)

baiyunoside
R = —β—Glc—$\frac{2\ 1}{\beta}$—Xyl

R = H (+)-phyllodulcin
R = Glc (無甘味)

(GlcA = D-glucuronic acid
  Glc = D-glucosyl
  Xyl = D-xylosyl
  Rha = L-rhamnosyl)

9.4.3 osladin の場合

いろいろな意味で興味をひく化学構造の天然物質は合成化学研究の格好のターゲットである. その意味合いからも, 以下に紹介するのは興味深い天然甘味配糖体の例である.

9.4 甘味物質

シダ類ウラボシ科植物 *Polypodium vulgare*[注1] の地下部（甘い）の主甘味成分はステロイド・サポニン osladin[注2] で，1971 年に平面構造が提出され，1975 年 Havel と Cerney はステロイド・アルカロイドの solasodine を原料として osladin のアグリコン部の合成研究を行い，$22S, 25R$ の立体配置を決定，osladin の構造として，1 式を提出した（26 位の配置，糖部の構造など根拠不十分であったが）[44]．その上，当時発表されている osladin の甘味は sucrose の 3000 倍という最強のものであった．

注1　欧州産でチェコ名 "osladic"．日本にも北海道，東北地方に分布し，和名はオオエゾデンダで甘味を呈する．
注2　osladic にちなんで命名された（1965）．

1 (無甘味)　　　osladin (2) (x 500)

日本の西沢麦夫，山田英俊ら（徳島文理大学薬学部）は，甘味物質 osladin について広く受け入れられていた Havel-Cerney 式（1975）1（これを旧式というか，誤式というべきか？）の全合成を行った．しかし，合成品は**全然甘くなかった**．比較すべき標品もなく一度は呆然自失となったが，浅川，Becker らの協力で南ドイツ産 *P. vulgare* の根を入手，甘味成分 osladin を抽出・分離，X 線結晶解析で，osladin の真正の化学構造 2 を解明し，ついで 2 の全合成を以下のように達成した．甘味の検定では sucrose の 500 倍であった．さらに，先に行われた Havel らの solasodine からの誘導反応を追試して 1 に至った経緯も明らかにしている[36]．

9.4.4　さらなる甘味物質の探求

天然甘味物質では，Kinghorn らがメキシコで発見したアステカの甘い草 *Lippia dulcis*（クマツヅラ科）の甘味成分セスキテルペンの hernandulcin は sucrose の 1000 倍の甘味を呈するという[45]．

ちなみに人工甘味料では，前述のジペプチド aspartame（×200）からさらに進展して，スーパーアスパルテーム superaspartame は sucrose の 14000 倍，スクロノニル酸 sucrononic acid[46] に至っては 20 万倍の甘さを呈するという．これでは，100 mL の水にわずか 0.01 mg 溶かしたものが，2 g の sucrose を溶かしたものと同じ甘味を呈することになり，全くの驚きというほかはない．

10
情報伝達物質

　生物で色々な情報が伝達される場合，内在する（内因性の），あるいは外来からの（外因性の）天然物質が関与している例は多様で，生物の生長，生命の維持と保全に関わっている天然物質の種類と数は膨大である．そしてこれが生命の営みを化学の言葉で語る生物有機化学の発展へと連鎖している．

　ヒトや昆虫も含めた動物，植物，そして微生物と生物群を便宜的に三つのkingdomに分けてみると，①それぞれのkingdomの生物固有の生命の営み（life）に関わっている天然物質と，②各kingdomの間における互いの生命の営みに影響を及ぼし（干渉し）合うことに関わっている天然物質とに大別される．それらは生理活性物質や天然機能性物質に位置づけられて，成書にまとめられている[47]．そして，前章（§9）の天然作用物質は，ヒトを含めた動物kingdomに対する外因性天然物質の作用ということで，②の範疇に入れられる．

　本章で述べる種々の情報伝達に関わる天然物質を概念図で示すと，次ページのようになる（内：内因性の，外：外因性の）．

　また，前述（§7.3）したように，海洋生物はその生体を海水中に露出して生きているので，その進化の過程で，外部（海水圏）からの化学物質の影響を受けやすく，それに対応する防御システムを発達させていると考えられる．それで海洋生物における生体防御・生命維持（homeostasis）に関わる化学機構の研究は，地球上の生物における情報伝達の化学の理解を推進するのに大きな役割を果たしている．本編では，それは別章（§11）でまとめることにする．

10. 情報伝達物質

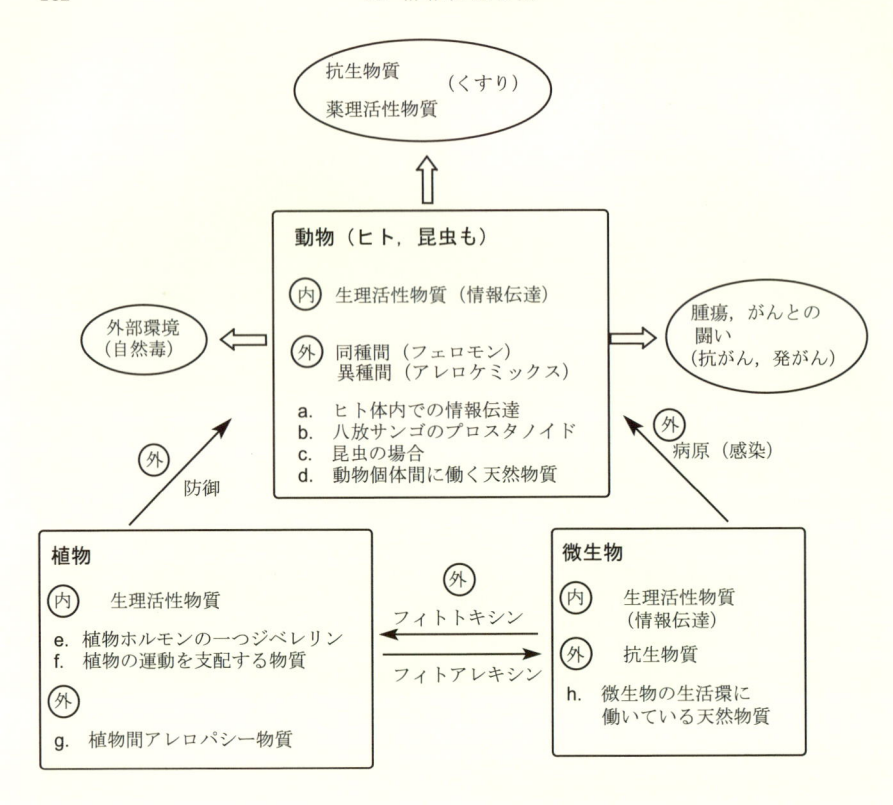

```
         ┌─────────────┐
         │ 抗生物質     │
         │        (くすり)│
         │ 薬理活性物質 │
         └─────────────┘
               ↑
    ┌──────────────────────────────┐
    │ 動物（ヒト，昆虫も）          │
    │                              │
    │ 内 生理活性物質（情報伝達）   │
    │                              │     ┌──────────────┐
    │ 外 同種間（フェロモン）        │ →   │ 腫瘍, がんとの│
    │    異種間（アレロケミックス）  │     │ 闘い         │
    │                              │     │ (抗がん, 発がん)│
    │ a. ヒト体内での情報伝達        │     └──────────────┘
    │ b. 八放サンゴのプロスタノイド  │
    │ c. 昆虫の場合                 │
    │ d. 動物個体間に働く天然物質    │
    └──────────────────────────────┘
```

外部環境（自然毒）← 防御 外 ／ 外 病原（感染）

```
┌──────────────────┐        ┌──────────────────────┐
│ 植物              │        │ 微生物                │
│                  │←フィトトキシン│                      │
│ 内 生理活性物質    │  外    │ 内 生理活性物質        │
│                  │        │    （情報伝達）        │
│ e. 植物ホルモンの │→フィトアレキシン│ 外 抗生物質         │
│    一つジベレリン │        │                      │
│ f. 植物の運動を   │        │ h. 微生物の生活環に   │
│    支配する物質   │        │    働いている天然物質 │
│ 外               │        │                      │
│ g. 植物間アレロ   │        │                      │
│    パシー物質     │        │                      │
└──────────────────┘        └──────────────────────┘
```

10.1 生物体内で働く（内因性）天然物質

いわゆる生理活性物質 physiologically active substance がこれである．

10.1.1 ヒト体内での情報伝達

ヒトの体で薬物分子が作用する場合に薬物受容体があるように，ヒト体内での情報の伝達は，神経系では神経伝達物質（neurotransmitter）が，内分泌系ではホルモン（hormone）が，そして免疫系ではオータコイド（autacoid）やサイトカイン（cytokine）によって司どられている．神経伝達物質には adrenaline (epinephrine), noradrenaline (nor-epinephrine), dopamine などのカテコールアミン（catecholamine）や serotonin などのアミン類，glycine, GABA, glutamic acid, aspartic acid などのアミノ酸，オピオイド・ペプチド（§9.1），

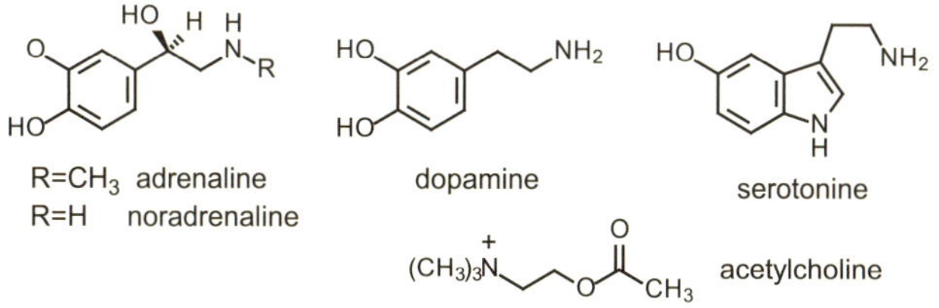

10.1 生物体内で働く(内因性)天然物質

R=CH₃ adrenaline
R=H   noradrenaline

dopamine

serotonine

acetylcholine

substance P[注]，心房性ナトリウム利尿ホルモン（atrial natriuretic peptide, ANP），ニューロメジン（例：neuromedin K）などのペプチド類が知られている．

注　hendecapeptide，痛みを仲介する chemical messenger.

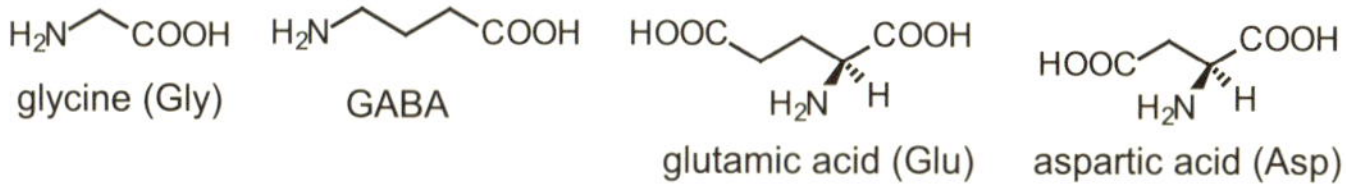

glycine (Gly)　GABA　glutamic acid (Glu)　aspartic acid (Asp)

Arg—Pro—Lys—Pro—Gln—Gln—Phe—Phe—Gly—Leu—Met　substance P

Ser—Leu—Arg—Arg—Ser—Ser—Cys—Phe—Gly—Gly—
Arg—Met—Asp—Arg—Ile—Gly—Ala—Gln—Ser—Gly—Leu—
Gly—Cys—Asn—Ser—Phe—Arg—Tyr　ANP

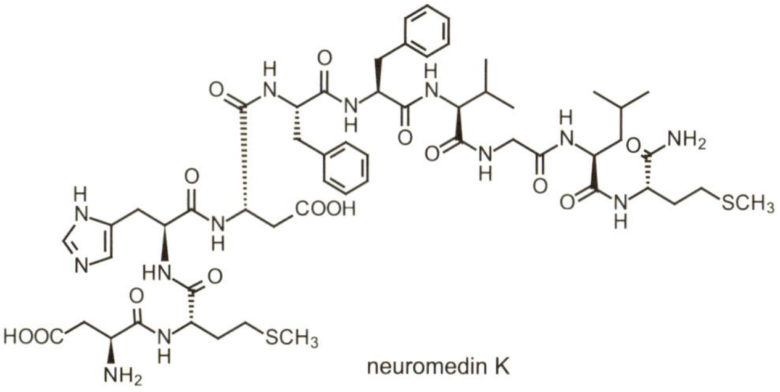

neuromedin K

そして細胞レベルでの情報伝達の仕組みは次のように図示される．

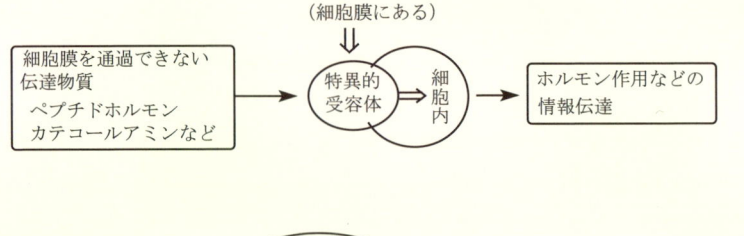

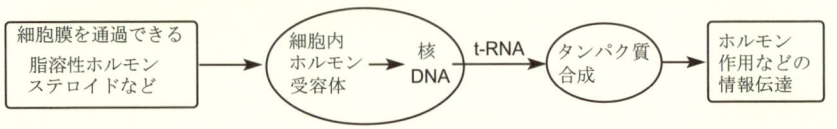

```
細胞膜を通過できない              （細胞膜にある）
伝達物質          ───→   特異的     細胞    ───→   ホルモン作用などの
  ペプチドホルモン          受容体     内            情報伝達
  カテコールアミンなど
```

```
細胞膜を通過できる           細胞内          核              タンパク質        ホルモン
脂溶性ホルモン     ───→    ホルモン  ───→  DNA  ──t-RNA──→   合成      ───→  作用などの
  ステロイドなど             受容体                                             情報伝達
```

10.1.2 八放サンゴのプロスタノイド

　ヒト免疫系の情報伝達に関わるオータコイド（autacoid）は自己調節物質を意味しており，局所ホルモンともいわれている．生理的または病的状態において生体内の局所できわめて微量が生産，分泌され，その周辺で作用を発現し，短時間のうちに分解されて作用が遠くに及ばないような調節物質として知られている．

　プロスタグランジン（prostaglandin, PG）は代表的なオータコイドで，10^{-10} M 濃度で十分効果を発現する超強力な生理活性物質で，用に応じて細胞膜トリグリセリドから加水分解で遊離されるアラキドン酸（arachidonic acid）から生合成されて（たとえば，PGE_2, $PGF_{2\alpha}$），ヒトの homeostasis（恒常性維持）に重要な働きをしている．PG はその付近で作用したのち，その近くで分解されるか，血流に入った場合には肺中の酸素で完全に分解される．

arachidonic acid　→　PG E$_2$　　PG F$_{2\alpha}$

　その PG が腔腸動物八放サンゴのヤギ類 *Plexaura homomalla* に存在することが Weinheimer らによって発見されたのは 1969 年のことである（§7.3）．そのころ相次いで発見された海洋生物由来の PG は哺乳動物由来のものと同一かまた

は類似した化学構造のものであった．1980年代になって，それらとは化学構造と生物活性を異にする marine prostanoid が腔腸動物根生目（stolonifer）の軟体サンゴ *Clavularia viridis*（ツツウミヅタ）から日本の2研究グループ（東京薬科大学・山田泰司ら[48]，大阪大学薬学部・北川 勲ら[49]）によって，いずれも好収率で独立に発見され，いずれも clavulone 類，claviridenone 類と命名されて，その絶対化学構造が明らかにされた[注]．

注 これらのclavularia prostanoidは，①最初に発表されたweekly の *Tetrahedron Let.* 誌（山田ら：clavulone I, II, III [48a]，北川ら：claviridenone a, b, c[49a]）が1号ちがいであったこと，② Coreyら（米国ハーバード大学）がその生合成研究[53]において，山田らとの共同研究で clavulone の命名が採用されたこと，③さらに，その後の山田らによる clavularia prostanoid の詳細，広範な研究の展開などによって，clavulone を中心とした名称で統合されている．発見の端緒が生物活性（抗腫瘍活性など）を指標に clavulone 類（I, II, III）[48a]が，共役5,7-ジエン構造の E, Z 幾何異性体4種の分離で得られた claviridenone 類(a, b, c, d)[49a]と命名のサフィックスが逆順になっている．

claviridenone-a
(=clavulone IV)

R=CH$_3$ **claviridenone-b**
(**=clavulone III**)
R=CH$_2$OAc
20-acetoxyclaviridenone-b

R=CH$_3$ **claviridenone-c**
(**=clavulone II**)
R=CH$_2$OAc
20-acetoxyclaviridenone-c

claviridenone-d
(**=clavulone I**)

これらの marine prostanoid は，山田，井口らによってさらに含ハロゲン clavulone 類[注]の発見[50]など化学的研究と生物活性の詳細な研究が展開された．これまでの PG 類にはほとんど知られていなかった白血病細胞の増殖抑制作用[51]，増殖阻害活性［IC$_{50}$ 0.2〜0.4 μg/mL（L1210）；0.36〜0.96 μg/mL（KB）］や抗腫瘍活性［Ehrlich ascites（マウス）；>5 mg/kg/day → ILS>43 %][49c] の

あることが示され,さらに,矢守らによる39株のがん細胞を用いたHCCパネルの評価で[52],種々のがん細胞(乳がん,結腸がん,肺がん,メラノーマ,卵巣がん,腎臓がん,胃がん)に対して$0.63 \sim 1.03 \mu g/mL$の濃度でかなり強い増殖抑制作用を示すことが明らかにされている.

注 含ハロゲンクラブロン類は,白血病細胞の増殖抑制活性ではクラブロン類より約10倍強い.

これらのclavularia prostanoidの化学構造をみると,12位の絶対配置はそれまでのPGとは異なってS配置,つまりシクロペンタン環からα鎖,ω鎖の方向を見たねじれが逆方向の ent-prostanoid 型になっていて,15S-OH基を欠いている.さらに,α鎖の共役5,7ジエン構造には ZZ, ZE, EE, EZ の4種類の幾何異性体があるが,これらの異性体は光化学的に互変異性の関係にある.たとえばclaviridenone-a, -b, -c, -dのいずれかを用いてそのベンゼン溶液を15W蛍光灯で光照射すると,いずれの場合にもa:b:c:d=1:6:12:2の同一比率の混合物が得られる[49c].

clavularia prostanoidの生合成経路については,Coreyらによって哺乳動物由来のPGの場合とは異なった生合成経路が提唱され[53],井口らによりさらなる検討が進められている[54].

また同じツツウミヅタ (*Clavularia viridis*) から,白血病細胞 (P-388) に対して増殖阻害活性 (IC_{50} $1 \mu g/mL$) を示す24S-methylcholestane由来型ステロイド4種 (stoloniferone-a, b, c, d) が見出されている[55].

stolonifereone-a -b -c -d

(X線解析による)

10.1.3 昆虫の場合

昆虫が卵からかえって幼虫になり，続いて蛹，成虫と形態的に著しい変化を見せるその生活環において，生理活性天然物質がきわめて重要な役割を果たしていることは，かなりのところまで明らかにされていて，成書に詳しい[56]．

成長の過程で見られる脱皮，変態などは体内の内分泌系でつくられる種々の昆虫ホルモン，たとえば幼若ホルモンや脱皮ホルモンによって制御されている．不思議なことに，これらのホルモン様活性物質には，植物に由来する物質も知られている．

昆虫が成虫になると，交尾，産卵などの配偶行動が始まるが，これらは体外に分泌される昆虫フェロモン，たとえば性フェロモンによって制御されている．

a. 昆虫ホルモン

1) 幼若ホルモン（juvenile hormone, JH-I, -II, -III）は，変態に拮抗して幼虫形質を積極的に維持しようとしてアラタ体から分泌される C_{16}〜C_{18} のセスキテルペノイドである（図参照）．これによって昆虫は幼虫の成長途中で変態をおこすことなく脱皮を数回くり返して生長する．この脱皮は脱皮ホルモン（moulting hormone, ecdysone, MH）の作用でひきおこされる．

JH-I (C_{18}-JH)   JH-II (C_{17}-JH)   JH-III (C_{16}-JH)

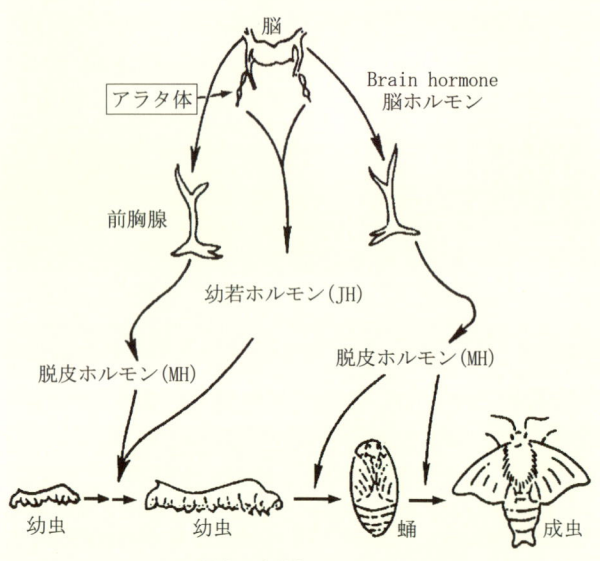

昆虫の成長とホルモン[56]

　これらの幼若ホルモンは元来，セクロピア蚕やタバコの害虫の一種やシロアリなどから分離されたものであるが，植物成分からも JH 活性物質が見出されている．すなわち，カナダ産のバルサムモミ *Abies balsamea* を原材料として生産されたペーパータオルに，ホシカメムシ *Pyrrhocoris apterus* 幼虫の変態を阻害する因子として 2 種のセスキテルペン juvabione と dehydrojuvabione が単離されたのである．これらのセスキテルペン化合物はホシカメムシには幼若ホルモン活性を示すが，他の昆虫に対してはそのような活性を示さない．

juvabione　　　　dehydrojuvabione

　また，興味深いことに，1992 年 8 月（乾期）のインドネシア・西カリマンタンの調査で，現地では葉の煎液が抗炎症の目的で使われている薬用植物 "senahe" *Monocarpia marginalis*（バンレイシ科）（10〜20 m の樹木）を調べたところ，乾

燥葉の 6.0 % という高収量で，(10R)-(+)-juvenile hormone Ⅲ がその生合成前駆体と考えられる methyl (E, E)-farnesoate（収量 0.6 %）とともに得られた[57]．そして，さらに精査する目的で"senahe"を採集（2月）したところ，JH-Ⅲ は全く得られず，前回（8月）採集の保存資料には JH-Ⅲ が含有されていて，採集の時期が重要なことがわかった．これは今後の検討課題である．

(10R)-(+)-JH-Ⅲ

methyl (E, E)-farnesoate

2) 脱皮ホルモン（ecdysone, moulting hormone, MH）は，昆虫の前胸腺から分泌され幼虫の脱皮，蛹化や羽化の変態を促す．

ドイツのマックス・プランク研究所の A. Butenandt と P. Karlson は日本から輸入したカイコ Bombyx mori の蛹 500 kg から，クロルリバエ（Calliphora）幼虫を用いた蛹化テストでモニターしながら精製し，1953 年ホルモン活性物質 25 mg を得た．これは脱皮を意味するギリシャ語 ecdysis にちなんで ecdysone と命名されたという歴史的にも意義深い化合物で 0.0075 μg の超微量でクロルリバエの蛹化活性を示した．さらにより高い極性の二つ目の活性成分 2.5 mg を単離して β-ecdysone と命名，はじめの ecdysone を α-ecdysone と呼ぶことにした[58]．α-ecdysone の構造は後に X 線結晶解析によって確認されている[59]．

α-ecdysone

β-ecdysone (=crustecdysone)

ついで海洋生物甲殻類の一種から脱皮活性物質が得られ，はじめ crustecdysone と呼ばれたが β-ecdysone と同定された．その後，台湾産植物トガリバマキ Podocarpus nakaii（マキ科）から脱皮ホルモン活性物質 ponasterone 類（たとえば，乾燥葉 1 kg から 1～2 g の ponasterone A が得られる）．牛膝（ヒナタ

イノコズチ Achyranthes fauriei, ヒユ科）から inokosterone が得られ，植物起源の ecdysone は phytoecdysone と呼ばれ[注]，その分布の広いことが明らかにされている[47]．ヒユ科植物 Cyathula capitata や A. rubrofusca からは cyasterone や rubrosterone のような D 環 17 位の構造の変わり種が得られている[60]．

  注　昆虫や甲殻類に由来する ecdysone は zooecdysone と呼ばれる．

ponasterone A　　　　　inokosterone

さらにキランソウ Ajuga decumbens（シソ科）からは数種の phytoecdysone の他に抗エクジソン（anti-ecdysone）活性を示す ajugalactone が見出されるなど ecdysone の化学は広がっている[47]．

cyasterone [60a]　　　rubrosterone [60b]　　　ajugalactone
　　　　　　　　　　（活性弱い）

b.　昆虫フェロモン [47]

「動物が体外に分泌して同種の動物に特異な生理や行動を起こさせる物質」はフェロモン pheromone といわれ，ホルモン hormone が内分泌腺から分泌され，その個体内での他の場所に特異な生理現象を引きおこす物質であるのと対比される．

　フェロモンの中では昆虫フェロモンが最も広く研究され，雌雄が互いに引きあ

う性フェロモンのほかに，集合フェロモン，警報フェロモン，道しるべフェロモンなどさまざまなフェロモンの存在が明らかになっている．

1) 1960年頃に A. Butenandt によってカイコ *Bombyx mori* 蛾の雌性フェロモン bombykol が解明され，10^{-12} μg/mL という超微量でカイコ蛾の雄のみを種特異的に興奮させることが明らかにされた．これが契機となって，種々の昆虫の性フェロモンが明らかにされていった[47]．

bombykol

2) マイマイガ *Lymantria dispar* の雌性フェロモン disparlure

(+)-7R, 8S 体
（活性）

(-)-7S, 8R 体
（拮抗的抑制活性）

3) チャバネゴキブリ *Blattella germanica* 雌の触角から分泌され，雄の翅を上げさせるフェロモン

(+)-(3S, 11S)体が活性

A: X=H
B: X=OH

深海 浩，石井象次郎ら（京都大学農学部）によって単離・構造決定され[61]，森 謙治ら（東京大学農学部）によって全合成がなされた[62]．

c. 昆虫の神経伝達を阻害する物質—ピレスリン—

ヒトが昆虫に対して殺虫力を示す植物を利用したのは西暦紀元前にさかのぼるが，すぐれた天然殺虫剤として，タバコの粉末（活性成分ニコチノイド），除虫菊（ピレスロイド），デリス根（ロテノイド）が利用されたのは17世紀になって

からといわれている.

その中でシロバナムシヨケギク (*Chrysanthemum cinerariaefolium*) の花弁に殺虫性が発見されたのは 19 世紀半ばになる. 以来, アフリカ・ケニアを中心として乾燥花の脂溶性粗抽出物が殺虫剤としての生産が盛んになった. 6 種類の活性成分の主成分は pyrethrin I と pyrethrin II である.

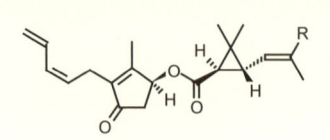

R=CH₃ pyrethrin I
R=COOH pyrethrin II

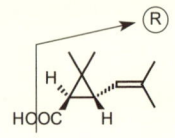

(1*R*)-*trans*-chrysanthemic acid
(菊酸)

このモノテルペノイド系の基本構造は, シクロプロパン・カルボン酸とシクロペンテノン・アルコールとのエステルで, 空気中ではかなり不安定である. pyrethrin 自体は蠅や蚊などの衛生害虫の駆除に用途が限られているが, pyrethrin から展開された殺虫活性物質 (合成ピレスロイド pyrethroid と呼ばれる) は, 家庭防疫薬としての重要な有効成分で, その開発には日本人研究者が先導したものが多い. 以下に実用化された防疫用合成ピレスロイドの例を示す[63].

cyphenothrin
(松尾, 1971)

empenthrin
(北村, 1975)

imiprothrin
(板谷, 1977)

[Ⓡ 上記chrysanthemic acid 残基]

10.1.4 動物個体間で働く天然物質

個々の動物にとっては外因性の物質になるが，ここでも同種動物間と異種動物の間で情報伝達に関わっている天然物質がある．同種の間ではフェロモン pheromone，異種の間ではアレロケミック allelochemic と分類される物質群である．中でも哺乳類の性臭として，ジャコウネコとジャコウジカの芳香成分は"におい"による動物達のコミュニケーションとしてよく知られている．

中国チベット，ネパール地方に棲むジャコウジカ *Moschus moschiferus* の雄の腹部にある麝香腺の分泌物を乾燥したものは生薬「麝香」で，その芳香成分は muscone，これは雌鹿をひきつける性フェロモンである．一方，アフリカやインドに棲むアフリカジャコウネコ *Viverra civetta* やインドジャコウネコ *Viverra zibetha* の場合は，肛門近くの分泌腺からの分泌物の主成分 civetone が性フェロモンで，いずれも中環状ケトンである．

muscone (15)

civetone (17)

動物のフェロモンでは，昆虫フェロモンが詳しく研究されていて前述（§10.1.3）している．また異種動物間の情報伝達に関わるアレロケミックは，海洋生物の項（§11.2）でまとめて述べる．

10.1.5 植物ホルモンの一つであるジベレリン

植物には，発芽，成長，器官分化，開花，結実，休眠などの生活環があり，それを司どる生理現象は，光，温度，水分などの外界（環境）要因と，オーキシン（auxin，例：indole-3-acetic acid, IAA），ジベレリン（gibberellin），サイトカイニン（cytokinin，例：*trans*-zeatin），アブシジン酸（abscisic acid），エチレン（ethylene），ブラシノステロイド（例：brassinolide）など植物に内在するホルモンによって巧みに調節されている．

オーキシン
(生長促進)

ジベレリン
(伸長促進)

IAA

gibberellin A$_1$
(GA$_1$)

gibberellin A$_2$
(GA$_2$)

ブラシノステロイド
(伸長, 分裂促進)

サイトカイニン
(細胞分裂促進)

アブシジン酸
(生長阻害)

エチレン
(果実の成熟)

t-zeatin

abscidic acid

ethylene

brassinolide

　すなわち，植物ホルモンは植物界に広く普遍的に分布し，微量で植物の生理現象の発現や調節に関与し，化学的に単離，同定される物質であるという概念が広く受け入れられている．そして，その存在が示唆されている花芽誘導物質なども，化学的に明らかにされれば植物ホルモンとして位置づけられる．

　植物ホルモンの一つであるジベレリンについては，日本人科学者の貢献が大きいもので，その概略を以下に紹介する[64]．

　gibberellin 類の研究は，イネの馬鹿苗病の研究から始まった．イネがこの病気にかかると，草丈ひときわ高く，葉は淡黄緑色，結実不完全，モミの収量は著しく少なく，ひどい場合は出穂の前に枯死する．この病気はイネ馬鹿苗病菌 *Gibberella fujikuroi* (=*Fusarium moniliforme*) によって惹きおこされることが，1926 年頃，黒沢英一によって発見された．1938 年その菌の培養液から日本の藪田貞治郎・住木諭介ら（当時，東京大学農芸化学科）によって病徴誘起物質が結晶状に単離され gibberellin A および B と命名された[65]（後に活性物質の本体が A とされた）．

　ところが，1930 年代は F. Kögl らによる植物生長調節物質オーキシンが植物生理学者の注目を集め，世界のコミュニケーションも不充分な情勢で，日本での gibberellin の発見は西欧の研究者の注目をひくことなく，第二次世界大戦（～1945）の終了となった．戦後，gibberellin の研究は国際的な広がりをもって行われるようになった．

1954年に英国のP. J. CurtisとB. E. Cross（当時，Imperial Chemical Industries, ICI）はgibberellic acidを単離，1955年には米国のF. H. Stodolaら（当時，農林省のNorthern Regional Research Laboratory, NRRL）もgibberellic acid, gibberellin A1を単離し，同年，日本の住木らはgibberellin AをA_1, A_2, A_3の3成分に分離し，A_3はgibberellic acidと同一で生理活性の強いことを明らかにした．こうしてgibberellinは世界的に広く研究され，1959年A_3の平面構造が解明され，gibberellin同族体（GA）の数が増加し，gibberellic acidを中心としてGA_nと命名されるようになった（gibberellic acid＝gibberellin $A_3 \rightarrow GA_3$）．ちなみに2003年にはGA_{127}までその種類増加は続いている．

*G. fujikuroi*のGA_3が研究された頃までは，GAはイネの徒長をおこす病因物質にすぎなかったが，植物体の抽出物にもGA様活性を示す成分のあることが明らかにされて，高等植物体にもGAの存在が示唆された．

1958～1959年にはベニバナインゲン*Phaseolus multiflorus*（マメ科）やゴガツササゲ（*P. vulgaris*）の未熟種子やウンシュウミカン*Citrus unshu*（ミカン科）の徒長枝からGAが単離され，その後多数のGAが単離・同定された（植物ジベレリン plant gibberellinと呼ばれるようになった）．

現在までに，*G. fujikuroi*をはじめとする数種類の微生物*Sphaceloma manihoticula*, *Phaeosphaeria* sp. や高等植物から単離され，GAは127種に及んでおり，GAにグルコースも結合した複合型GAも知られている．

GAはジテルペン系化合物で，その生合成経路は基本的に確立されている（II編）．*ent*-gibberellaneを基本骨格とし，炭素数によって，$C_{19}GA$と$C_{20}GA$に分類される．

微生物から同定されたGA（fungal gibberellin）の種類に比べて，高等植物由来のGAの種類は多く，それらの生合成は基本的には微生物の場合に類似しているが多様である．GAの生合成を触媒する酵素の単離やその遺伝子の特定化の研究も活発に行われている[注]．しかし，GAの生理作用発現機構については多くのことが不明である．とくに，GAの作用発現の分子機構，GAのレセプター・タンパク質の同定，GAの作用部位など今日における課題になっている．

注　今日ではGA生合成酵素遺伝子の全容がほぼ明らかにされている[64b]．

10. 情報伝達物質

ent-gibberellane 骨格

R=CH$_3$, CH$_2$OH, CHO, or COOH
(R=CH$_2$OH のときはδ-lactone を形成)
C$_{20}$ ジベレリンの基本骨格

C$_{19}$ ジベレリンの基本骨格

ジベレリンの炭素骨格

GA$_1$　　GA$_3$　　GA$_4$　　GA$_{12}$

GA$_{19}$$^{(注)}$　　GA$_{20}$　　GA$_1$ glucoside　　GA$_1$ glucosyl ester

代表的なジベレリン類の構造

注　タケノコ（モウソウチク *Phyllostachys edulis* の幼茎）44 トンの煮汁から 16 mg の GA$_{19}$（はじめ bamboo gibberellin と命名された）の単離・構造決定[66]は，当時，鮮烈な印象を与えたものである．

GA の生理作用の最も重要なものは，無傷植物（intact plant）に対する伸長促進で，この効果は幼植物およびある種の矮性植物に対してとくに顕著で，主として，幼細胞の縦軸方向への伸長によって注目される．また，GA は単為結実をひきおこす作用があり，その性質を利用してブドウのデラウエア種の"種なし"化が実用化されている$^{(注)}$．

注　果実は子房が受精のあと肥大したものである．子房壁は果皮に，その中にある胚珠は種子となり，これが真正果実である．

$$\begin{pmatrix}\text{花粉}\\\text{雌しべ受粉}\end{pmatrix} \rightarrow \begin{pmatrix}\text{胚珠}\\\text{（卵核，精核）受精}\end{pmatrix} \rightarrow \begin{pmatrix}\text{種子}\end{pmatrix}$$

子房 ·········> 果実
　　着果

受精がおこらなければ，胚珠は発育せず，種子はできない．一方，受粉せず着果することを

単為結実という．gibberellin は着果作用のほかに，果実の肥大に対しても重要な役割をもっている．gibberellin の実用の実際では，デラウエア種ブドウの開花2週間前（第1回）と開花2週間目（第2回）に gibberellin の 100 ppm の液に花房を数秒間浸している．
第1回：花粉の発芽阻止，胚珠の機能も不完全，受精が行われないので種子を生じない．しかし着果する．
第2回：着果は完全になり子房の肥大成長は進行する．
こうして"種なし"ブドウとなる．

免疫組織（細胞）化学の手法など GA の微量分析が進んで，生理現象の発現部位と GA の存在の関わりを明らかにすることを目指した研究が進められ，GA 生合成酵素遺伝子の発現解析から，GA の生合成部位の特定まで行われるようになっている[64b]．

10.1.6　植物の運動を支配する化学物質

オジギソウ，ネムノキ，ハエトリソウなどは外界の刺激に応じて特定の行動を選んでいる「動く植物」である．このように植物体内でも化学物質と遺伝子を組み合わせた複雑なシステムが働いていて，植物は全く静的というわけではない．植物の運動の主なものは，屈性（例：光屈性，光の方向に屈曲する），傾性（例：接触傾性，オジギソウの葉に触れると閉じるなど），走性（例：鞭毛藻が光の方向に行く運動など）があり，山村庄亮，志津里芳一，上田　実ら（慶応義塾大学理工学部）によって，天然物質がこれらの植物の運動に果たしている役割が漸次明らかにされている[67, 68]．

a.　光に向かって曲がる植物[67]

暗室の中でオートムギなどの芽生えに一方向から光を当てると，光の方向に屈曲する．初期の頃は，光を当てた側に生成したオーキシン（たとえば indole-3-acetic acid, IAA）が影側へと横移動し，影側が光側よりも大きくなって光に屈性を示すと考えられていた．しかし，その後の研究で，IAA は光側と影側では均等に分布していることがわかった．そして，光側と影側で違うのはホルモン濃度ではなく，IAA 活性を抑制する成長抑制物質であることが分かった．つまり，成長抑制物質が光側で生成されるために，光側と

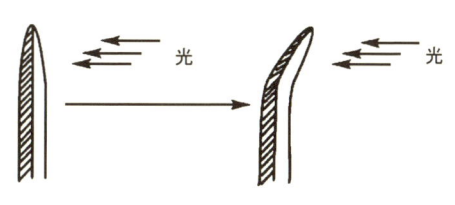

芽生えの光屈性

影側の成長に差を生じるという光屈性の化学的メカニズムが明らかにされた.
　このような光誘起成長抑制物質は，それぞれの植物によって色々と異なっている. 共通点としては，それぞれの活性物質がその不活性前駆体である配糖体として存在していることである. たとえば，ダイコン *Raphanus sativus*（アブラナ科），トウモロコシ *Zea mays*（イネ科），キャベツ *Brassica oleracea*（アブラナ科）などでは，光照射で活性化された加水分解酵素（β-グルコシダーゼ）が働いて，不活性前駆体の配糖体が加水分解されて，それぞれの成長抑制物質を生成するという経路が明らかにされた.

触媒作用によるトウモロコシの成長抑制物質の生成

さまざまな植物の成長抑制物質として，次のような化合物が知られている.

benzoxazolinone
（トウモロコシ）

raphanusanin
(*S*: A, *R*: B)
（ダイコン）

indolylacetonitrile
（キャベツ）

8-epixanthatin
（ヒマワリ）

ionone 型 terpenoid
（ゴガツササゲ）

さまざまな植物の成長抑制物質

b. 葉を閉じる植物[69)]

　ネムノキ *Albizia julibrissin*, エビスグサ *Cassia tora*, オジギソウ *Mimosa pudica* などのマメ科植物は，昼間は葉を開いているが，夜間になると葉を閉じて「眠る」. このような葉の開閉運動は紀元前から知られており，就眠運動と呼ばれる. この運動は光などの外部環境によってコントロールされるのではなく，植物に固有の体内リズムによっていることがわかり，就眠運動はひとつの生物時計のルーツのようなものであった.

10.1 生物体内で働く(内因性)天然物質

　その後の研究で，この運動は葉のつけ根にある運動細胞の膨張・収縮によるもので，細胞にカリウムイオン（K^+）とともに水が出入りすることによって起こり，昼間には細胞に K^+ とともに水が入ることで細胞が膨張し，夜間には水が出ていくことで縮むというのである．1980年頃，ドイツのH. Schildknecht（ドイツ・ハイデルベルグ大学）は葉の運動をコントロールする活性物質ターゴリン turgorin を単離したと発表した[70]．しかしそれは，その後否定されている．

　生理活性物質の分離に際しては，適切な生物活性検定試験法の確立が最も重要で，就眠運動をコントロールする真の活性物質を探りあてるこの場合にもその原則が生きている．葉を閉じさせるという生物活性を指標に，活性物質の分離が行われたが，結局は，目的とする植物自身（たとえばオジギソウ）の葉を用いて生物検定を行いながら，同植物中の活性物質の探索が行われた．非常に手間のかかる実験が丹念に行われ，説得力のある見事な結果が得られた．

　植物体内には，それぞれの植物（オジギソウ，カワラケツメイ，コミカンソウ，メドハギ，ネムノキが研究された）に固有の，昼間でも植物の葉を閉じさせる活性を示す就眠物質と，夜間でも葉を開かせる活性を示す覚醒物質の2種類の活性物質が含まれていて，就眠運動はこれら2種類の活性物質によってコントロールされていることが明らかにされた．ここで，すべての植物に共通で運動をコントロールする植物ホルモン（例：ターゴリン）の存在は否定された．

就眠物質（葉を閉じさせる）

potassium 5-O-β-D-glucopyranosyl-gentisate （オジギソウ）

potassium chelidonate
（カワラケツメイ *Cassia mimosoides* subsp.*nomame*，ハブソウ *C. occidentalis* マメ科）

phyllanthurinolactone
（コミカンソウ *Phyllanthus urinaria* トウダイグサ科）

potassium D-idarate
（メドハギ *Lespedeza cuneata* マメ科）

potassium β-D-glucopyranosyl-12-hydroxyjasamonate （ネムノキ）

覚醒物質（葉を開かせる）

mimopudine（オジギソウ）

calcium 4-*O*-β-D-glucopyranosyl-*cis*-*p*-coumarate（カワラケツメイ）

phyllurine（コミカンソウ）

potassium lespedezate（メドハギ）

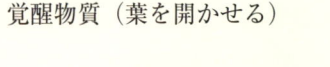

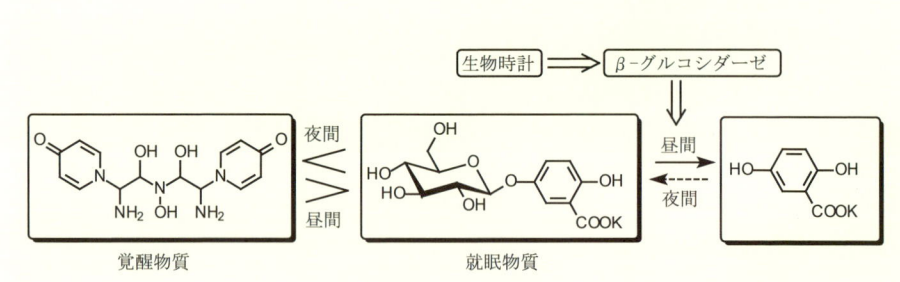

cis-*p*-coumaroylagmatine（ネムノキ）

オジギソウの就眠運動の化学物質によるコントロール

生物時計 ⟹ β-グルコシダーゼ

覚醒物質　就眠物質（昼間／夜間）

興味深いことに，ひとつの植物では就眠・覚醒両物質のセットになっているが，いずれか片方の物質がグルコース結合型活性物質である．そして，生物時計によ

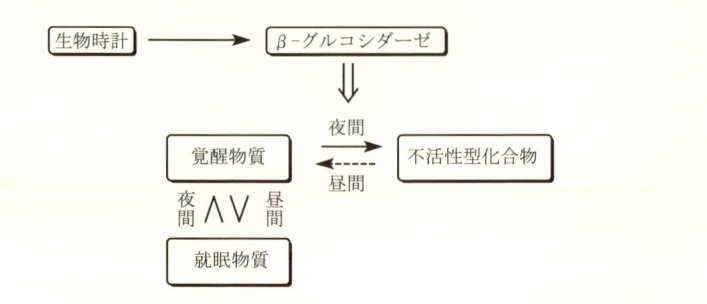

生物時計 ⟶ β-グルコシダーゼ

覚醒物質 ⇌ 不活性型化合物（夜間／昼間）

就眠物質（夜間 ∧ 昼間）

る就眠運動のコントロールは，グルコシド結合の開裂・形成という一連の反応によってコントロールされている．これは生物現象を有機化学反応のレベルで解明するという，天然物化学から生物有機化学に連鎖する成果ということができる．

10.1.7 植物間アレロパシーに関与する天然物質

自然界で，ある生物と他の生物が互いに影響を与えあっている場合，両者が利益を与えあっている場合と，一方のみが害を蒙っている場合がある．このような影響がその生物から体外に排出される物質によってひきおこされる現象をアレロパシー（allelopathy，他感作用）という．ここでは，植物間のアレロパシーに関与する天然物質のいくつかについて略述する．

1) 近年，日本で非常に繁殖しているセイタカアワダチソウ *Solidago altissima*（キク科）はアセチレン・カルボン酸メチルエステル 2Z-dehydro-matricaria ester（i）や methyl 10-angeloxy-2Z, 8Z-decadiene-4, 6-diynoate（ii）を産生する[71]．そしてセイタカアワダチソウが繁殖する土壌中には特に i とその 2E 体が高濃度に存在し，他種の幼植物の生育を阻害していることがわかっている．

2) *Podocarpus* 属（イヌマキ科）植物の葉，樹皮，種子などから，いろいろな totarane 型ノルジテルペンが単離されている．たとえば，inumakilactone 類 [例：A（iii）[72a]，*Podocarpus macrophyllus* から]，nagilactone 類 [例：C（iv）[72b]，*P. nagi* から]，ponalactone 類 [例：A（v）[72c]，*P. nakaii* から]，podolactone 類 [例：E（vi）[72d, 72e]，*P. neriifolius* から] などが，日本，オーストラリア，米国の研究者によって活発に研究された．

"totarane"

inumakilactone A (iii)

nagilactone C (iv)

ponalactone A (v)

podolactone E (vi)

後にX線結晶解析で構造が確認された[72f]．これらの物質の多くは，植物の細胞分裂や拡大を低濃度で阻害する．たとえば，最も活性の強いpodolactone E(vi)は10^{-5}モル濃度で，暗所で育てた矮性のエンドウのカギ状部の切片の生長を完全に阻害する[73]．

日本の奈良付近の山に多く生育しているナギ林にはほとんど下草が生えないといわれている．このような群落の状況からnagilactone類には，アレロパシー発現物質としての作用がある可能性が指摘されている．

10.1.8 微生物の生活環に働いている天然物質

微生物にはバクテリア（bacteria）からかび（mold），キノコ（fungi）にいたるまで，幅広い生物が含まれていて，その生活環は多彩で，代謝機能は多様である．ここでは代表的な数例をあげるにとどめる．[I編の文献1e)]

1）　かびや酵母などは真菌類に属して，そのライフサイクルには無性世代と有性世代という二つの世代をもつ種類がある．有性世代ではその有性生殖において雌雄に相当する性の分化があって，その間で接合する．そしてその過程では，生殖器官の分化や異性細胞間の認識，情報交換などの生理現象において，特有の調節機構が働いている．

1960年代になって，鞭毛菌に属する水カビ *Allomyces macrogynus* のライフサイクルの有性世代において，雄の配偶子が雌の配偶子から分泌される精子誘引ホ

10.1 生物体内で働く(内因性)天然物質

ルモン sirenin に誘引されて接合が完了することがわかり，1966年 H. Rapoport らによりその化学構造が明らかにされた．この物質は 10^{-10} mol/L の低濃度で有効であることがわかった．そしてこれは同種の異性の個体に作用する物質なので接合フェロモンと呼ばれるようになった．

また，別種の水カビ *Achlya bisexualis* の場合は，雌性菌糸が出すステロイド antheridiol によって雄性菌糸が別のステロイド oogoniol [主活性成分は dehydrooogoniol] を分泌して雌性菌糸に造卵器が形成される．この両ステロイド化合物が接合フェロモンの役割を果たしていることが明らかにされた．

この他ケカビ *Mucor mucedo* や *Blakeslea trispora* の接合フェロモン trisporic acid 類 (trisporic acid B)，*Saccharomyces* 属子のう菌酵母の接合フェロモン（ペプチド類），異担子菌酵母 *Rhodosporidium toruloides* の接合フェロモン（セスキテルペン結合ウンデカペプチド，たとえば rhodotorucine A)，担子菌の子実体に働く物質として，ヒトヨタケの一種（*Coprinus* sp.) では cyclic AMP が，スエヒロタケ *Schizophyllum commune* の場合は "cerebroside" が有効成分であることが明らかにされている．

真菌類に属するカビは，ほとんどの場合，無性世代を繰り返して生活環を維持している．その無性世代では無性胞子を形成して無性生殖が行われているが，それは光条件で大きく影響される場合がある．ウメやモモの菌核病の病原菌 *Sclerotinia fructicola*（子のう菌の一種）は暗黒下で無性胞子として分節胞子を形成する．丸茂晋吾ら（名古屋大学農学部）はこの分節胞子を誘導する因子として，セスキテルペン sclerosporin を明らかにした．これは 0.001 μg/mL という低濃度で光照射下で，生育した菌糸に分節胞子の形成を誘導することを明らかにしている．

sclerosporin

以上の例からもわかるように，微生物の場合，高等生物のように，ある生理機能の調節に関わる普遍的なホルモンといえるような物質はこれまでのところ明らかにされていないようである．

2) 微生物間の作用物質で最も重要なものは抗生物質（§7.5）である．とりわけ，ヒトに感染症をひきおこす病原微生物に対して闘う微生物代謝産物の中には，さらに広範な薬理活性物質（§9.3）にまで展開されているものがあることは，すでに述べた．

10.2　異なる生物 kingdom 間の情報伝達物質

本節では以下のように植物界を中心にいくつかの天然物質の関わりについて紹介する．

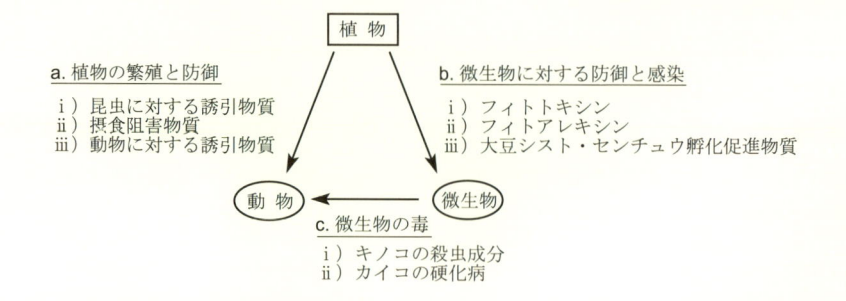

```
                    植 物
                   /     \
a. 植物の繁殖と防御      b. 微生物に対する防御と感染
 i ) 昆虫に対する誘引物質    i ) フィトトキシン
 ii) 摂食阻害物質         ii) フィトアレキシン
 iii) 動物に対する誘引物質   iii) 大豆シスト・センチュウ孵化促進物質

    動 物  ←——  微生物
           c. 微生物の毒
            i ) キノコの殺虫成分
            ii) カイコの硬化病
```

10.2.1　植物の繁殖と防御

植物は，種子，発芽，成長，生殖の生活史を通して繁殖してゆく．その生長の

過程で，特定の植物体や異種植物間で，種々の情報伝達物質が関わって，植物 kingdom の生態系が形成されてゆく．植物が一旦地上に根を下ろすと移動しないので，動物や微生物など他 kingdom からの干渉をさけることができない．植物がどのように自己を守り，繁殖に有利になるように自己を主張しているのか，そしてこの働きに関与していると思われる天然物質がある．

植物と動物（とりわけ昆虫）の生活圏には密接なつながりがあって，植物の成長・繁殖に手助けとなるような誘引・忌避物質が植物成分として知られている．昆虫の種類は100万種以上といわれ，その半数以上が植物を食用としていて，食性の範囲も，単食性，狭食性，広食性といろいろで，これは食物選択性というわけである．さらに，昆虫がどの植物に産卵するのか，産卵選択性がある．これらの寄主選択を植物の側から見れば，昆虫誘引・摂食阻害という概念になる．この分野においても天然化学物質が重要な役割を果たしていることが色々とわかってきていて成書に詳しい[47]．本項では二，三の紹介に止める．忌避・誘引の極限は昆虫に対する殺虫性物質ということになるが，前節（§10.1）でピレスロイドのことを述べている．

a. 昆虫に対する誘引物質

これまでに誘引物質として単離同定されている植物成分には，精油成分，脂肪酸エステル，芥子油などが多く，数種の化合物の混合物が強い誘引性を示しているものが多い．身近な例として，クワの生葉が蚕（*Bombyx mori*）を誘引する物質は，citral, linalool, linalyl acetate, terpinyl acetate, 3-hexen-1-ol, 2-hexen-1-al などの混合成分である[74]．

イネに含まれる oryzanone（=*p*-methoxyacetophenone）がニカメイガ（*Chilo suppressalis*）幼虫の誘引物質である[75]．マタタビがヨツボシクサカゲロウ（*Chrysopa septempunctata*）の雄や，クモンクサカゲロウ（*C. japana*）の雄を誘引する成分はそれぞれに対してマタタビの含有成分である matatabiol と 5-oxymatatabiol や，*allo*-matatabiol と 7-oxydihydromatatabiol であることが

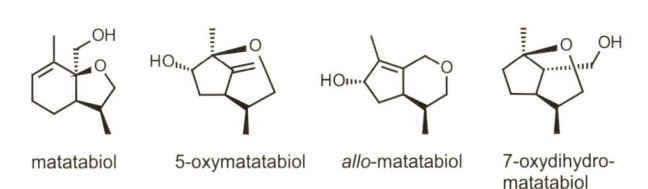

わかっている[76]．
b. 摂食阻害物質[77]

「蓼喰う虫も好きずき」といわれるように，昆虫が限られた種類の植物を食べ，それ以外の大部分の植物を食物としないわけの一つは，味覚によることがあげられている．また，その植物が昆虫にとって栄養条件として不充分なこと，殺虫性毒成分を含んでいること，あるいは物理的に葉が硬すぎることなど，組織と構造が摂食行動を妨げる要因になっているなど色々なわけがある．

初期の研究例の二，三をあげる．

1) カミエビ *Cocculus trilobus*（ツヅラフジ科）は，果実につく蛾アカエグリバ *Oraesia excavata* やヒメエグリバ *O. emarginata* の幼虫が寄生する植物であるが，それ以外の昆虫［たとえば，ハスモンヨトウ *Prodenia litura*[注] やユウマダラエダシャク *Trimeresia miranda*（狭食性）など］には，その葉は食べられない．この摂食阻害物質はアルカロイド isoboldine である[78]．しかし，isoboldine は寄生昆虫アカエグリバには 1000 ppm でも摂食阻害活性を示さなかった．

注 ハスモンヨトウの幼虫は摂食阻害活性物質の探索によく用いられる．[K. Wada, K. Munakata, *Agric. Biol. Chem.*, **35**, 115 (1971)]

(S)-isoboldine（ケシの副aporphineアルカロイドでもある）

2) African army warm（*Spodoptera exempta*）に対する摂食阻害物質 polygodial 類が *Warburgia stuhlmannii*, *W. ugandensis*（カネラ科，東アフリカ樹木）から得られている[79]．

polygodial

R=OAc ugandensidial
R=H warburganal

タデのから味成分は polygodial 類である．

3) サバクイナゴに対する摂食阻害物質の変型トリテルペン azadirachtin がインドセンダン *Melia azadirachta*（= *Azadirachta indica*）の葉，種子から得られ

10.2 異なる生物 kingdom 間の情報伝達物質

ている[80]。

前述（Ⅱ編）のように，ミカン科，センダン科，ニガキ科に多い limonoid（tetranortriterpenoid）群の中でも，azadirachtin は最も複雑な化学構造の物質である．今日，この強力な摂食阻害活性が注目され，neem tree（*A. indica*, センダン科）の種子から得られる azadirachtin が穀類の殺虫剤（農薬）として使われている．これは環境にやさしい比較的低価格の殺虫剤になっている．

azadirachtin

c. 動物に対する誘引物質

「猫にマタタビ」は与えるときわめて効果があることを表す慣用句として使われるほど，マタタビ *Actinidia polygama*（サルナシ科）は猫の好物のつる性の植物で，これを食べると猫はよだれを流して特異な踊り（マタタビ踊り）をすることが知られている．これはトラやライオンなどネコ科の動物に共通していることは，目 武雄ら（大阪市立大学理学部）によって明らかにされている（1966）．その有効成分は iridoid 型モノテルペン iridomyrmecin[注], isoiridomyrmecin およびその異性体混合物（matatabilactone と命名された）でネコ科動物に対して特有の興奮作用を示す[81]．

	X	Y
iridomyrmecin	CH_3	H
isoiridomyrmecin	H	CH_3

注　もともと（1950年代），ルリアリ *Iridomyrmex humilis* の防御物質（毒物質）として見出された．

10.2.2　微生物に対する防御と感染

植物は，気候の変化のほかに，微生物（菌）の侵入や傷害など常にストレスを受けながら生きている．感染源の植物病原菌が有毒成分 phytotoxin（フィトトキシン）を生産して，宿主の植物を発病させると，植物の側は phytoalexin（フィトアレキシン）[注] を生産してこれに対抗している．これは進化の過程で繰り返されてきた．

注　1940年にドイツの病理学者 K. O. Müller と H. Börger が提唱した．

a. 植物病原菌の phytotoxin (フィトトキシン)

　きわめて宿主特異的なものと，多くの植物に対して毒性を示す宿主非特異的なものが知られている．宿主特異的な菌は *Alternaria* 属やサトウキビ眼点病菌 *Helminthosporium* 属などに限られており，通常は病原性はないが，特定の植物に寄生したときに，宿主特異的毒素を生産して病原力を発揮する（毒性は強い）．

　例は少ないが，リンゴ斑点落葉病をおこす *Alternaria mali* の AM-toxin 類[82]，ナシ黒斑病の *A. kikuchiana* が生産する AK-toxin 類[83]，サトウキビ眼点病菌 *Helminthosporium sacchari* が生産する HS-toxin 類[84] などが明らかにされている．しかしこれらの化学構造上の類似性は全くない．

AM-toxin I

AK-toxin I (altenin)

HS-toxin A

　また，日本ではこれまでに宿主非特異的な毒素として，次のような天然物質が発見されている[47]．

ophiobolin A
（イネのごま葉枯病菌）

epoxydon
（アカクロバー
黒葉枯病菌）

ascochitine
（ソラマメ褐変病菌）

coronatine
（イタリアンライグラス
かさ枯病菌）

phleichrome （チモシ斑点病菌）

b. phytoalexin（フィトアレキシン）

植物が病原菌やその他の雑菌の攻撃を受けると，その組織は防御物質を産生して対抗する．この防御物質 phytoalexin（フィトアレキシン）は健全な植物には検出されず，菌の感染によって初めて産生される物質で，この点，抗生物質とは本質的に異なっている（I編，文献 1c），p.72）．

phytoalexin の初めての例は，サツマイモが黒斑病菌に侵されたときに生産する ipomeamarone である．これは久保田尚志・松浦輝男ら（大阪市立大学理学部）によって明らかにされた（1951～1956）．その後，瓜谷郁三（名古屋大学農学部）らによって，この phytoalexin は黒斑病菌だけではなく，傷害によっても生じることが示された．phytoalexin として，エンドウから pisatin，罹病ジャガイモから rishitin，冠さび病エンバクから avenalumin I が得られるなど，マメ科，ヒルガオ科，ナス科，クワ科など多数の植物から得られている．

最近，傷をつけて Colletotrichum musae に感染させたツバイモモ（nectarine）Prunus persica cv Fantasia の未熟果皮からトリテルペノイド系 phytoalexin 7種（例：i，ii）が得られた．この7種のトリテルペノイドは C. musae に対して抗かび活性を示した[85]．また，植物病原菌 Verticillium dahliae に感染したケナフ Hibiscus cannabinus（アサ科）から phytoalexin の hibiscanal と o-hibiscanone（と

もに trinorcadalene 化合物）が得られた．そして，これらの化合物は V. dahliae に対して抗菌活性を示した[86]．

c. 大豆シスト・センチュウ孵化促進物質

最初の単離まで9年，それが活性物質本体であることが判明するまでさらに5年，計14年かかった線虫孵化促進物質 glycinoeclepin A の発見は，その構造決定まで入れると17年の歳月をかけた凄いという他はない研究者の意志と時間と労力の結晶である．そのねばり強い苦心の歩みをここで適切に叙述することは，とても筆者の手に負えるものではない．正宗 直ら（北海道大学理学部）研究者自身による総説の必読を奨めたい[87]．

研究の端緒となったシスト・センチュウ（線虫）は土壌中に多種多様（Heterodera 属および Globodera 属の約40種）生息している．ダイズ，ジャガイモ，ビートなど重要な農作物に寄生するダイズ・シストセンチュウは大豆萎黄病をひきおこす害虫で，ダイズ，アズキ，インゲンなどに，ジャガイモ・シストセンチュウは，ジャガイモ，トマト，ナスなどにしか寄生しないという．寄生者としての各シストセンチュウと，寄主植物の間の関係はきわめて特異的である．

一般に，シストセンチュウの雄成虫は交尾後土中へ移動し死滅するが，雌成虫（体長約0.5 mm）はレモン形となり，やがて表皮はクチクラ様の直径0.4 mm 程の殻（茶色または黄色）となる．これはシスト（包囊）と呼ばれ，通常200～300個の卵を有している．寄主植物の存在しない場合は，そのまま数年から十数年間土壌中に存在する．春になって温度，湿度など外的条件が整い，近くに寄主植物が植えられると，卵内ですでに脱皮し休眠状態にあった第2齢幼虫は卵殻を破って孵化してシスト外に遊出する．遊出した幼虫は寄主植物の根に付着し，やがて形成される巨大細胞を通して栄養をとり，第3，第4齢虫を経て成虫へと成長する．この生活環は年に数回のサイクルでくりかえされる．

シストセンチュウが限られた植物にしか寄生せず寄主植物が存在しないときは孵化しないことから，ダイズ・シストセンチュウ Heterodera glycines の孵化促進物質の解明が正宗らによって始められたのは1967年秋のことであった．農業上甚大な被害を与え防除が困難なシストセンチュウの"生態的防除"が可能になるであろうと考えられた．すなわち，寄主植物の存在しないときに，人工的に合成された孵化促進物質を土壌中のシストに与え，孵化遊出した幼虫の餓死をねらうというわけである．

10.2 異なる生物 kingdom 間の情報伝達物質

孵化促進物質の分離は，生物検定法を改良しながら進められた．はじめシスト自身を用いて，約1カ月の日時を要していた生物検定も，後にはシストを破って中の卵を取り出して直接被試験液を作用させる方法に改め，検定の期間を10日間に短縮することが可能になった[87b]．

インゲン *Phaseolus vulgaris* 乾燥粉末根 135 kg（1ヘクタール圃場から）から活性物質 glycinoeclepin A の *p*-bromophenacyl ester（p. BPE）5 μg（けん化後の活性：$10^{-10} \sim 10^{-12}$ g/mL）が得られたのは 1976 年 5 月のこと，研究開始から 9 年後のことである（これが孵化促進物質の純品であることが確認されたのはそれから 5 年後のこと）[88]．

協同研究者のたゆまぬ精進の賜物で，最終的にはインゲン乾燥粉末根 1058 kg（10 ヘクタール分）から glycinoeclepin A の p. BPE 体 1.25 mg（活性は同等）が得られ[87a]，X 線結晶解析で全構造が決定され（1987）[89]，村井章夫，谷本憲彦らによる全合成（1988）で化学構造と活性が確認された[90]．

glycinoeclepin A はトリテルペノイド系 cycloartane（II 編参照）骨格（i）から生合成されると推定されているペンタノルトリテペンである．以下に，glycinoeclepin A の合成経路の概略を示す．

10.2.3 微生物の毒

微生物と動物（ヒト）の間には，毒作用，感染，それに対する闘いなどさまざまな問題があって，例えば，かび毒や感染症に対する防御や抗病原微生物など，それらの，いわば負の情報伝達に関わりのある天然物質の数は多い．本項ではキノコ毒やかび毒と昆虫の関わりの二，三を紹介するに止める．

a. キノコと殺虫成分

1964年，竹本常松ら（当時，東北大学薬学部）はイボテングダケ Amanita

strobiliformis からイボテン酸 ibotenic acid[注] を分離した．このキノコは別名ハエトリタケと呼ばれるように，これを嘗めたハエ（蝿）を殺すといわれ，ibotenic acid はその殺ハエ成分であることを明らかにした[91]．

 注 ibotenic acid は，他にベニテングダケ *A. muscaria* やテングダケ *A. pantheria* からも単離されている[91]．

 さらに，ハエトリシメジ *Tricholoma muscarium* から同様に，殺ハエ成分トリコロミン酸 tricholomic acid を明らかにした[92]．それらはいずれもイソキサゾール環をもつアミノ酸であるが，その基本構造は呈味アミノ酸 glutamic acid（Glu）と関連があり，glutamic acid から生合成される化合物であることが示されている．非常に興味深いことに，それらのアミノ酸は sodium glutamate の 10〜20 倍の強さの旨味を示すといわれている．

   glutamic acid   ibotenic acid   tricholomic acid

b. 糸状菌とカイコの硬化病

 カイコの硬化病をおこす糸状菌の一つである黒きょう病菌 *Metarrhizium anisopliae* は病原毒素として destruxin 類（例：B）を産生する[93]．このほか，カイコのコウジカビ病菌 *Aspergillus ochraceus* や白きょう病菌から得られた毒素もいずれも環状ペプチドであった．

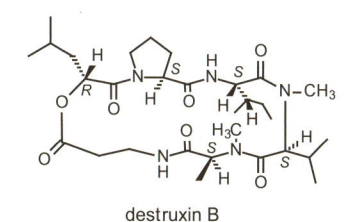

    destruxin B

10.2.4 野生霊長類の自己治療行動

 熱帯地域の植物は生物多様性（biodiversity，§7.1）のゆえに，天然物化学研究の対象として魅力に富んでいる．森林内では，本項の主題とした植物を中心と

して，植物-動物，植物-昆虫，植物-微生物など生物間の相互作用に関わっている天然物質がしだいに明らかにされてきている．ここでは近年，アフリカ野生霊長類の自己治療行動について研究分野が開拓され，行動生態学，天然物化学，寄生虫学などの研究者の協力によって，動物，植物，寄生虫の三者の複雑な関係が解明されつつある例を示す[94]．

1) 研究の端緒： アフリカの森に住むゴリラやチンパンジーなどは，日常（主食に），栄養価に富んだ果実や葉，若い芽などを食べ，時折（副食的に？），特殊な2次代謝成分を含むと思われる種類の葉や樹皮，さらには根などの部位を食べることがある．非栄養的と思われるこれらを採食する意義の一つに，何らかの薬理的効果が指摘されている．そしてこれを，ヒトが天然薬物（生薬）を開拓した初期と重ね合わせて考えると，興味深い．

2) 行動生態学から： アフリカ・タンザニアのマハレ山塊国立公園で，チンパンジー成熟雌個体の採食行動が詳しく観察された．そして，日中の活動時間の殆どを横になって過ごすような病気を思わせるおりに，アフリカで広く自生している灌木 *Vernonia amygdalina*（キク科）[注] の若い茎を折り，外皮を剥ぎ，髄部をしがみ，強い苦味の髄液を飲む，という行動に遭遇している．そしてそのような行動が観察日の数回にわたって繰り返され，翌日の午後には，チンパンジーは平常の行動をとり戻したというのである．これは明らかに病気であったチンパンジーが体調を回復したと思われることから，治療効果をねらった採食と考えられた．

注 苦味野菜として植栽されている．寄生虫駆除,解熱,整腸などの目的で伝承利用されたが,通常，チンパンジーは平素はこれを口にしない．

3) *Vernonia amygdalina* の成分： 小清水 弘，大東 肇ら（京都大学農学部）は乾燥葉抽出物について，種々の活性予試験で確認したのち，活性成分は苦味を随伴しているところから，苦味を指標に分画を進めた．その結果，酢酸エチル可

vernodalin   vernolide   hydroxyvernolide

10.2 異なる生物 kingdom 間の情報伝達物質　　　　　　　　　　　　　　　　215

溶分画から，新規セスキテルペン類 vernodalin, vernolide, hydroxyvernolide を単離し，化学構造を明らかにした．これらのセスキテルペン類は，細胞毒性（KB 細胞に対して），摂食阻害活性（アワヨトウ幼虫），駆虫活性，抗腫瘍活性（P388, L1210），抗菌活性（*Bacillus subtilis, Micrococcus lutea*）を示した．さらに，ブタノール可溶性画分から，苦味性新規ステロイド配糖体 vernonioside A_1～A_4 および非苦味性新規関連ステロイド配糖体 B_1～B_3 が単離され，それらの化学構造が明らかにされた．

vernonioside	R^1	R^2	R^3
A_1	Glc	β-OH, H	H
A_2	Glc	α-OH, H	H
A_3	Glc	O	H
B_1	Glc	H	OH
B_3	Glc	α-OAc, H	H

Vernonia をのんで病状を回復したチンパンジーは何らかの寄生虫症であり，その特定はできなかったが，熱帯性を含む重篤な寄生虫感染症を想定し，抗寄生虫活性が検討された．その結果，*in vitro* 試験では，①セスキテルペンラクトン類には，住血吸虫に対する活性，殺マラリア，殺リーシュマニア活性が認められた（主要成分 vernodalin の活性が最も顕著），②ステロイド配糖体では，主要成分 B_1 や A_4 で抗住血吸虫活性が認められ，それらのアグリコンでは活性が高まることがわかった．住血吸虫感染マウスを用いた *in vitro* 試験では，③葉に多量に含有される vernodalin（2.18 mg/g 生葉）は毒性が強く，毒性のない容量では無効で，④すべての部位に含有されている vernonioside B_1（髄部では 0.03 mg/g 生髄質含有されている）が活性を示した．

これらの結果から，マハレのチンパンジーは，毒性の強いセスキテルペンラク

トン類を多量に含む葉の摂取はさけ,茎部髄を選択的に利用して,寄生虫症をコントロールしている可能性が示されたと考えられる.

　アフリカ大型類人猿の間では,自己治療行動に使うと思われる植物の選択基準は酷似しているが,今後さらなる検討が待たれている.

11
海洋天然物質の化学

　新しい天然化学物質を探索する場合，海洋生物成分の研究を欠かすことはできない（§7.3）．30門（phylum）50万種以上といわれる豊富な種類の海洋生物が，海水中という特異な環境で代謝・生産する物質には，新奇で多彩な化学構造を有するものが多く，かつきわめて多様な生物活性や顕著な毒性を示すものが多く，現在もなお続いて新しい海洋天然物質が明らかにされつつある[95]．

　生命の誕生は海からといわれるが，海洋に止まった生物は，海水中という閉鎖系で自身を海水に曝して生きている．中でも何ら物理的防御手段をもたない海洋無脊椎動物は，外因性化学物質の影響を受けやすいし，もちろん，自身における生理機能の発現において，内因性化学物質の支配を受けていると考えられる．その永い進化の過程を考えると，陸上生物とは異なった代謝系あるいは生体防御系を発展させてきているに違いない．そして，生態系に関わりのある物質は生態化学物質（echo-chemical）ということができる．

　前節（§7.3）で略述した海洋天然物質を，ここで再び一覧すると以下のようになって，本章では，この中のいくつかを述べることになる[注]．とりわけ，海洋生物成分の特徴といってもいい内因性や外因性の生理機能物質や生態化学物質，それに加えて薬理活性物質探索のターゲットとしても興味深い海綿動物成分の研究の例について述べる．

> I　有用生化学資源（useful biochemical resource）
> 　　　（→Ⅳ編　化学変換）
> Ⅱ　生物活性物質（bioactive substance）
> 　1）抗病原微生物活性物質（anti-pathogeno-microbial substance）
> 　　　（→§9.3.4　海洋生物由来の antibiotic）
> 　2）生理活性物質（physiologically active substance）－海洋成分のケミカル・シグナル（chemical signal）－：

ⅰ) フェロモン (pheromone)
     (→§11.1　海藻の性フェロモンと磯の香り)
  ⅱ) アレロケミック (allelochemic)
     (→§11.2　アレロケミック－アロモンとカイロモン－)
  ⅲ) シノモン (synomone)
     (→§11.3　シノモン－共生をとりもつフェロモン－)
  ⅳ) 着生制御物質 (biofouling controlling substance)
     (→§11.4　着生制御行動と変態誘起)
 3) 薬理活性物質 (pharmacologically active substance)
     (→§11.5　海洋から医薬を)
 4) 細胞毒性・抗腫瘍活性物質 (cytotoxic and antitumor substance)
     (→§12　発がんと抗腫瘍に関わる天然物質)
Ⅲ　海洋生物毒 (marine toxin)
     (→§13　自然毒, とりわけ海洋生物の毒)

注　これまでに明らかにされている海洋天然物質の数と種類はあまりにも膨大である. それらを各論することは内容的にも本書がカバーできるものではない.
　続く抗腫瘍活性物質, 海洋生物毒については別章 (§12, 13) とする.
　生物が産生して, 体内に蓄えて (あるいは直ちに) 生体の機能発現に働いている活性物質 (内因性, 内在性, 生理活性物質) と, 体外に放出して同じ生態系の他生物 (同種, 異種) に対して種々の影響を与える (干渉する) 物質 (外因性, 生態化学物質) があって, これらを情報伝達物質としてまとめた (§10). このように考えると, 海水という媒体では, たとえば昆虫フェロモンのように空気中を伝達される必要がないので, かりに極性の高い物質や高分子量のものであっても, 海水中では外因性の活性物質でありうるので興味深い[注].
　注　以前, 平田義正教授 (当時, 名古屋大学理学部) が, これをガスクロマトグラフィーと液体クロマトグラフィーの相違にたとえられたのを想い起こす.

11.1　海藻の性フェロモンと磯の香り

　さまざまな揮発性の「におい物質」が海洋生態系のケミカル・シグナル (chemical signal) として巧みに利用されている. とりわけ, 運動能力の低い, あるいは視

聴覚による伝達方式が発達していない生物にとって，その種族の維持・拡大に，「におい物質」はなくてはならない．「におい物質」のあるものは，褐藻の性フェロモン（pheromone）として，あるいは緑藻のアレロケミック（allelochemic，他の種族の生長・増殖を抑制するものもある）などとして働いていることが明らかになり，これらの「におい物質」はヒトにとっては「磯の香り」や海藻を想起させるものでもある．そして，物質レベルでわかってみると，褐藻の性pheromoneは，いずれも非水溶性である．このことは，性pheromoneが海水に溶けて広範囲に希釈されることをさけ，近傍の雄性配偶子に感知されれば，充分量の雄性配偶子を特異的に集められるという仕組みのようで，海水の閉鎖系でpheromoneを働きやすくする「自然の知恵」とも考えられる．

11.1.1 褐藻の雄性配偶子誘引活性物質[96]

　陸上植物の有性生殖で精子の存在が明らかにされたのは，動物の精子が発見されてからおおよそ150年後の1822年頃といわれている．1896年，裸子植物イチョウも精子を作ることを日本の平瀬が発見したのと比べれば，褐藻ヒバマタ *Fucus* sp. の精子が卵に誘引されていることがフランスの Thuret によって最初に観察された（1854年）のは，それよりも40年以上も前のことになる．そして，1948年になって，Cook がヒバマタの精子を引き寄せる物質はきわめて揮発性の高い化合物であることをつき止めたが，超微量であったため化学構造の解明には至らなかった．その後，別の褐藻シオミドロ *Ectocarpus siliculosus* の雄性配偶子誘引物質 ectocarpene（**7**）が一足先に明らかにされたのである．ヒバマタについては，ようやく1970年頃になって，Müller らによってその雄性配偶子誘引物質の本体 fucoserratene（**1**）が明らかにされた[97]．褐藻の雄性配偶子誘引物質はこれまで10種類ほど（**1～10**）明らかにされているが，含量は極微量（～4×10^{-5}％）で，いずれも C_{11} 化合物であり，fucoserratene のみが C_8 化合物である．

　ヒバマタの培養が難しかったゆえもあって，誘引物質の化学構造の解明はまずシオミドロ（潮干帯の岩や海藻上に生育する2～10 cm長）についてであった．

　シオミドロの走化性（配偶子の）は1881年頃から観察されていたが，1967年頃，Müller らがその雌雄配偶体を分離培養していて，雌性配偶体が成熟すると快い香気を放散することに気付いた．これは重要な発見で，その香気物質が雄性配偶子を誘引する本体であった．おびただしい数の培養皿を用いてシオミドロの雌性

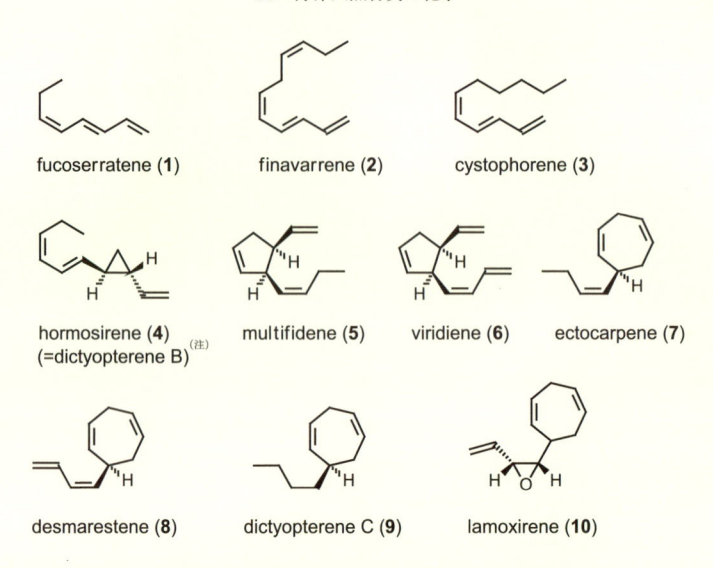

fucoserratene (**1**)　　finavarrene (**2**)　　cystophorene (**3**)

hormosirene (**4**)
(=dictyopterene B)^(注)　　multifidene (**5**)　　viridiene (**6**)　　ectocarpene (**7**)

desmarestene (**8**)　　dictyopterene C (**9**)　　lamoxirene (**10**)

注 磯の香り (ocean smell) の本体といわれている.

配偶体を培養し，その約 1 kg から 92 mg の誘引物質 ectocarpene が得られ，その化学構造 **7** が明らかにされた．

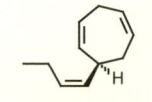

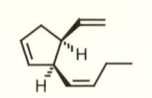

　これは藻類で初めて構造が解明された性誘引物質 (sex pheromone) である[98]．その後，ムチモ類 *Cutleria* sp. の場合は，ヒラムチモ *C. multifida* の雌性配偶体の大量培養で，雄性配偶体誘引物質 multifidene (**5**) が明らかにされた[99]．日本では梶原忠彦ら (山口大学農学部) が，日本産コンブ目植物のうち，マコンブ *Laminaria japonica*，ミツイシコンブ *L. angustata*，ナガコンブ *L. angustata* f. *longissima*，ガッガラコンブ *L. coriacea*，オニコンブ *L. diabolica*，アッバスジコンブ *Cymathaere japonica*，カゴメ *Kjellmaniella crassifolia*，ワカメ *Undaria pinnatifida* などのそれぞれについて，雄性配偶体は生物試験で，雌性配偶体は精子放出・誘引活性試験で活性物質の検索を行っている．その結果，コンブ科マコンブ，ミツイシコンブ，ナガコンブ，ガッガラコンブ，アッバスジコンブ，およびチガイソウ科ワカメの雌性配偶体の成熟培養液は，おのおの8種の雄性配偶体に活性を示し，64組いずれの組合せにおいても精子放出活性の差異がないことが明らかになった[100]．

ectocarpene (**7**)

multifidene (**5**)

11.1.2 褐藻の性誘引物質の生合成

褐藻の性 pheromone の作用は，植物の中では最も迅速である（数秒以内）. Boland らは[101] 南アフリカ産の植物 *Senecio isatideus*（キク科）を性 pheromone の生合成モデル系に用いて，^{3}H-dodeca-3,6,9-trienoic acid を前駆体として取り込み実験を行ったところ，ectocarpene (**7**) が T 標識されることを見出した. さらに D 化 nona-3,6-dienoic acid をインキュベートすると，D 標識された fucoserratene (**1**) が生成することがわかった. これらをもとに図に示すような褐藻の性 pheromone の生合成経路の仮説が提唱されるに至った.

褐藻の卵が放出されると，1卵あたり 10^{-12}〜10^{-14} モルの pheromone が分泌されることがわかっているが，pheromone がどの部位で生合成され，どのように分泌されるのかは，まだ明らかではない.

褐藻の性誘引物質の生合成経路（仮説）[101]

11.1.3 雄性配偶子における受容体

誘引 pheromone および関連化合物が種々化学合成され，リガンド−受容体相互作用の特異性が検討されている.

カヤモノリ *Scytosiphon lomentaria* の性 pheromone には 95 % の hormosirene (**4**)（光学純度 94 %）と 5 % の ectocarpene (**7**) が含まれているが，マツモ *Analipus japonicus* の場合では，88 % が ectocarpene (**7**) で 12 % は hormosirene（ここでの光学純度は 70 %）である.

(-)-(1R, 2R)-hormosirene　　(+)-(1S, 2S)-hormosirene
（ワタモ，カヤモノリ）　　　　（マツモ）

これらの事実は，前述（§10.1.8）のかびの性 pheromone（sirenin, antheridiol, trisporic acid など）において，光学純度が 100 % であることを考え合わせると興味深いことである．

また，fucoserratene（**1**）の合成研究で，色々な合成化合物と天然物の活性を比較した結果にも興味がもたれる[102]．

由来	構造	誘引活性
合成，天然物		+++
合成		++
合成		±

その上，天然物には all-*trans* 体が 5 % 混じっている．

さらに，multifidene（**5**）では，(+)-(3S, 4S)-*cis*-3[(1Z)-butenyl]-4-vinyl-cyclo-pentene が活性の本体で，その(-)-enantiomer は 1/100 の誘引活性しか示さない．**5** の dehydro 体に相当する viridiene（**6**）は，また別の褐藻 *Syringoderma phinneyi* の雄性配偶子誘引活性物質である．など，比較的小さな分子で，構造と活性の相関に絶対配置も関わりがあって興味がつきない．

11.2　アレロケミック―アロモンとカイロモン―

生物が産生し放散する化学物質は，生物間のケミカル・コミュニケーション chemical communication を司るケミカル・シグナル chemical signal になっている．同種生物の間で作用する物質はフェロモン pheromone（§10.1），異種生物の間で作用する物質はアレロケミック allelochemic と分類されている．このうち，allelochemic はさらに，①その chemical signal を発信する生物の側に利益をもたらす物質はアロモン allomone と呼ばれ，② chemical signal を受信する生

物の側に利益をもたらす（あるいは signal を発信する生物の側に不利益をもたらす）物質はカイロモン kairomone と呼ばれる[103]．

海洋生物が発信する chemical signal と，それが関わっている生物の生態（生きざま）を列挙する．

①摂食行動：これは生命維持の根本で，これに化学物質が関与していることは驚くべきことである．

②防御行動：産生する化学物質によって，食餌（prey）とされる側が捕食者（predator）から自身を守っている．

③種族維持：雌雄の誘引，捕食から免れたり，着生（他生物の侵害）を制御する工夫がなされている．

④共生と回帰：宿主と寄宿者の関係を化学物質がとりもつ（シノモン），異種生物が関わる外部共生という行動パターンや，サケが母川に回帰することなど．

防御行動の例としてよく知られているのは，イソギンチャクの一種 *Anthopleura elegantissima* の警報フェロモンによる事象である．このイソギンチャクのある個体が傷つくと，警報フェロモン anthopleurine を放出して仲間に危険を知らせる

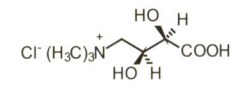

anthopleurine
=4-amino-4-deoxy-L-threonic acid
betaine hydrochloride

（$EC_{50}=7.4\times10^{-2}\,\mu g/L$，0.3〜1.5 秒で触手を閉じて全体を収縮する）[104]．この物質のレセプターは，イソギンチャクの触手に存在するという．

以下に，allomone と kairomone の数例をあげる．また，捕食者（predator）と餌（prey）の間には化学物質が介在していることはよく知られている．

11.2.1 アロモン（allomone）

食餌を捕食するのに役立つ有毒物質（攻撃物質）や，身を守るための防御物質，あるいは抗菌性や藻類に対する生長抑制効果によって微生物感染や藻類の付着を免れるなどの作用物質が知られている．

a. 有毒物質

1) ヒョウモンダコ *Hapalochlaena maculosa* は後部唾液腺から allomone として tetrodotoxin（はじめ maculotoxin と命名された）を出して餌のカニを捕食する．

2) ジャコウダコ *Eledone moschata* は麻痺性物質ペプチド eledoisin を分泌する．

Pyroglu－Pro－Ser－Lys－Asp－Ala－Phe－Ile－Gly－Leu－MetNH$_2$
eledoisin

b. 防御物質

1) ハコフグの一種 *Ostracion lentiginosus* はサンゴ礁域をゆったりと泳いでいる．その皮膚粘液には pahutoxin［魚毒性（0.176 μg/mL，1 時間以内で殺魚），溶血性あり］を含有しており，これは防御 allomone と考えられる．

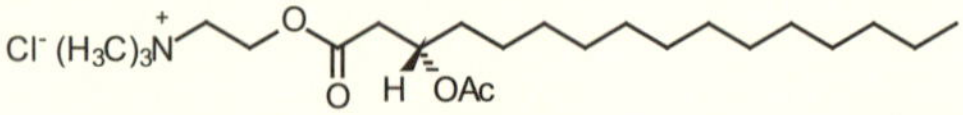

pahutoxin

2) 軟サンゴ（soft coral）の一種 *Sinularia flexibilis* は，魚毒作用，海藻の生長抑制作用などの防御作用を示す cembrane 型ジテルペン sinulariolide を産生する．

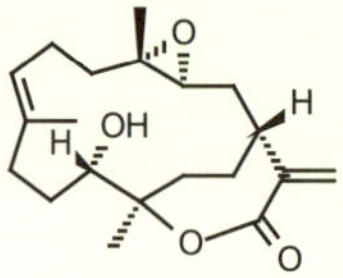

sinulariolide
（これは軟サンゴの共生藻（褐色鞭毛藻）によって生合成・供給されている可能性がある）

3) アメフラシ（sea hare）の一種 *Aplysia brasiliana* が産生する含ハロゲン化合物 panacene は防御物質である．8 匹のアメフラシ（fresh 45.2 g）から，98 mg(0.2 %)得られる．この物質は魚にとってまずいものらしく，サメは嫌う（fish antifeedant）[105]．

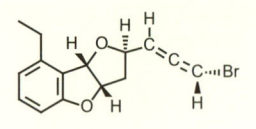

panacene（相対配置）

4) 軟体動物で物理的防御手段を具えていないウミウシ（nudibranch）は海綿動物を食餌にしている．ウミウシの一種 *Phyllidia varicosa* を刺激すると有毒粘液を出し，これは魚や甲殻類に対して有毒で，その本体は 9-isocyanopupukeanane である．その後，*P. varicosa* が食餌としている海綿 *Hymeniacidon* sp. に高含量（乾燥重量で 0.8 %）で含有されていることがわかった[106]（注）．9-isocyanopu-pukeanane は，ウミウシ *P. varicosa* の allomone であると同時に，餌とされる海

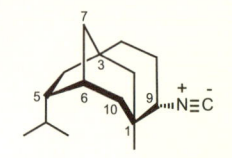

9-isocyanopupukeanane

綿 *Hymeniacidon* sp. にとっては kairomone でもある.
　注　イソニトリル基 ⫶—N≡C は天然物質にはめずらしい官能基で，海洋生物成分に見られる（§11.4）.

11.2.2　カイロモン（kairomone）

　この情報物質を発信する生物にとっては不利益になる．何ゆえにこのような物質が残っているのだろうか．

　1）　紅藻類が含有している含ハロゲン化合物は，よく知られた kairomone である．すなわち，アメフラシの一種 *Aplysia californica* は紅藻 *Laurencia pacifica* を好んで餌にする．この場合，紅藻中の含ハロゲン化合物（kairomone）が，そのままアメフラシの体全体に分布して，防御物質（allomone）として役立っている．

　2）　軟体動物がその捕食者（predator）であるヒトデから逃避する事象においては，ヒトデが産生するサポニンを軟体動物たちは低濃度で感知している．たとえば，英国産ヒトデ *Marthasterias glacialis* が産生するサポニンは，イソギンチャクや二枚貝に逃避行動をおこさせる．この場合，サポニンはヒトデにとっては餌（prey）を失うので kairomone になっている．

　3）　貝類の *Arca zebra* が放出する arcamine や *Strombus gigas*（スイショウガイの一種）が産生する strombine などのアミノ酸は，いずれも魚類に対して誘引作用を示すので，貝類にとっては kairomone ということになる．

arcamine　　　strombine

　以上の allomone や kairomone は，いずれも海水中という閉鎖系におけるさまざまな生態に関わっている化学情報物質である．

11.3　シノモン―共生をとりもつフェロモン―

　生物の本能的な行動（学習によるものではない）の中には，情報伝達物質（§10）が媒体となって制御されている場合が多い．シノモン（synomone）は共生（symbiosis）関係をもたらす情報伝達フェロモン（symbiosis-inducing pheromone）を意味している．この共生にはその様相によって，片利共生（寄生

parasitism との区別はむずかしい？）と相利共生，あるいは，外部共生と内部共生（器官内や細胞内）などがある．ここでは，外部共生の例としてよく知られている海洋生物イソギンチャク（宿主）とクマノミ（寄宿者）の関係を支配している化学情報による応答について，納谷洋子ら（サントリー生物有機科学研究所）による以下のような解析研究を紹介する[107]．

11.3.1 共生のはじまり

共生を維持する必要条件は，①相手（ホスト/ゲスト）を識別する，②ホストに害を与えない，③増殖の調和が保たれている，④相互利用に必然性がある，などが考えられる．

宿主となるイソギンチャクは，海のアネモネ（sea anemone）といわれ，腔腸動物門（*Coelenterata*），花虫綱（*Anthozoa*）に属する底生生物で約10種が知られているが，そのポリプ内にすむ褐虫藻類の光合成によって栄養補給がされている．さらに，その有毒触手に対して防御機構を備えているクマノミが外敵から身を守るために触手の群林に入り込む際に誘い込んだ餌を得ている．さらに，クマノミに隠れ場所を提供しているイソギンチャクは，その捕食者（predator）のチョウチョウウオから身を守ってもらっている．つまり，縄張り意識の強いクマノミがチョウチョウウオを寄せ付けないのである．その上，クマノミは宿舎（イソギンチャク）を清掃して，宿主の健康維持にも貢献している．

一方，寄宿者のクマノミ（スズメダイ科）は，インド洋，西部太平洋の熱帯・亜熱帯に分布している体長15 cm以下の小型の魚で約26種が知られている．イソギンチャクの基部に産まれた卵を守るクマノミの親魚はイソギンチャクによく触れて，触手を伸ばさせ，天蓋として利用している．卵が孵化後，浮遊生活10日間で体長約1 cm位になった稚魚は，海底に移動してイソギンチャクと共生を始める．この時期になると稚魚の体表粘液膜は厚くなって（他のサンゴ礁魚の3〜4倍），ムコ多糖で構成され[注]，すでにイソギンチャクの有毒触手の刺胞から保護されていて，共生が始まる．

注　体表粘液膜ができていない頃のクマノミの稚魚（体紋ができていない）は，イソギンチャクが発射する刺胞によってただちに死に至る．

11.3.2 シノモンの化学

1980年頃,クマノミの稚魚(体長1cmくらい)は宿主イソギンチャクが分泌する化学物質を指標にして宿主のイソギンチャクを識別していることが,宮川らによって報告された[108].そこで,以下の組み合わせで,共生を媒介する化学物質が検索された.

① { カクレクマノミ　*Amphiprion ocellaris*　と
　　 ハタゴイソギンチャク　*Stoichactis kenti*

② { ハナビラクマノミ　*Amphiprion perideraion*　と
　　 シライトイソギンチャク　*Radianthus kuekenthali*

その結果,①の場合,ハタゴイソギンチャクの海水中粘液(250 kg)の酢酸エチル抽出で活性が集まる有機層が精査され,含有活性成分として tyramine (**1**) および tryptamine (**2**) が明らかにされ,それぞれ~10^{-6} M でカクレクマノミに対して誘引遊泳行動および尾部をくねらせる (tail wagging) 行動を誘発する弱い活性のあることが判明した.しかし,含量(~10^{-9} M)と活性強度(~10^{-6} M)から考えて,実際問題として海水中で魚を誘引するのに十分な量とはいえないこともわかった.

一方,②の場合では,シライトイソギンチャクの破砕組織(15 kg)を20%メタノール水溶液中に1%酢酸を加えた溶液で抽出,抽出液を pH 10.5 に調整して酢酸エチルで分画し,ここで水層に活性が集まることがわかり,これをさらに分析して活性物質 amphikuemin (**3**) が 48 μg 得られた.この誘引活性は,~10^{-10} M でハナビラクマノミに対して,活発な遊泳行動を誘発させるものであり,合成品も同様の活性を示し,ここにハナビラクマノミとシライトイソギンチャクの共生を媒介する synomone の本体 amphikuemin (**3**) が明らかにされた.

tyramine (**1**)　　　tryptamine (**2**)　　　amphikuemin (**3**)

なお,**3** の命名は,*Amphiprion perideraion* と寄宿者 *Radianthus kuekenthali* の共生をとりもつ synomone ということで amphikuemin とされた.

特定の共生関係が成立するための必要条件は,魚の受容体にあるが,受容体側

にも多様性があって，宿主と頼む相手によっても，誘引物質の使い分けをしているらしいことは興味ある事象である．また，②の場合ではじめの酢酸エチル分画の有機層から得られた aplysinopsin（**4, 5**）（しばしば海綿類から単離されている）には，魚が頭を上下に振るいわゆるシーソー行動（探索遊泳行動，sea-sawing）をさせる弱い活性（〜10^{-6} M）のあることもわかった．

X=H または Br (**4, 5**)
aplysinopsin類

11.4　着生制御行動と変態誘起

海洋生物の多くは**付着の**（sessile）あるいは**底生の**（benthic）生活を営んでいる．フジツボ，イガイ，コケムシ，ヒドロ虫，ホヤなど海洋付着生物の中には，船底，発電所冷却管，漁網など海中構築物に大量に付着するなど，私たちに多大の被害を与えている場合がある．これらの汚損生物の防除には，従来，tributyltin oxide（TBTO）などの有機スズ化合物が使われていたが，これも環境汚染の観点から使用が規制され，毒性の低い付着阻害物質が求められているのが現状である．

海洋付着生物はその幼生時には浮遊生活（プランクトン様）を送り，成体への変態の時期に，適切な付着場所を選択して付着してから一生を固着生活で過ごす．この幼生の付着・選択の一連のプロセスは着生（settlement, fouling）と呼ばれる．そして付着場所の選択がその生物自体の生存，ひいては，その生物種の存続にきわめて重要な問題になるわけである．

1991 年から 5 年間，新技術事業団（現，科学技術振興事業団）の伏谷着生機構プロジェクト（Fusetani Biofouling Project）において，着生現象について，生物学，分子生物学，天然物化学研究者の共同チームによって着生の仕組みの探究がなされた．その背景には着生促進・誘起や着生阻害にも化学物質が関与しているという考えがあった．

ここでは，フジツボの幼生に対する着生阻害物質と，ホヤ幼生に対する変態誘起物質について研究成果を紹介する．

11.4.1　フジツボ幼生に対する**着生阻害物質**[109]

フジツボ（barnacle）は代表的な汚損生物の一つである．着生阻害を指標とし

11.4 着生制御行動と変態誘起

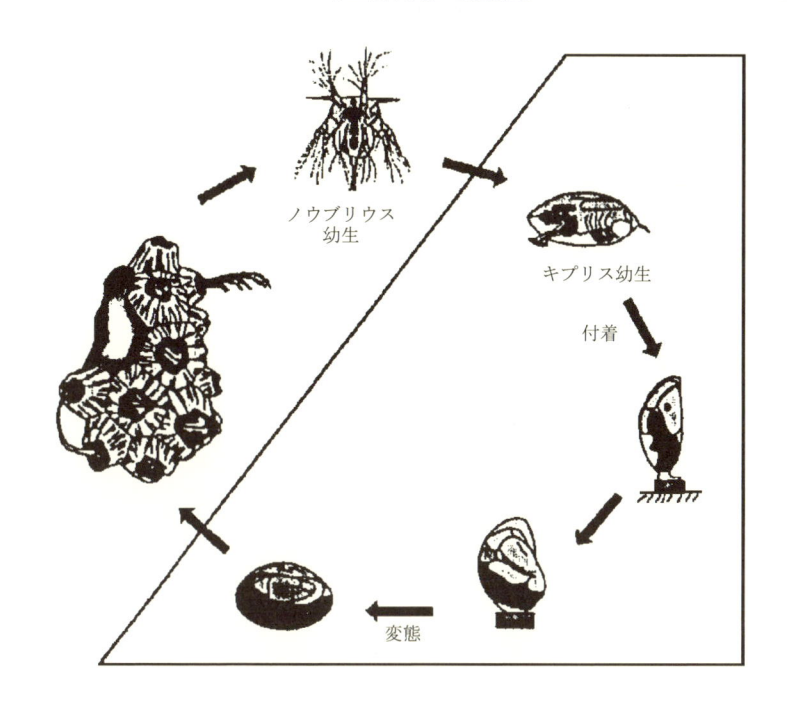

タテジマフジツボ *Balanus amphitrite* のライフサイクル [109]

た海洋生物の成分検索は，タテジマフジツボ *Balanus amphitrite* のキプリス幼生の着生を阻害する物質を探索する方法で行われた．海綿（marine sponge），ウミウシ（nudibranch），八放サンゴ（octocoral）など 300 種以上の生物試料について検討され，60 種以上の活性化合物が見出された．以下にその数例を紹介する．

a. ウミウシの一種

コイボウミウシ *Phyllidia pustulosa* から 10 種類の活性セスキテルペノイドが得られた．そのうち，3-isocyanotheonellin（**1**），10-isocyano-4-cadinene（**2**），10-isocyano-4-amorphene（**3**），および 2-isocyano-trachyopsane（**4**）の着生阻害活性［antifouling activity（カッコ内 EC_{50} μg/mL）］は硫酸銅（EC_{50} : 0.15）に匹敵するものであった．その上，硫酸銅はその毒性で活性を示しているが，これらのテルペノイド化合物は EC_{50} 値では全く毒性を示さないものであった．中でも **2** はコイボウミウシ中の含量が高く［13.0 mg/animal 1 個体（数 g）］，着生防除剤として有望と考えられた．

b. 海綿から得られた着生阻害物質

1) 屋久島や八丈島で採取した海綿 *Acanthella cavernosa* から着生阻害活性物質として多数の kalihinane 型ジテルペノイド 26 種が得られ,そのうち 7 種 (**5~11**) は硫酸銅と同等,あるいはより強い活性を示し,EC_{50} 値では全く毒性を示さない化合物であった.

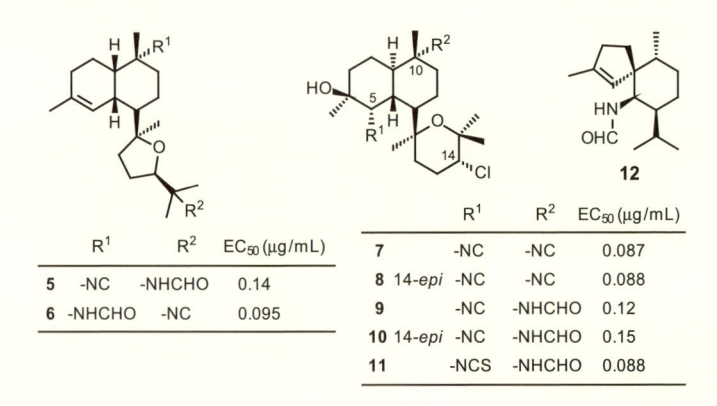

	R^1	R^2	EC_{50} (μg/mL)
5	-NC	-NHCHO	0.14
6	-NHCHO	-NC	0.095

	R^1	R^2	EC_{50} (μg/mL)
7	-NC	-NC	0.087
8 14-*epi*	-NC	-NC	0.088
9	-NC	-NHCHO	0.12
10 14-*epi*	-NC	-NHCHO	0.15
11	-NCS	-NHCHO	0.088

26 種の活性化合物は,-NHCHO, -NC, -O-O- のほか -NCO, -NCS, -SCN など天然物質としてはめずらしいタイプの官能基を有している.とりわけ,axamide-3 (**12**) は 5 μg/mL で 100 % 着生阻害を示す強力な活性化合物であった.

2) 海綿 *Pseudoceratina purpurea*(八丈島で採取)の着生阻害物質検索の過程で,cyanoformamide 型 (-NHCOCN) という天然物質として初めて単離されたきわめて特異な部分構造をもつ化合物 ceratinamine (**13**) が発見されている(阻害活性は弱い).

ceratinamine (**13**)
(δ_C: 143.0) (EC_{50}: 5.0 μg/mL)

3) 海綿 *Agelas mauritiana*（八丈島で採取）からは活性試験の結果を指標にして，oroidin（**14**）とその二量体構造にあたる mauritiamine（**15**）が得られた．いずれも活性自体はそれほど強くない（それぞれの $EC_{50}=19$ および $15\,\mu g/mL$）が，含量が高い（それぞれ 0.24 %，0.012 %）ので，自然界（海洋）では，有効な着生阻害物質として機能していると推定されている．そして，それまで既知の oroidin 二量体は，Diels-Alder 型の環化付加生成物であった[注) 110]が，**15** はイミダゾール環部分が 2 段階の酸化プロセスを経て生成したと考えられる新しいタイプの oroidin 二量体で，光学不活性であった．

注　カリブ海で採取された *Agelas conifera* から得られたフジツボ着生阻害活性物質の場合．

oroidin (**14**)

mauritiamine (**15**)

4) 海綿 *Callyspongia truncata*（相模湾で採取）から polyacetylene 系の着生阻害活性化合物 callytriol A〜E（**16**〜**20**）［たとえば callytriol C（**18**）］が得られている．

callytriol C (**18**)
($EC_{50}: 0.24\,\mu g/mL$)

タテジマフジツボのキプリス幼生に対する着生阻害物質の探索で，上述以外にも多くの強力かつ低毒性の化合物が見出されている．その化学構造は多彩で，それらは水溶性よりむしろ脂溶性のものが多い．このような物性は褐藻のフェロモン（§11.1）の場合を想起させる．

11.4.2 ホヤ幼生に対する変態誘起物質

ホヤ (ascidian) の幼生はオタマジャクシ型で,体内において変態準備が整った後,何らかの信号を受けてから尾部吸収を伴う変態を開始する.この信号として化学物質が関与している可能性が古くから指摘されていた.伏谷着生機構プロジェクトでは,マボヤ *Halocynthia roretzi*(産卵期12〜2月),ユウレイボヤ *Ciona savignyi*(5〜7月)を用いて[注],①広く海洋生物から,さらに,②同種のホヤから,ホヤの変態誘起物質の探索が行われた.

注 実験室内において,孵化したマボヤの幼生は,引き金となる化学信号による刺激をうけるまでは変態しない.変態は"誘起"される現象と考えられる.一方,ユウレイボヤの幼生は,清澄な海水中で飼育した場合でも変態するが,化学信号によって変態が"促進"される.

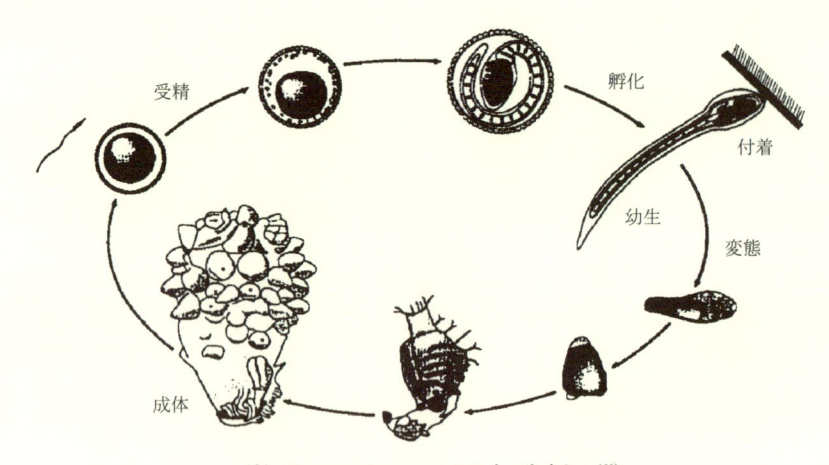

マボヤ *Halocynthia roretzi* のライフサイクル[109]

その結果,①海綿やホヤなどの海洋生物から約40種の活性物質が得られた(活性EC_{100} 10^{-5}〜10^{-7} M).これらは活性強度,棲息地域の違いなどから,自然界(海洋)で実際に作用している化学信号ではないと考えられた.一方,②幼生飼育水から"真"の変態誘起物質 lumichrome(EC_{100} 10^{-7} M)が得られた.

a. 海綿から得られた変態誘起物質

1) **海綿 *Jaspis* sp. の変態誘起物質:** 伊豆半島で採取した海綿 *Jaspis* sp. から活性物質として 3,4-dihydroxystyrenesulfate アニオンと *N, N*-dimethyl-gua-

11.4 着生制御行動と変態誘起

nidinium カチオンからなる塩, (E)-narain (**21**) と (Z)-narain (**22**), およびそれらの関連化合物 (**23**〜**26**) が得られた. 変態誘起活性は (Z)-体 (**22**) が最も強く, (E)-体 (**21**) はその 1/10 であり, 幾何異性が活性発現の強さに影響していることがわかった.

(E)-narain (**21**, EC_{100} : 50 μM)

(Z)-narain (**22**, 5 μM)

23 (50 μM)   **24** (50 μM)   **25** (>50 μM)   **26** (50 μM)

さらにイオン交換クロマトグラフィーで分離して活性が調べられたところ, 活性の本体はアニオン部で, カチオン部には活性が全く認められなかった. 興味深いことに, **21** と **22** は変態誘起作用を示すばかりでなく, マボヤの受精および孵化をも阻害することが明らかにされた.

2) 海綿 *Anthosigmella* aff. *raromicrosclera* の変態誘起物質: 佐田岬で採取された海綿から, 活性物質 anthosamine A (**27**, EC_{99} 50 μM) および B (**28**, 50 μM) が得られた. A, B とも非プロトン性溶媒では無色の amine 型, プロト

anthosamine A (**27**, R=H)
B (**28**, R=CH$_3$)

ン性溶媒では黄色の iminium 型が優位に存在する特異な平衡混合物であることが明らかにされている．

3) 海綿 *Stelletta* sp. の場合： 相模湾で採取した海綿から変態誘起物質として guanidinium 基を2個もつノルセスキテルペン・カルボン酸のアミド体 stellettadine A （**29**, EC_{99} 50 μM）が得られた．

stellettadine A (**29**)

b. ホヤ類から得られた変態誘起物質

1) ユウレイボヤ *Ciona savignyi* の生殖時期（春）に陸奥湾で採取したホヤの被嚢（内臓には活性がない）から，2種の活性物質 urochordamine A（**30**）およびB（**31**）が得られた．**30** は2 ng/mL の濃度でユウレイボヤの幼生に対して変態促進活性を示したが，マボヤ *Halocynthia roretzi* の幼生に対しては，20 μg/mL（50 μM）の濃度で変態を誘起することがわかった．

urochordamine

2) "真" の変態誘起物質： 一連の探索研究でホヤや海綿から多く変態誘起物質が得られたが，いずれも外来性のもので，真の信号物質ではないと考えられた．一方，マボヤ幼生を高密度で飼育すると変態率が上昇することに着目し，飼育水の検討がなされた．その結果，478個体の成体から得た幼生（1.4 L）および1000個体分の成体の被嚢から，それぞれ 21 μg，28 μg の lumichrome（**32**）が得られた．マボヤ自身に対する変態誘起活性 EC_{100} は 10^{-7} M（25 ng/mL）で

あり，幼生および成体1個体が海水中に放出する1時間あたりの lumichrome 量を計算すると，それぞれ 0.17 pg および 130 ng に相当することがわかった．lumichrome (**32**) は幼生または成体から海水中に放出される変態誘起活性物質の一部と考えられた．**32** はその構造から，riboflavin の
分解生成物と考えられるが，ここでも興味深いことに，lumichrome はユウレイボヤの幼生に対しては変態促進活性を示さないことがわかった．

lumichrome (**32**)

以上のように，広く海洋生物から，マボヤ幼生に対する約 40 種の変態誘起活性物質が得られているが，その化学構造は多岐にわたっていて活性発現に共通の部分構造は見出せていない．これにも生物種の多様性保持の必要性が反映されているように思われる．複雑な海の生態系の構築に，生物によって異なった意味をもつ化学言語（chemical language）（活性伝達化合物）が関わっていることが，この着生現象の化学的解明によっても，少しずつわかってきているようである．

11.5 海洋から医薬を (pharmaceuticals from the sea)

本編のはじめ（§7.3）にも触れているが，1969 年腔腸動物八放サンゴの一種ヤギ類からプロスタグランジン類が高い収量で発見された（§10.1.2）のがきっかけの一つになって，海洋生物成分から薬理活性物質を探索し，ひいては海洋に医薬品資源を求める動きが世界的に活発になってきた．

1970 年代の終わり頃，パラオ諸島産海綿 *Luffariella variabilis* からはじめは抗菌性物質として発見されたセスタテルペノイド manoalide が，非ステロイド型抗炎症薬として注目された[111]．

manoalide

すなわち，分泌型 type II A のホスホリパーゼ A_2 (PLA_2) の阻害活性物質は，鎮痛，抗炎症薬として期待されたのである．そして，海洋生物成分由来の医薬品として大きな期待がもたれた．臨床試験も phase I まで進んだが，その後の進

展は中止されている．

　これがまた，契機の一つとなって，海綿（たとえば，*Cacospongia mollior*）の成分 scalarane 型セスタテルペンが PLA_2 阻害剤として知られるようになった[112]．また，その展開の一つとして，半合成ジテルペン・ペントース配糖体 methopterosin は，動物実験で抗炎症活性が認められ，それは好中球における LTB_4 合成阻害作用によると考えられている．その後，傷の治療薬として臨床試験が行われている．

methopterosin

　一方，海綿 *Petrosia contignata* から得られた抗炎症活性ステロイド contignasterol[113] をリード化合物として開発された IPL576092 は，経口抗喘息薬として臨床試験 phase II に進んでいる（I. Izzo, *et al., Tetrahedron*, **60**, 5587 (2004)）．

contignasterol　　　　IPL576,092

11.5.1　海綿動物の成分

　海綿動物（門 *Porifera*, marine sponge）は腔腸動物（門 *Coelenterata*, coelenterate）とともにサンゴ礁域を形成する主要な底生生物で，その種類は豊富で 5000 種以上といわれている．寿命の長いものも多く，他種生物に補食されることが少ないので，何らかの化学的防御物質を含有していると思われる．実際，ヒトが触れると，皮膚に炎症を起こしたり，海綿の抽出物の注射でマウスを殺すほどの活性を示すものもある．また，海藻類やフジツボ，イガイ，コケムシ，ホヤなど着生生物（§11.4）の付着を免れるために，広義の抗生物質を含有していることも予測される．

　海綿の含有成分は 20 世紀初めの頃から関心がもたれ，1906 年に Richet らに

よって，海綿 *Suberites domuncula* のアルコール抽出で得られるトキシン suberitine が，静注でイヌやウサギにさまざまな毒性（イヌ致死量 10 mg/kg）を示すが，経口投与ではイヌに対して無毒であるという発見もなされている．

医薬品開発につながる先駆的な仕事の一つは，1955 年の Bergman らの発見で，彼らは，カリブ海産の海綿 *Cryptotethia crypta* からリボースのかわりにアラビノースを含む特異なヌクレオシド spongothymidine（R=CH$_3$）と spongouridine（R=H）を発見した [114]．これが後の抗ウイルス剤 Ara-A と抗腫瘍剤 Ara-C の開発へと発展している．1960 年頃になって Nigrelli らは 25 種類ほどの海綿を調べて，抗生物質，マウスや魚に対する致死因子，ウニ受精卵に対する作用物質などの存在を明らかにしている．

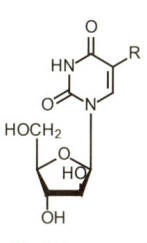

R= CH$_3$ spongothymidine
R= H spongouridine

1970 年代になると，海綿成分の物質レベルでの研究がいよいよ進展した．1973 年に Kashman ら（イスラエル）は海綿 *Fasciospongia cavernosa* からトキシン *N*-acyl-2-methylene-β-alanine methyl ester 類を得，この物質のマウスに対する致死量 [2〜4 mg/25 g（皮下注射）] を明らかにしている [115]．

n=13〜17

1975 年に Cullen らは海綿 *Agelas dispar* から agelasine を得，これがサポニン様作用を示すことを明らかにしている [116]．

それ以来，おびただしい数の含ハロゲン化合物，テルペノイド化合物，チロシンやインドール由来の化合物やポリケチド化合物など，多彩な化学構造を有する海綿含有成分が明らかにされ，その多くはさまざまな生物活性を示すことが明らかにされている [117]．そのような数々の海綿成分の中で，次の例は海洋生物の生態系に関わる物質として興味深い．すなわちウミウシ *Phyllidia varicosa* が化学防御成分として貯えている 9-isocyanopupukeanane は，実はそれが食餌としている海綿 *Hymeniacidon* sp. の含有成分であったことがわかって，predator（捕食者ウミウシ）と prey（餌カイメン）の関係がクローズアップされてきたのである（§11.2）[注]．

agelasine

注 研究者がダイバー活動の最中に，ウミウシ（predator）がカイメンを食餌（prey）としていることを観察したことがきっかけになっている．

海綿動物は，分化した組織や器官をもたない下等な多細胞生物で最も原始的な動物といわれている．体表面にある微細孔から潮の流れによって海水が体内に入れられ，鞭毛細胞によって海水中の栄養分が摂取されることによって生きている．海綿はいわゆるスポンジ状構造なので，さまざまな微細生物にとって格好の"すみか"になっている．海綿類の中には，その容積として全体の40％近くがこのような微細生物で占められているものもある[注]．したがって，通常，海綿を丸ごと抽出することが多いので，得られた天然物質の"真の生産者は何か"という設問が常に付いてまわる．実際，とりわけ近年，海綿動物から抽出された化合物の中には，微生物の2次代謝産物に近似した化学構造をもつものが少なくない．

注　その状態を言い表すために marine sponge は miniature conglomerate と表現されたことがある．

以下に，筆者らが関わった海綿動物成分研究のいくつかの例を示す．

11.5.2　海綿 *Phyllospongia foliascens* （沖縄県小浜島産）の場合[118]

生物活性試験でモニターしながら，抽出分画が行われ，水溶性分画から抗炎症活性を示すガラクトリピド M-5 (**1**) と補体結合反応抑制活性を示すスルホノグリコリピド M-6 (**2**) の2種の糖脂質が得られている．

M-6 (**2**) の類似物質 Ant-1 (**3**) は，以前，ムラサキウニ *Anthocidaris crassispina* の殻から得られていたが[119]，これは補体結合抑制活性を示さない．**2** と **3** の相違は脂肪酸残基部分なので，これが活性発現の有無に関与しているよ

M-5 (**1**)

M-6 (**2**)　（未定）

®, ®' : a / b / c = 1 / 10 / 1

a = —CO—(CH$_2$)$_{12}$CH$_3$
b = —CO—(CH$_2$)$_6$\\C=C/(CH$_2$)$_6$CH$_3$ （H, H）
c = —CO—(CH$_2$)$_{14}$CH$_3$

®, ®' = b / c = 1 / 2

Ant-1 (**3**)

® = H, ®' = a / c = 4 / 96

うに思われる.

一方，脂溶性分画から2種の scalarane 型ビスホモセスタテルペン foliaspongin (**4**) と phyllofoliaspongin (**5**) が得られ，**4** は抗炎症活性を示し，**5** は P388 白血病細胞に対する細胞毒性，抗血小板作用（ウサギ），血管拡張作用（マウス）などの活性を示すことがわかっている[120].

foliaspongin (**4**)

phyllofoliaspongin (**5**)

11.5.3 海綿 *Xestospongia supra*（沖縄県座間味島産）の場合

黄色色素 halenaquinol (**6**) およびそのモノ硫酸エステル halenaquinol sulfate (**7**) が得られた．これらは5環性のナフトハイドロキノン構造を有し，光や熱に不安定である．たとえば**6**のアセトン溶液を蛍光灯で光照射すると，容易にそのキノン体 halenaquinone (**8**) に変化する．

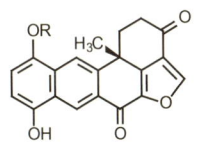

R=H   halenaquinol (**6**)
R=SO$_3$Na halenaquinol sulfate (**7**)

halenaquinone (**8**)

halenaquinone (**8**) は以前，Scheuer ら（米国ハワイ大学）によってハワイ産海綿 *Xestospongia exigua* から抗菌性物質として得られ，その相対配置が X 線解析で明らかにされていた化合物である[121]．halenaquinol (**6**) は容易に**8**に変換されるので，**6**の唯一の不斉中心6位の絶対配置が原田宣之ら（当時，東北大学非水研究所）の協力で明らかにされた．

すなわち，**6**から**9**を経て導かれた(−)-**10**および(−)-**11**の CD および UV

スペクトル（実測）と (6S)-**12**のSCF-CI-DV MO 法（<u>S</u>elf-<u>C</u>onsistent-<u>F</u>ield <u>C</u>onfiguration-<u>I</u>nteraction <u>D</u>ipole-<u>V</u>elocity <u>M</u>olecular <u>O</u>rbital 法）で得られた CD および UV の計算スペクトルが，よい比較値を示したことから，**6** の 6S 配置が決定された（§2.3.2）[122]．

さらに，大泉 康ら（当時，三菱生命研究所）によって halenaquinol (**6**) が，①モルモット心筋収縮作用（$ED_{50} = 6 \times 10^{-7}$ M）や，②ウシ心筋由来の cyclic AMP phosphodiesterase に対する阻害活性（$IC_{50} = 4 \times 10^{-6}$ M）を示すことが明らかにされている．

11.5.4 パラオ諸島で採取した海綿 *Asteropus sarasinosum* の場合[123]

9種のノルラノスタン型トリテルペノイド・サポニン（オリゴ配糖体）sarasinoside 類（**13〜21**）($A_1 \sim A_3$, $B_1 \sim B_3$, $C_1 \sim C_3$）が得られた．これらのサポニンは，魚毒活性 [LD_{50}(48hr) = A_1(**13**):0.39, B_1(**16**):0.71 μg/mL] やヒトデ *Asterina pectinifera* の受精卵に対する細胞分裂阻害活性（$LD_{100} = A_1:10$, $B_1:10$ μg/mL）など海洋生態系に関わる生物活性を示す．さらに海洋天然物質としては，①それまで棘皮動物（*Echinodermata*）のヒトデ類やナマコ類から明らかにされたコレスタン型やラノスタン型サポゲノールのオリゴ配糖体（サポニン）はそれらの特徴的な成分とされていたが，海綿動物（*Porifera*）からサポニンがはじめて発見されたこと，②その糖鎖構造にアミノ糖（グルコサミンとガラクトサミン）を含んでいること，③サポゲノール部は C_{29} ノル

11.5 海洋から医薬を

	R
sarasinoside C_1 (**19**) : Δ^8, 14α-H	H
sarasinoside C_2 (**20**) : $\Delta^{7,9\,(11)}$, 14α-H	H
sarasinoside C_3 (**21**) : $\Delta^{8,14}$	H
sarasinoside A_1 (**13**) : Δ^8, 14α-H	CH_2OH (→ §5.4.8)
sarasinoside A_2 (**14**) : $\Delta^{7,9\,(11)}$, 14α-H	CH_2OH
sarasinoside A_3 (**15**) : $\Delta^{8,14}$	CH_2OH
sarasinoside B_1 (**16**) : Δ^8, 14α-H	H
sarasinoside B_2 (**17**) : $\Delta^{7,9\,(11)}$, 14α-H	H
sarasinoside B_3 (**18**) : $\Delta^{8,14}$	H

ラノスタン型トリテルペンであることが特徴的である．とりわけ，ノルラノスタン系サポゲノール部の生合成を lanosterol から cholesterol への生合成経路に置いて例示すると，サポニンの"真の生産者"を考察する上で興味深い．

lanosterol —P-450→ —14-reductase→ ⟹ cholesterol

ナマコサポニン　　海綿サポニン　　ヒトデサポニン

(*e.g.* holothurin A)　[*e.g.* sarasinoside A_3 (**15**)]　[*e.g.* sarasinoside A_1 (**13**)]　(*e.g.* thornasteroside A)

S: 糖鎖

11.5.5 沖縄県新城島で採取したXestospongia属海綿の場合

沖縄県新城島で採取したXestospongia属海綿（種名は未同定）からは，分離スキームに示されるように，9種類のaraguspongine類（A～J），aragupetrosine Aと，既知のpetrosin, petrosin Aなどが単離され，それらの化学構造が明らかにされた．いずれも2個の1-oxaquinolizidine環が6炭素メチレン鎖2個で連結された中環状構造をもっている[124]．

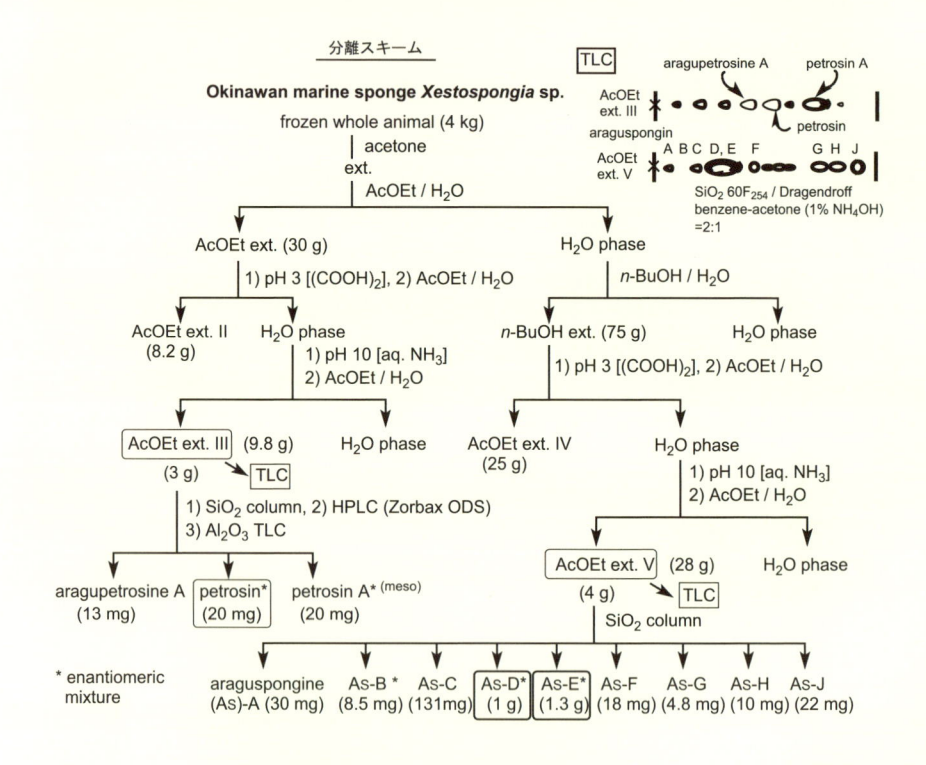

分離スキーム

Okinawan marine sponge *Xestospongia* sp.
frozen whole animal (4 kg)
| acetone ext.
AcOEt / H$_2$O

AcOEt ext. (30 g)
1) pH 3 [(COOH)$_2$], 2) AcOEt / H$_2$O

AcOEt ext. II (8.2 g)   H$_2$O phase
1) pH 10 [aq. NH$_3$]
2) AcOEt / H$_2$O

AcOEt ext. III (9.8 g)   H$_2$O phase
(3 g) → TLC
1) SiO$_2$ column, 2) HPLC (Zorbax ODS)
3) Al$_2$O$_3$ TLC

aragupetrosine A (13 mg)　petrosin* (20 mg)　petrosin A* (meso) (20 mg)

* enantiomeric mixture

H$_2$O phase
n-BuOH / H$_2$O

n-BuOH ext. (75 g)　H$_2$O phase
1) pH 3 [(COOH)$_2$], 2) AcOEt / H$_2$O

AcOEt ext. IV (25 g)　H$_2$O phase
1) pH 10 [aq. NH$_3$]
2) AcOEt / H$_2$O

AcOEt ext. V (28 g)　H$_2$O phase
(4 g) → TLC
SiO$_2$ column

araguspongine (As)-A (30 mg)　As-B* (8.5 mg)　As-C (131mg)　As-D* (1 g)　As-E* (1.3 g)　As-F (18 mg)　As-G (4.8 mg)　As-H (10 mg)　As-J (22 mg)

TLC: AcOEt ext. III / AcOEt ext. V
aragupetrosine A, petrosin, araguspongin, petrosin
A B C D,E F G H J
SiO$_2$ 60F$_{254}$ / Dragendroff
benzene-acetone (1% NH$_4$OH) =2:1

はじめに化学構造が精査されたaraguspongine D (As-D) は，先に遠藤 衛ら（当時，サントリー生物有機科学研究所）によりオーストラリア産海綿 *Xestospongia exigua* から明らかにされた血管拡張作用物質xestospongin A[125]の対称体と考えられた．しかし，その比旋光度の値がよい一致を示さないところから，キラルカラムを用いたHPLC分析をして，As-Dは実は，(+)-As-Dと(−)-As-Dの4:6の混合物で，(+)-体がxestospongin Aと絶対配置も含めて同一化

合物であることがわかった．そこで，araguspongine 類すべてのキラル HPLC 分析が行われ，化学構造と光学純度の間に，以下のような生合成経路を念頭においた概念図が推論されるに至っている．

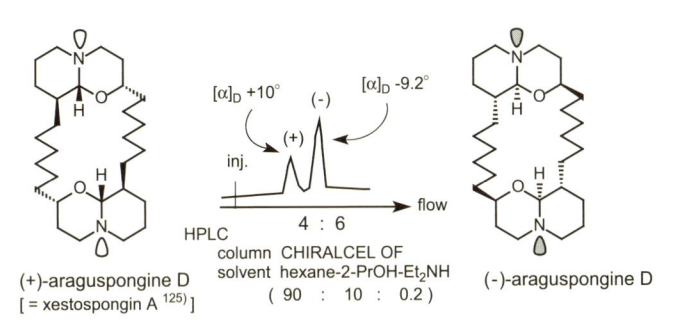

(+)-araguspongine D
[= xestospongin A [125]]

$[\alpha]_D$ +10° (−)
(+)
inj.
4 : 6
flow
HPLC
column CHIRALCEL OF
solvent hexane-2-PrOH-Et$_2$NH
(90 : 10 : 0.2)

$[\alpha]_D$ −9.2°

(−)-araguspongine D

araguspongine D キラルHPLC分析

その仮説によれば，nonyl-piperidine（**a**）(C$_9$-NC$_5$) の二量化で生合成される **b** から環状構造 **c** を経て環化生合成される As-B, As-D, As-E は光学対称体の混合物（必ずしも 1:1 ではない）が得られている．一方，光学純度の高い光学

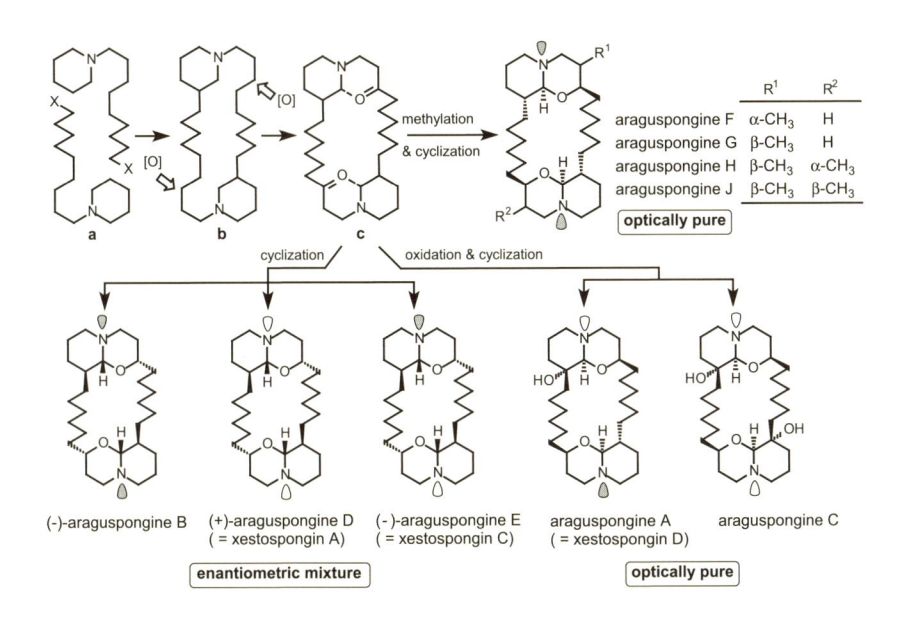

	R^1	R^2
araguspongine F	α-CH$_3$	H
araguspongine G	β-CH$_3$	H
araguspongine H	β-CH$_3$	α-CH$_3$
araguspongine J	β-CH$_3$	β-CH$_3$

optically pure

a [O] → **b** [O] → **c** methylation & cyclization →

cyclization / oxidation & cyclization

(−)-araguspongine B | (+)-araguspongine D (= xestospongin A) | (−)-araguspongine E (= xestospongin C) | araguspongine A (= xestospongin D) | araguspongine C

enantiometric mixture | optically pure

活性体として得られている As-A, As-C, As-F, As-G, As-H, As-J などの場合には,環化に酸化やメチル化反応を伴って生合成されてジアステレオマーになっているので,通常のカラムクロマトグラフィーによって光学的にも純粋な物質として得られているというのである.

xestospongin A の場合に発見されている血管拡張作用[122]に関して,SD 系ラットの腸間膜動脈を用いた実験 (10^{-8}M) で,papaverine の活性値を 100 とすると,(−)- または(+)-As-E:143, (−)- または(+)-As-D:142, As-J:134, As-C:110 であった.As-E, As-D の(+), (−)- 体に薬理活性の差がなかったことは,平板状の分子構造を考えると興味深い結果である.

11.5.6 海綿 *Theonella swinhoei* の場合

海綿 *Theonella swinhoei* の場合は採取場所によってさまざまな含有成分が明らかにされている[3].

a. 沖縄県座間味島で採取した海綿 *T. swinhoei*

冷凍保存したサンプルのアセトン冷抽出物[注]を酢酸エチルと水で分配,酢酸エチル可溶分画(脂溶性画分)から下記のスキームに示すようにさまざまな天然

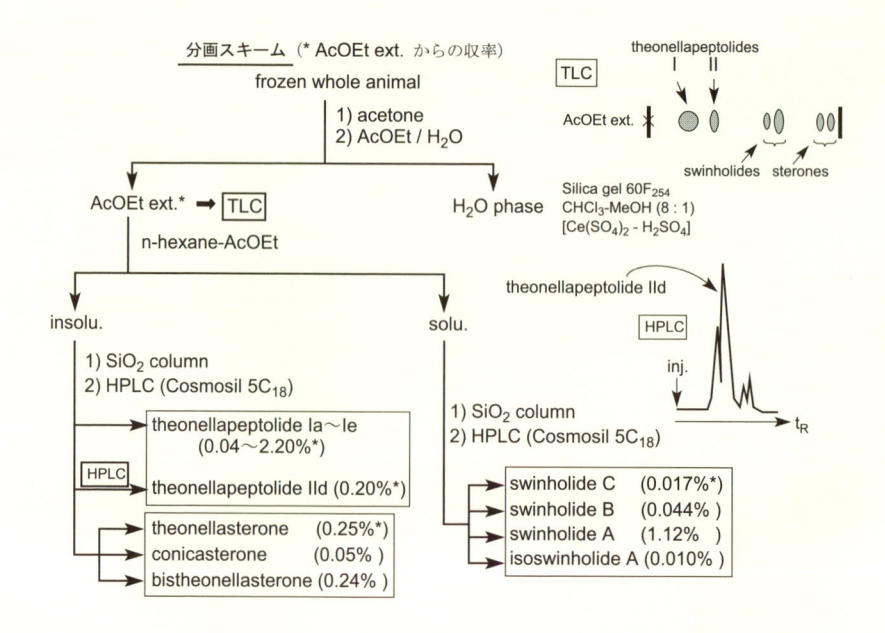

分画スキーム (* AcOEt ext. からの収率)

```
frozen whole animal
  │ 1) acetone
  │ 2) AcOEt / H2O
  ├──────────────┐
AcOEt ext.*    H2O phase
  │ → TLC
  │ n-hexane-AcOEt
  ├──────────────┐
insolu.         solu.
  1) SiO2 column    1) SiO2 column
  2) HPLC (Cosmosil 5C18)   2) HPLC (Cosmosil 5C18)

insolu →
  theonellapeptolide Ia〜Ie  (0.04〜2.20%*)
  theonellapeptolide IId    (0.20%*)   [HPLC]
  theonellasterone          (0.25%*)
  conicasterone             (0.05% )
  bistheonellasterone       (0.24% )

solu →
  swinholide C   (0.017%*)
  swinholide B   (0.044% )
  swinholide A   (1.12% )
  isoswinholide A (0.010% )
```

TLC: AcOEt ext. → theonellapeptolides I, II / swinholides / sterones
Silica gel 60F$_{254}$, CHCl$_3$-MeOH (8:1), [Ce(SO$_4$)$_2$ - H$_2$SO$_4$]

HPLC: theonellapeptolide IId

物質が得られた.

注 結果的にはこれで冷・含水アセトン抽出になっている.

大別すると,トリデカペプチドラクトン類［theonellapeptolide Ia～Ie(**1**～**5**), IId (**6**)］[126], 二量体マクロリド類［swinholide A, B, C (**7**～**9**), isoswinholide A (**10**)］[126], および3-ケト-4-メチレンステロイド類［sterones : theonellasterone (**11**), conicasterone (**12**)］[128]（分画スキーム図とTLC図参照）で, 以下のことがわかった.

1) theonellapeptolide類は N-メチルアミノ酸や D-アミノ酸の含有率が高く, N末端はいずれも methoxyacetyl 基でマスクされた L-Val である[注]. 一方, C末端は Ic (**3**) 以外, いずれも N-methyl-D-alle (Ic では N-methyl-D-Val) で, N末端から数えて3番目にある L-Thr とラクトン構造（11個のアミノ酸環）を形成している.

注 ニンヒドリン試液では検出されず,ドラーゲンドルフ試液で橙色を呈する.

theonellapeptolide類（**1**～**6**）の生物活性については, ①ウニ *Hemicentrotus pulcherrimus* の受精卵の生育阻害活性 (LD_{99}=Ia～Ic : 2, Id : 50, Ie : 10 μg/mL), ②細胞毒性(L1210白血病細胞)(IC_{50}=Ib : 1.6, Ic : 1.3, Id : 2.4, Ie : 1.4 μg/mL), ③イオン輸送能 (Id : Na^+, K^+, Ca^{2+} に対して), ④ Na^+, K^+-ATPase 阻害活性 (ED_{50}=Id : 6×10^{-6} M) などがわかっている. IId (**6**) は Id(**4**) と比較して, ⑤ TLC上の Rf 値が高く, ⑥ N末端から10番目のアミノ酸が Id の L-MeAla から L-Ala に代わっただけである. しかし, Id は顕著なイオン輸送能を示すのに対して, IId は全く示さないので, N-メチル基1個の存否がペプチドラクトン環の立体配座に変化をもたらすことが示されている.

2) 顕著な細胞毒性を示す二量体マクロリド類の主成分は C_2 対称構造の swinholide A (**7**) である. この化合物は以前 Kashman ら（イスラエル）によって, 紅海産 *T. swinhoei* から, 抗菌活性物質として発見され, 単量体ラクトンの平面構造が推定されていた swinholide[127] と一致した. swinholide A (**7**) は theonellapeptolide類と同様, ドラーゲンドルフ試液で橙色を呈する. その44員環の二量体ラクトン構造は, アセトニド基を導入して大環状構造のゆらぎを少なくした誘導体のX線結晶解析で決定された[128a]. 続いて, swinholide B(**8**), C(**9**), および isoswinholide (**10**) の立体構造も明らかにされた[128].

swinholide A, B, C はいずれもかなり顕著な細胞毒性（KB細胞系に対して,

IC_{50}：0.04, 0.04, 0.05 μg/mL）を示すのに対して，46員環二量体ラクトン構造のisoswinholide A（**10**）では活性（IC_{50}：1.1 μg/mL）が弱く，ラクトン環の3次元構造（立体配座）が細胞毒性発現に重要な関わりのあることが示唆されている．

		R^1	R^2		R^3		R^4		R^5	
theonellapeptolide Ia	(**1**)	H	βAla	CH_3	L-MeIle	H	D-Val	CH_3	L-MeAla	CH_3	D-MeaIle
	Ib (**2**)	H	βAla	H	L-MeVal	CH_3	D-alle	CH_3	L-MeAla	CH_3	D-MeaIle
	Ic (**3**)	H	βAla	CH_3	L-MeIle	CH_3	D-alle	CH_3	L-MeAla	H	D-MeVal
	Id (**4**)	H	βAla	CH_3	L-MeIle	CH_3	D-alle	CH_3	L-MeAla	CH_3	D-MeaIle
	Ie (**5**)	CH_3	MeβAla	CH_3	L-MeIle	CH_3	D-alle	CH_3	L-MeAla	CH_3	D-MeaIle
	IId (**6**)	H	βAla	CH_3	L-MeIle	CH_3	D-alle	CH_3	L-Ala	CH_3	D-MeaIle

☐ ：主成分Idと異なるアミノ酸

	R^1	R^2
swinholide A (**7**)	CH_3	CH_3
swinholide B (**8**)	H	CH_3
swinholide C (**9**)	CH_3	H

isoswinholide A (**10**)

3) 3-ケト-4-メチレンステロイド類（sterone 類）として得られた theonellasterone (**11**) と conicasterone (**12**) は，すでに知られていた theonellasterol (**13**) および conicasterol (**14**) とともに得られたものである．興味深いことに，おそらく海綿の冷凍保存中に，これらの sterone 類は海綿組織中に一部結晶として析出していることが観察（光学顕微鏡で）された．組織を磨砕して水中にあけると結晶が浮遊して，それは有機溶媒で容易に抽出される．sterone 類がそのように容易に晶出した理由はわかっていない．

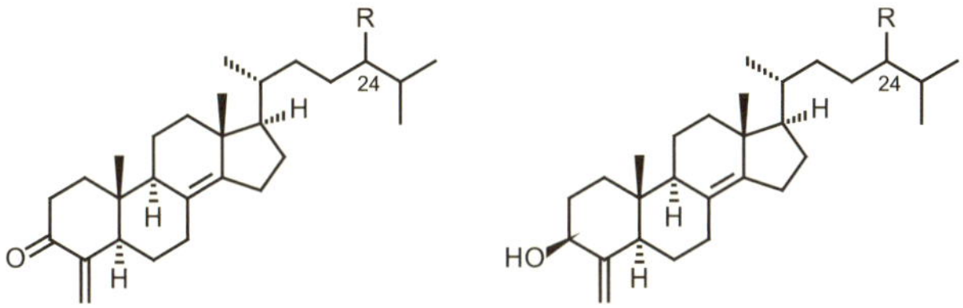

R= α-CH$_2$CH$_3$: theonellasterone (**11**)
(24*S*)
R= β-CH$_3$: conicasterone (**12**)
(24*R*)

R= α-CH$_2$CH$_3$: theonellasterol (**13**)
(24*S*)
R= β-CH$_3$: conicasterol (**14**)
(24*R*)

4) 二量体マクロリドラクトンの主成分 swinholide A の立体化学構造7がわ

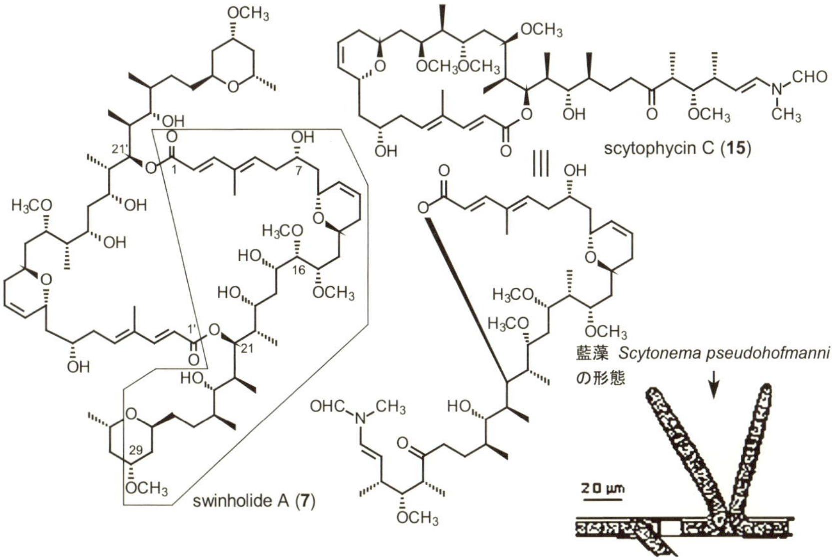

scytophycin C (**15**)

swinholide A (**7**)

藍藻 *Scytonema pseudohofmanni* の形態

かると，その単量体部分（下式囲み部分）の構造が，以前（1986年）にMooreら（米国ハワイ大学）によって，陸生の藍藻 Scytonema pseudohofmanni の培養で得られた scytophycin C (15) の化学構造と，おそらくポリケチド由来と思われる基本炭素鎖と，メチル基や酸素官能基などの置換パターンが立体配置も含めて近似していることが判明した．

そのため，座間味島産の海綿 T. swinhoei における swinholide A (7) の生合成に，海綿に共生（あるいは寄生）する微生物が関与している可能性が想定された．まず，海綿組織を光学顕微鏡で調べ，さらに位相差電子顕微鏡で精査したところ，上述の陸生の藍藻に形状の類似したフィラメント構造の微細生物をはじめ，いろいろな微細生物の存在が認められた（下図参照）．

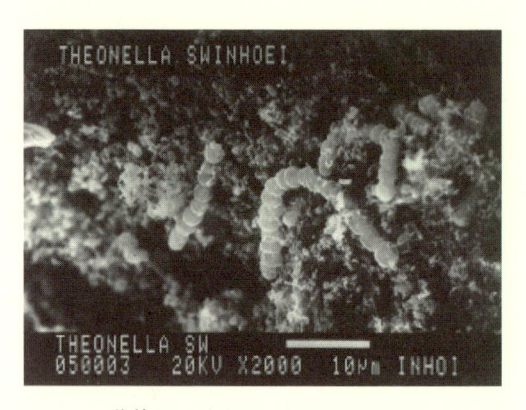

海綿 T. swinhoei の位相差電顕写真

座間味島で採取された海綿 T. swinhoei を丸ごと抽出して得られたさまざまな化学構造の天然物質の"真の生産者は何か"という命題の解明は，これからの検討に俟たねばならない．これらの点は，海綿動物に限らず，海洋生物成分の研究全般に関わる注意されるべき課題でもある．

b. **パラオ諸島で採取した海綿 T. swinhoei**

D. J. Faulkner ら（米国スクリプス海洋研究所）によって，"真の生産者は何か"を問う研究が行われている[129]．この海綿の主要成分として swinholide A (7) と，大環状ペプチド theopalauamide (16) が得られている．ここでも，7は上述のように培養藍藻成分 scytophycin C (15) と近似構造物質であり，16の構成ア

11.5 海洋から医薬を

theopalauamide (**16**)

ミノ酸の中には，藍藻が産生するトキシンとして知られている環状ペプチド microcystin などに特徴的な "芳香族 β-アミノ酸" が組み込まれており，**16** の生合成において海綿に共存している微細生物の関与が想定される．

　まず海綿体を内胚葉（endosome）と外胚葉（ectosome）に解体し，それぞれの組織切片をジューサーで粉砕して濾別，細胞片の混合物を 1.5% glutaraldehyde と 1.9% formaldehyde を含む人工海水に加えて細胞の固定化を行い，懸濁液を調製し，以下のように遠心分離で細胞片 A, B, C, D に分画した．得られた細胞片 A, B, C, D のメタノール抽出物が HPLC と ^{1}H-NMR によって分析され，以下のことがわかった．

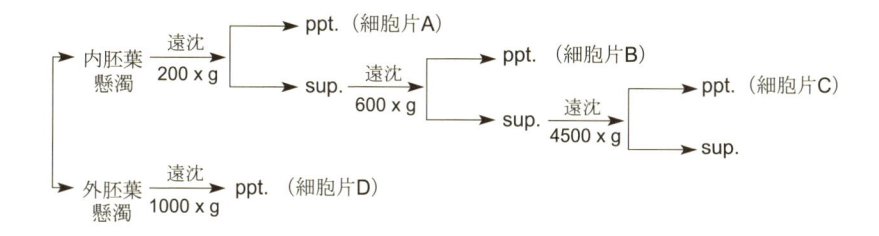

① 細胞片 A は糸状性細菌（filamentous bacterium）で，16S rRNA の塩基配列の置換率を調べる方法で系統解析した結果，粘性細菌の一種 *Entotheonella palauensis* と同定され，これが theopalauamide（**16**）を産生することがわかった．

② 細胞片 B は海綿細胞である．

③細胞片CはGram(−)の単細胞性細菌（unicellular heterotrophic bacterium）で，swinholide A（**7**）を産生することがわかった．

④細胞片Dはシアノバクテリアである．

以上の結果，これまでのところswinholide A（**7**）やtheopalauamide（**16**）は，*T. swinhoei*の海綿細胞部が生産するものではなく，共生している微細生物（細菌類）が生産することがわかっている．

海綿動物から見出された化合物の中には，微生物の二次代謝産物に近似した化学構造をもつものが少なくない．そして，中には医薬化学的に興味深いものもあってその供給が望まれるものも多い．その観点からいえば，"真の生産者"の共生微生物の培養によって活性化合物の供給が可能になることが望まれる[注]．これまでのところ活性物質を産生する微生物の分離・培養は成功していない．

注 海綿や軟サンゴなど底生動物から分離された微生物の代謝産物を調べるのも研究動向の一つである．たとえば，海綿 *Micale celilia*（鹿児島県奄美大島で採集）から分離された不完全菌 *Trichoderma harzianum*（抗菌性物質を生産することが知られていた）を海水人工培地で振盪培養してデカリン骨格オクタケチド trichoharzin が得られている．興味深いことに，海水を用いない人工培養では trichoharzin は生産されない．またこれまでのところ，もとの海綿から trichoharzin は得られていない ［M. Kobayashi, H. Uehara, K. Matsunami, S. Aoki, I. Kitagawa, *Tetrahedron Lett.,* **34**, 7925（1993）］．

12

発がんと抗腫瘍に関わる天然物質

　がんの科学研究が進んで，がん遺伝子，がん抑制遺伝子，がんウイルスの正体がわかってきても，それがすぐにがん制圧に結びついていないのが，がん研究の難しいところである．今日のがん治療では，外科手術，放射線療法，化学療法，免疫療法，温熱療法，光化学療法，モノクローナル抗体療法，遺伝子治療，さらにそれらの併用も含めて，さまざまな手法でがんとの闘いが展開されている．

　がん化学療法では，抗がん剤が中心的役割を果たしているが，抗がん剤はがん細胞と正常細胞を完全に区別することができていない．がん細胞は常に分裂して増殖しているのが特徴で，正常細胞の中にも細胞分裂の活発なものがある．たとえば，①血球を造る骨髄細胞，②毛根の細胞，③大腸，小腸の粘膜を形成する腸管細胞などがそれで，抗がん剤はこれらの正常細胞をも攻撃するので，それが，①白血球の減少，②脱毛，③下痢などきびしい副作用をもたらすという本質的な問題が生じる結果になっている．

12.1　発がん二段階説[130]

　がんは基本的には遺伝子の病気といわれている．正常細胞からがん細胞に変化する生化学的，分子生物学的プロセスはきわめて複雑で，これを理解しやすくする考え方の一つに「発がん二段階説」[注1]がある．まず，①ウイルスや化学物質（たとえば，7,12-dimethyl-benz[a]anthracene（DMBA）などのイニシエーター（initiator）によるといわれているイニシエーションの段階，ついで，②たとえば，クロトン油[注2]やその主成分 12-O-tetradecanoylphorbol 13-acetate（TPA）などのプロモーター（promoter）といわれている物質によって助長，促進されて腫瘍が発生するというのである．そして，クロトン油や TPA だけでも腫瘍を生じないので，それらは発がん物質ではなく発がんプロモーターと呼ばれている．

注1　1940年代に Berenblum および Mottram らによって行われたマウス皮膚の実験に基づいている．マウス背部皮膚に微量の発がん剤（それだけでは発がんしない量，たとえば，

100 μg の DMBA を1回塗布し,続いてクロトン油を週2回繰り返し塗布し続けると,ほとんどのマウスに腫瘍を生じる.しかし DMBA を1回塗布しただけ,あるいはクロトン油を繰り返し塗布しただけでは腫瘍を生じない.この発がん二段階説は,その後,胃,肝,大腸など色々な臓器の発がんにもあてはまることが証明された.

注2 トウダイグサ科のハズ *Croton tiglium* の種子(巴豆)から得られる脂肪油で峻下剤として用いられたが,きわめて毒性が強い.大量に用いると下痢,腸出血で死に至る.皮膚に対して強い炎症作用をもち,発赤,水疱につづいて膿疱を発症するので,古くは軟膏に混ぜ,皮膚刺激薬として凍傷予防用に用いられたことがあった.この作用物質の本体が TPA である.興味深いことに phorbol には発がんプロモーター活性はない.

phorbol $R^1 = R^2 = H$

TPA $\left(\begin{array}{l} R^1 = -\overset{\text{O}}{\underset{\|}{C}}-(CH_2)_{12}-CH_3 \\ R^2 = -COCH_3 \end{array} \right)$

また,TPA は発がんプロモーション活性をもつだけでなく,細胞分化誘導あるいは抑制,オルニチン脱炭酸酵素をはじめ色々な酵素の誘導または抑制,タンパク質のリン酸化などさまざまな生物活性を誘導する化合物である.それは発がんプロモーターがもつ多面的効果(pleiotropic effect)と呼ばれている.

TPA 以降,新しい発がんプロモーター活性を示す天然物質には,たとえば次のような化合物が知られている.

12.1.1 放線菌代謝産物

a. テレオシジン (teleocidin)・クラス

teleocidin 類は放線菌 *Streptomyces mediocidicus* から A-1,A-2 の 2 種,

teleocidin A-1
(= lyngbyatoxin A)

teleocidin A-2

(-)-indolactam V

teleocidin B-4

B-1〜B-4の4種が知られ，このうちA-1は，先にR. E. Mooreら（米国ハワイ大学）により，ハワイ・オアフ島のカハラ海岸に生育する藍藻 *Lyngbya majuscula* から分離された lyngbyatoxin A と同一化合物であることがわかった．いずれも強力な発がんプロモーターである．teleocidin類の共通構造，すなわち，(−)-indolactam V が合成され，活性発現の基本構造であることが，首藤紘一ら（東京大学薬学部）により明らかにされ，後に小清水弘一ら（京都大学農学部）により放線菌 *Streptoverticillium blastmyceticum* から teleocidin B-4 とともに分離された．なお，A-1，A-2は夏目充隆ら（東京・乙卯研究所）により全合成されている[131]．

b. スタウロスポリン（staurosporine）・クラス

当時，新種であった放線菌 *Streptomyces staurosporeus* の培養液から得られ，絶対立体構造がX線解析で明らかにされている[132]．

staurosporine

12.1.2 陸上植物由来

a. タプシガルギン（thapsigargin）・クラス

Apiaceae 植物 *Thapsia garganica* の根から得られた．ヒスタミン遊離活性が強く，ラットのマスト細胞からヒスタミンを遊離し，ヒトの好中性や好塩基性の白血球を活性化する[133]．

thapsigargin

b. ホルボールエステル（phorbol ester）・クラス

トウダイグサ科の *Jatropha curcas* の種子油から6種類の 12-deoxy-16-hydroxyphorbol の分子内ジエステルが得られ，それらは，ホルボールエステル系の発がんプロモーター活性を示す．分子内ジエステル構造の例として DHPB：12-deoxy-16-hydroxyphorbol-4′-[12′,14′-butadienyl]-6′-[16′,18′,20′-nonatrienyl]-bicyclo[3.1.0]hexane-(13-*O*)-2′-

DHPB

[carboxylate]-(16-*O*)-3′-[8′-butenoic-10′]-ate を示す[134].

12.1.3 海洋生物由来

海洋天然物質の発がんプロモーター活性物質が直接,ヒトや動物の発がんプロモーターとして作用すると考えられているのではなく,これらの化合物が一つのプローブとして,発がん過程の解明に用いられている.

a. **テレオシジン・クラス**

  lyngbyatoxin A (=teleocidin A-1) (§12.1.1)

b. **アプリシアトキシン (aplysiatoxin)・クラス**

1980年8月,ハワイ・オアフ島カイルア海岸で発生した「海水浴性皮膚炎」(swimmer's itch) の起因物質として,Mooreら (米国ハワイ大学) によって海藻から aplysiatoxin と debromoaplysiatoxin が分離された.これらは1975年加藤喜規ら (当時,ハワイ大学) によってアメフラシ *Stylocheilus longicauda* から分離されていたものと同一の化合物であった.

aplysiatoxin ⓡ = Br
debromoaplysiatoxin ⓡ = H

結局,アメフラシがこれらのトキシンを含む海藻を摂取して,その中腸腺に生物濃縮していたことがわかった.このクラスの発がんプロモーター活性を示すものとして bromoaplysiatoxin, dibromoaplysiatoxin, oscillatoxin などが明らかにされている.

c. **non-TPA タイプ**

TPAタイプ発がんプロモーターとは異なって,ホルボールエステル受容体に結合しない発がんプロモーターは non-TPA タイプに分類される.このクラスには以下の2系統の例がある.

  1) **パリトキシン (palytoxin)・クラス**

palytoxin は,もともと腔腸動物 *Palythoa tuberculosa* から分離され,平田義正,上村大輔ら (当時,名古屋大学理学部) および Mooreら (米国ハワイ大学) により,それぞれ独立に化学構造が明らかにされ,Y. Kishiら (米国ハーバード大学) による全合成により構造が確定されたものである (§13).TPAタイプとは異なるタイプの,マウス皮膚で発がんプロモーション活性を示す.

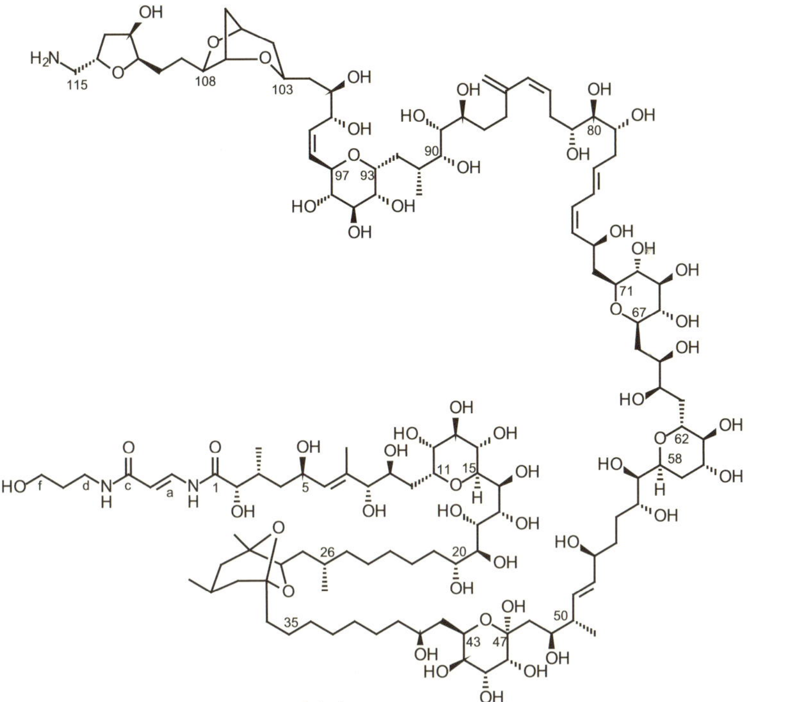

12.1 発がん二段階説

palytoxin

2) オカダ酸 (okadaic acid)・クラス： ヒトの発がんプロモーションの作用機構を解明するためには，臓器特異性や種特異性のない，すべての臓器に一般的な発がんプロモーターや発がんプロモーション機構の研究が必要で[注]，この概念にあてはまる作用機構をもつ発がんプロモーター活性物質がこのクラスの化合物ということになる．

注 TPA タイプ発がんプロモーターは，マウス皮膚の発がんプロモーターとして作用するが，扁平上皮の組織以外には，発がんプロモーターとして作用を示さない．つまり，TPA タイプ発

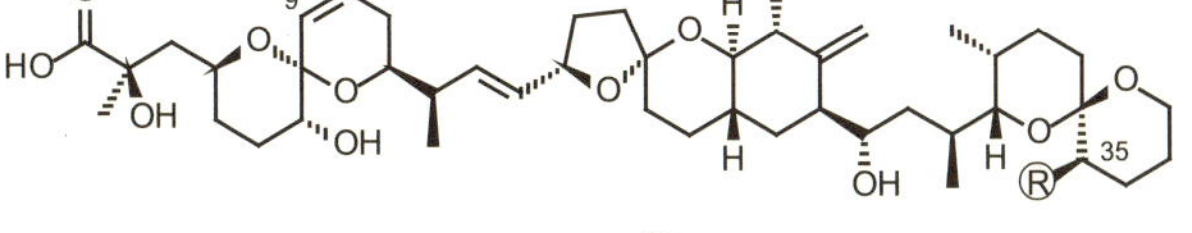

okadaic acid (**1**)　　Ⓡ = H
dinophysistoxin (**2**)　　Ⓡ = CH_3

がんプロモーターには，種特異性，臓器特異性がある．

　okadaic acid (1)は，1981年橘 和夫，Scheuerら（米国ハワイ大学）によってクロイソカイメン *Halichondria okadai* から分離され，構造が明らかにされたポリエーテル化合物で，その35-メチル誘導体にあたるディノフィシストキシン（dinophysistoxin）(2)は，ムラサキイガイ *Mytilus edulis* から1982年安元 健ら（東北大学農学部）によって分離されたもので，これらは下痢性貝毒の原因物質として報告されている．1と2は渦鞭毛藻によって産生され，海綿や貝類に生物濃縮されたものと考えられている．そして，1と2はともにマウス発がん二段階実験で強力な活性を示している（§13）(注)．

注　okadaic acid (1)はプロテインホスファターゼ1および2Aの活性を強力に阻害する．プロテインホスファターゼの活性が阻害されると，脱リン酸化が抑制され，細胞内リン酸化タンパクが蓄積し，これが核内へのシグナルとなって発がんを促進する．

　1986年，伏谷伸宏ら（東京大学水産学科）によってチョコガタイシカイメン *Discodermia calyx* から分離されたカリクリンA（calyculin A）(3)は，1，2とは化学構造の類似性はないが，マウス皮膚に対して強力な発がんプロモーション活性を示した．

	R^1	R^2	R^3
calyculin A (3)	CN	H	H
B (4)	H	CN	H
C (5)	CN	H	CH_3
D (6)	H	CN	CH_3

　ウニやヒトデの受精卵を用いると，タンパク質，DNA，RNAなどの高分子合成系阻害活性を，高選択的に検索できる．calyculin類は，池上 晋ら（当時，東京大学農学部）が考案した[135] イトマキヒトデ *Asterina pectinifera* の受精卵を用いるスクリーニングで最も強い活性を示したことから見出されたものである．calyculin A (3)とその同族体は*E*-テトラエン，スピロケタール，オキサゾール，

リン酸エステル，ニトリル基を含むなど，特徴的な部分構造をもつ多彩な化学構造の化合物群であるばかりでなく，細胞毒性（L1210に対してIC$_{50}$: 0.7～1.5 ng/mL），抗かび性，プロテインホスファターゼ阻害活性など多様な生物活性を示す[136]．「発がん二段階説」に関わるいろいろな研究の中から，発がん抑制の可能性が見えてくる．近年，化学物質を用いてヒトの発がんを積極的に予防する「がんの化学予防」というアプローチも注目されている．発がん二段階のプロセスを考えると，イニシエーションよりもプロモーションを抑制する方が現実的と思われるので，発がんの化学予防において，発がんプロモーターの作用を抑制して，腫瘍の発生を遅延，抑制，阻止する化合物—発がん抑制物質—の開発が大いに望まれるところである．

12.2　ワラビの発がん物質

　適切な生物活性試験でモニターしながら，天然素材から生物活性天然物質を抽出，分離・分画して，活性の本体を化合物レベルで明らかにすることの重要性は，これまでにも折にふれて述べている．本節では，19世紀末から知られ，世界中に分布の広いワラビ（蕨，*Pteridium aquilinum*，ウラボシ科）が，家禽に有毒である真相を明らかにした山田静之ら（名古屋大学理学部）の苦心の鮮やかな成果を以下に紹介する[137]．

12.2.1　ワラビの毒性と発がん性

　牛が大量のワラビを食べると急性ワラビ中毒（bracken-poisoning）になって，骨髄障害や腸管粘膜に出血をおこす．この中毒の研究がワラビの発がん性発見の端緒となっている．1965年EvansとMasonはワラビ乾燥粉末を飼料とともにラットに経口投与すると，回腸に多数の腺がんが発生することを見出した．日本でも1960年代に，ワラビに強い発がん性のあることが動物実験で示され，中でもラットが最も感受性の高いことがわかっている．また，ワラビは熱湯を用いてあく抜きをしたり，塩漬けにすると，その発がん性が著しく消失することが示された．

　発がん性との関連でワラビの化学成分が検索され，新規セスキテルペン類プテロシンB（pterosin B），プテロシドB（pteroside B）などが分離されたが，いずれの化合物も発がん性テストで陰性で，発がん因子の本体に迫るには至らなかった．

この難問の解明に，以下のように天然物化学研究の粋をつくした研究展開がなされた．すなわち，山田静之らは廣野 巌ら（病理学）と共同で長年にわたる懸案にとりくみ，不安定な発がん物質を解明し，それが牛のワラビ中毒因子でもあることを明らかにした．

12.2.2 プタキロシドの抽出・分離

ワラビから発がん物質を単離することを目標とする場合，発がん性を指標として抽出分離を進めるのがオーソドックスな方法である．しかし，①実験小動物の経口投与といえども，1回の発がん実験に1年以上の長期間と，膨大な抽出材料が必要という大きな困難がある．さらに不都合なことに，②ワラビはマウス，ラットのような小動物には急性毒性を示さないので，毒性を指標にして植物からの抽

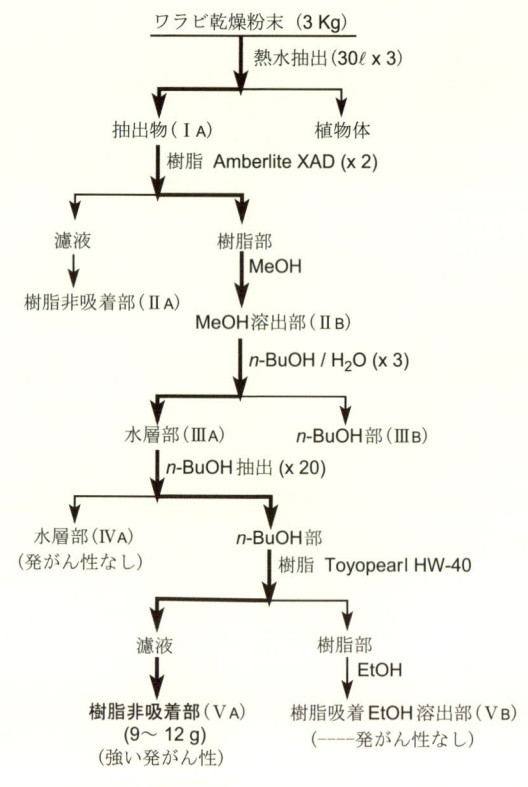

```
              ワラビ乾燥粉末 (3 Kg)
                   │ 熱水抽出(30ℓ x 3)
                   ▼
              抽出物 (ⅠA)        植物体
                   │ 樹脂 Amberlite XAD (x 2)
         ┌─────────┴─────────┐
       濾液                  樹脂部
         │                    │ MeOH
         ▼                    ▼
   樹脂非吸着部(ⅡA)       MeOH溶出部(ⅡB)
                              │ n-BuOH / H₂O (x 3)
                    ┌─────────┴─────────┐
                  水層部(ⅢA)         n-BuOH部(ⅢB)
                    │ n-BuOH抽出 (x 20)
         ┌──────────┴──────────┐
       水層部(ⅣA)             n-BuOH部
       （発がん性なし）           │ 樹脂 Toyopearl HW-40
                       ┌────────┴────────┐
                     濾液               樹脂部
                       │                  │ EtOH
                       ▼                  ▼
              樹脂非吸着部(ⅤA)    樹脂吸着EtOH溶出部(ⅤB)
                (9〜12 g)          (----発がん性なし)
               （強い発がん性）
```

図1 抽出・分画スキーム

12.2 ワラビの発がん物質

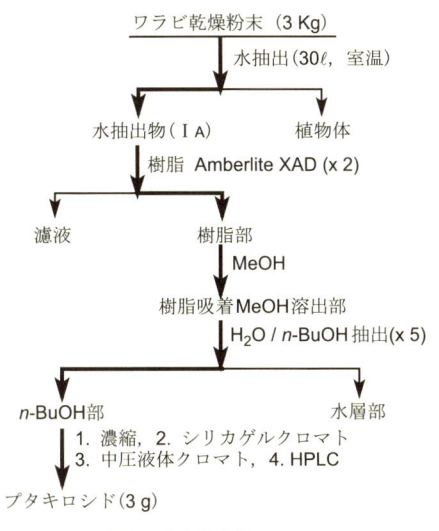

```
              ワラビ乾燥粉末 (3 Kg)
                    │ 水抽出(30ℓ, 室温)
          ┌─────────┼─────────┐
      水抽出物(ⅠA)              植物体
          │ 樹脂 Amberlite XAD (x 2)
     ┌────┴────┐
    濾液      樹脂部
              │ MeOH
         樹脂吸着MeOH溶出部
              │ H₂O / n-BuOH 抽出(x 5)
         ┌────┴────┐
      n-BuOH部      水層部
         │ 1. 濃縮, 2. シリカゲルクロマト
         │ 3. 中圧液体クロマト, 4. HPLC
    プタキロシド(3 g)
```

図2 改良抽出法スキーム

出・分離を進めることが難しい．加えて，③ワラビ発がん物質は不安定，その上，④ワラビ材料の差異に基づく発がん性の変動がある．

生物試験グループと天然物化学グループの協同研究によって，ワラビの熱水抽出物を出発点として，途中，CD系ラットで早期（3カ月）に乳腺にがんが発生することを発見したこともあって，抽出画分の発がん性判定に必要な期間が大幅に短縮され，図1のような分画で，発がん活性分画（VA）が乾燥ワラビから0.3～0.4％の収量で得られた．この段階になると，クロマトグラフィーによる分離・分析が可能になり，HPLCで精製してついにワラビ発がん物質プタキロシド（ptaquiloside）が得られた（ワラビ乾燥粉末から0.02％）．一旦，本体が得られると，抽出・分画法は図2のように改良され，結局，ワラビ乾燥粉末3 kgからプタキロシド3 gが得られるようになった．

12.2.3 プタキロシド (1) の化学構造

プタキロシドの平面構造はNMR（^{1}H，^{13}C）解析と化学反応によって解明し，テトラアセテート（2）のX線結晶解析によって絶対配置を含めた立体構造が決定された[138](注)．

注 同じ年 (1983) に, van der Hoeven らはワラビから変異原性物質アキリドA (aquilide A)

を単離し，その平面構造を明らかにしている．アキリドAはプタキロシドと同一物質と思われる．J. C. M. van der Hoeven, W. J. Lagerweij, M. A. Posthumus, A. van Veldhuizen, H. A. J. Holterman, *Carcinogenesis*, 4, 1587 (1983).

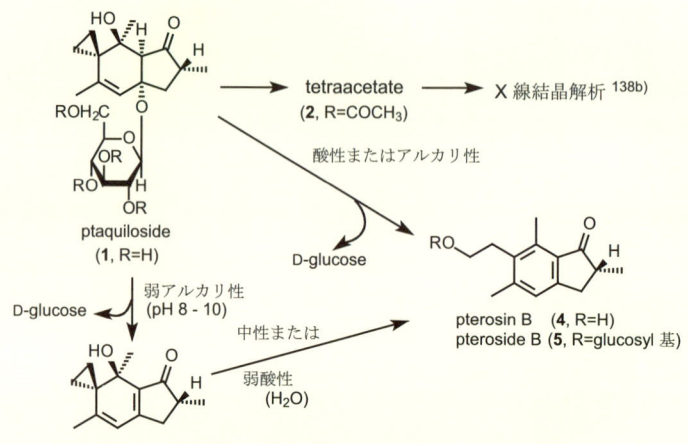

プタキロシド（**1**）の構造が判明すると，この物質の不安定性が理解される．求核剤との反応性に富んでいて芳香環化しやすい．1970年代にワラビの特徴的成分として報告されたプテロシンB（**4**）やそのグルコシド，プテロシドB（**5**）のような一群の芳香族化合物は，プタキロシド（**1**）から生成したものと考えられる．興味深いことに，**1**のアグルコン部は，比較的に例の少ないイルダン（illudane）型ノルセスキテルペンで，毒キノコの一種ツキヨタケ *Lampteromyces japonicus* の有毒成分イルディン（illudin）S（**6**）[139]やイワヒメワラビ *Hypolepis punctata*（ウラボシ科）の辛味成分ヒパクロン（hypacrone）（**7**）[140]などが知られている．

12.2.4 プタキロシド（1）の生物活性

1を雌CD系ラットに経口投与すると，3カ月後に乳腺にがんを生じ，最終的には回腸と膀胱にがんが100％発生する．この結果，1がワラビの発がん物質であることが明らかにされた．1を大量にラットに投与すると血尿を出し，数日以内に死に至る．1を仔ウシに経口投与すると，急性ワラビ中毒と同様，白血球や血小板が著しく減少し，骨髄障害がおこる．また，1はヒツジの進行性網膜変性症の原因物質であることが判明している．

プタキロシド（1）は温和な弱アルカリ性条件下，容易にD-グルコースを脱離してきわめて反応性に富むジエノン体（3）を生成し，これが強力なアルキル化剤として種々の求核性化合物と反応することから，3は究極の（ultimate）発がん物質と考えられている[注]．

注　ワラビ発がんの標的臓器である回腸，膀胱は体内でpHが高く（弱アルカリ性），究極発がん物質が発生しやすい臓器である．

3が水と反応すればプテロシンB（4）が生成するので，同様にアミノ酸，タンパク質，DNAなど生体物質と反応すれば各々のアルキル化生成物の生成が期待される．

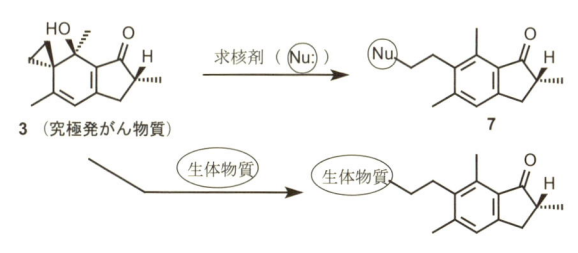

3の両エナンチオマーの合成，DNAとの反応，DNA切断の分子機構が詳細に検討され[137]，ワラビ発がん物質によるDNAのアルキル化がワラビ発がんの第一歩であることが，化学構造式のレベルで明らかにされた．そして，世界の多くの国で長年の懸案であった食用植物ワラビの発がん因子の解明がなされた．また，日本人古来の知恵であるワラビのあく抜き操作は，発がん物質を効果的に除去していることがよく理解されるに至ったのである．

12.3　がん化学療法剤

がん化学療法で用いられている抗がん剤の60％以上は天然物質に由来しているが，発見の端緒・経緯はさまざまである．動物やヒト由来のがん細胞に対する細胞毒性（cytotoxicity）試験[注]，がん細胞移植動物に投与して延命効果をみる抗腫瘍活性（antitumor activity）試験で，抗腫瘍活性天然物質を検索し，やがてヒトに対する臨床試験（phase study）を経て，抗がん薬（anticancer drug）ということになる．

注　P388白血病細胞，L1210白血病細胞，メラノーマB16，ルイス肺ガン細胞が *in vitro*, *in vivo* 方式でよく使われた．ほかにKB細胞，HeLa細胞が用いられた．

今日，がん化学療法に用いられている天然物質を，臨床試験（phase study）中のものも含めて，主なものをそれらの由来にしたがって以下に表示する．それらの化学構造はきわめて多彩で，これに合成薬品など非天然由来の抗がん薬との併用を加えるとますます多様で，かつ治療対象とされるがんも様々である．

12.3.1　植物由来 [141]

25万種といわれる植物の中で，これまでのところ1000種以上の植物の成分が抗がん性を示すことが明らかにされていて，なお多くの植物由来の分子が医薬化学的検討を待っている．半合成の植物由来化合物も含めて，次のような化合物が実用に供されている．

	化合物	由来／[対照がん]
1)	㋑ R=Me　vinblastine ㋺ R=CHO　vincristine	*Catharanthus roseus* （= *Vinca rosea*） （Apocynaceae，キョウチクトウ科） 葉 [㋑胸，リンパ腫，生殖細胞，腎 　㋺白血病，リンパ腫，胸，肺，小児固型がん]

2) 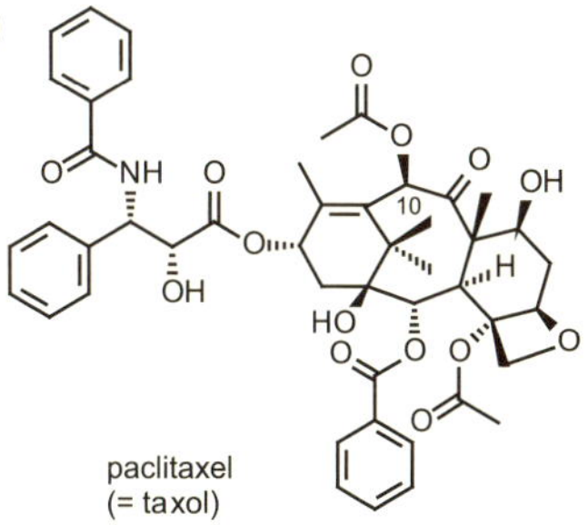 **paclitaxel** (= taxol)

Taxus brevifolia（the Pacific yew）（Taxaceae，イチイ科）樹皮

［卵巣，胸（乳房），肺，膀胱，頭，頸部］

taxol は元来の命名だが trade mark（TM）になっているので，新たに paclitaxel と命名された[注]．

注 1 g の taxol を得るのに樹齢 100 年の Pacific yew が必要．治療 1 クールに 2 g の taxol が必要となるので，これは環境上深刻な問題になる．

3) 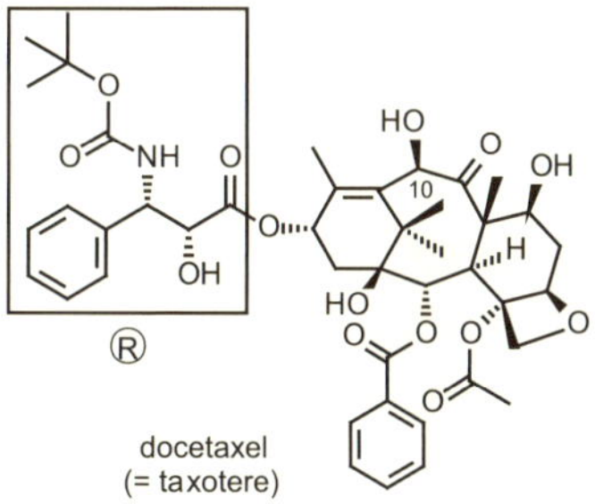 **docetaxel** (= taxotere)

Taxus baccata（the common yew）の葉，枝から得られる 10-deacetylbaccatin Ⅲ（Ⓡ=H）から誘導される taxotere（半合成）が元来の命名だが，これも trade mark になったので新たに docetaxel と命名された．

［卵巣，胸］

4) 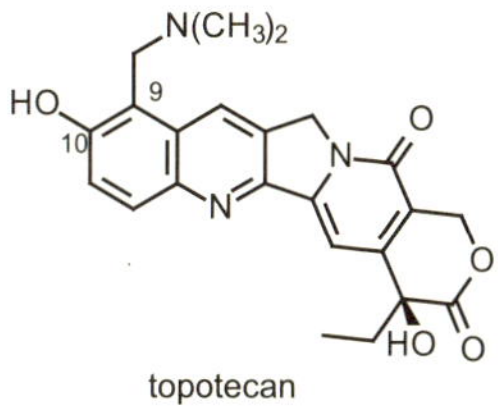 **topotecan**

中国産 *Camptotheca acuminata*（Nyssaceae，ヌマミズキ科）種子(0.3 %)，樹皮(0.2 %)，葉(0.4 %)から得られる camptothecin（9, 10 位ともに H）が抗がん性を示すが，毒性，難溶性なので，これをリード化合物として topotecan, irinotecan が開発された．

［卵巣，肺，小児がん］

5) [結腸，直腸，肺]

irinotecan

6) *Podophyllum hexandrum*, *P. peltatum* (Berberidaceae, メギ科) 根から得られる podophyllotoxin (Ⓡ部分は H ; 4'-OCH$_3$) をリード化合物として etoposide, teniposide が開発された.

etoposide

teniposide

[肺，睾丸，リンパ腫]

12.3.2 微生物由来

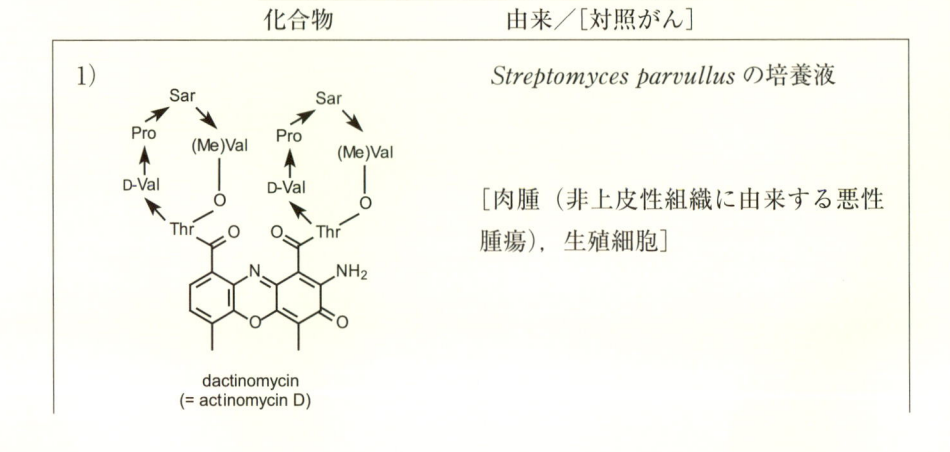

化合物	由来／[対照がん]
1) dactinomycin (= actinomycin D)	*Streptomyces parvullus* の培養液 [肉腫（非上皮性組織に由来する悪性腫瘍），生殖細胞]

2) *Streptomyces verticillus* の培養液から得られる bleomycin はグリコペプチド混合物，主成分は ®の混合物（bleomycin A₂, B₂, bleomycinic acid, peplomycin）

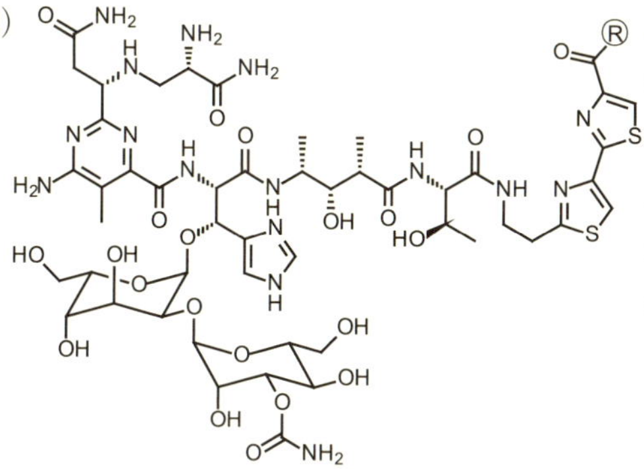

[生殖細胞，頸部，頭頸部]

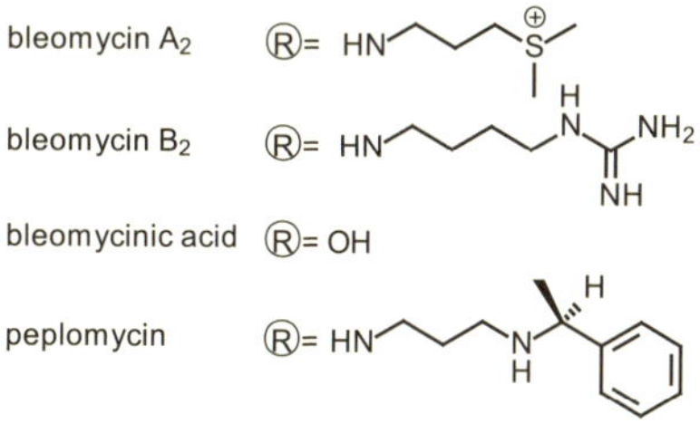

bleomycin A₂ ®= HN–CH₂CH₂CH₂–S⁺(CH₃)₂

bleomycin B₂ ®= HN–(CH₂)₄–NH–C(=NH)–NH₂

bleomycinic acid ®= OH

peplomycin ®= HN–CH₂CH₂CH₂–NH–CH(CH₃)–C₆H₅

3) *Streptomyces coeruleorubidus*, *S. peucetius* の培養液

[白血病]

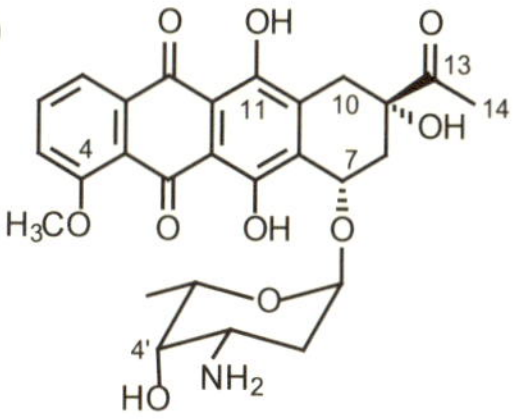

daunorubicin
(= daunomycin)

4) *Streptomyces peucetius* var. *caesius* の培養液

[リンパ腫，肺，胸，卵巣，肉腫]

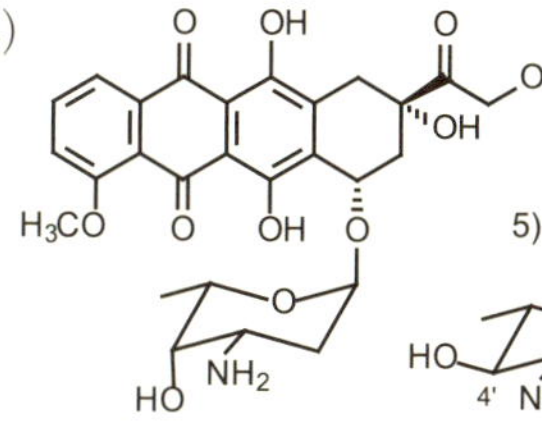

doxorubicin
(= adriamycin)

5) [epimer at 4' = epirubicin (4'-epidoxorubicin)] ⟶ [胸（副作用少ない）]

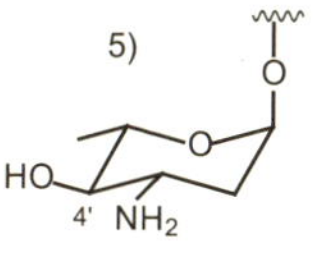

6) *Streptomyces caespitosus* の培養液から mitomycin A～C が得られる．このうち C が比較的毒性が弱い．

mitomycin C

［胃，結腸，直腸，肛門，肺］

12.3.3 海洋天然物質由来

少し詳細に見てみよう[142]．海洋生物は自身の含有成分を化学防御物質として役立てていることが多い．しかし，海洋生物の成分は，近年，海洋生物中の微生物に由来する可能性が増してきている．また，多くの海洋生物は軟体で化学防御を必要としている．つまり，進化の過程で彼らは化学防御物質を海洋微生物から得ているのではないかというのである．これらの化学防御物質は海水中に排出されてすぐ希釈されるので，別の個体に化学信号を送り伝えるためには，その活性（作用）が強いことが求められる．したがって，これらの海洋天然物質から数多くの drug candidate が生み出されることになる．まだ前臨床試験（preclinical）の段階のものか，臨床試験（clinical）初期のものが多いが，cytarabine（=Ara-C，DNA 合成阻害，白血病，リンパ腫に用いる）のように市場に出ているもの，ET743（Yondelis™）（DNA アルキル化剤）のようにまもなく市場に出ることが期待されるものもある．

以下に，抗がん海洋天然物質のその主たる作用機作に従って順に紹介する．

a. 酵素阻害剤

1) プロテインセリン/スレオニンキナーゼインヒビター（protein serine/threonine kinase inhibitor）

bryostatin-I： コケムシ（bryozoan）*Bugula neritina* はサンゴなどのような固着生物で，protein kinase C（PKC）を阻害する物質 bryostatin 類を産生する．bryostatin 類は bryopyran 環構造をもつポリケチドで，PKC の中の protein serine/threonine kinase を阻害して抗腫瘍活性を示す．中でも bryostatin-I は臨床試験中で，とりわけヨーロッパでは paclitaxel（=taxol）と併用して食道がんの治療に有望とされている．

1980 年代に G. Pettit ら（米国アリゾナ大学）がコケムシから単離・構造を明

らかにしたのがはじまりである．近年 bryo-statin 類の構造がバクテリアの二次代謝産物に似ているところから精査され，共生微生物 proteobacterium（これまで培養には成功していない）の一種 "*Candidatus* Endobugula sertula" が bryostatin-I を生産することがわかった[143]．

bryostatin-1

当面は大量のコケムシから抽出・分離して臨床試験に供されているが，近い将来，微生物の培養でまかなわれる可能性がある．一方，コケムシの aquaculture も成功しているが，そこでは bryostatin-I は得られていない．

2) プロテインチロシンキナーゼインヒビター（protein tyrosine kinase inhibitor）： 海洋生物成分のいくつかはこの活性を示す．

(+)-aeroplysinin： 海綿 *Verongia aerophoba* の成分で，プロテインチロシンキナーゼを阻害する．その結果として，ナノモル・レベルでアポトーシスを起こさせ，血管新生（angiogenesis）を抑える．

(+)-aeroplysinin

b. 微小管阻害作用物質

Taxane 類が腫瘍における微小管（microtubule）安定化を障害する作用のあることがわかってから，新しい微小管阻害作用物質の探索研究が盛んになって，海洋天然物質からもこのような活性化合物が多く見出されている．

1) dolastatin-10： アメフラシ *Dolabella auricularia* から得られたペプチドで特異な構造のアミノ酸を含んでいる．

dolastatin-10

微小管阻害作用，アポトーシス誘導効果を示して臨床試験に入っているが，抗腫瘍薬として有望視されている．このペプチドは後にウミウシ，藍藻からも発見

されている.

2) halichondrin B: クロイソカイメン *Halichondria okadai* から okadaic acid が得られ,それが non-TPA タイプの発がんプロモーター活性を示すことは先に述べた.このクロイソカイメンを材料としてメラノーマ B16 に対する抗腫瘍活性を追跡してハリコンドリン類 8 種が平田義正,上村大輔ら(名古屋大学理

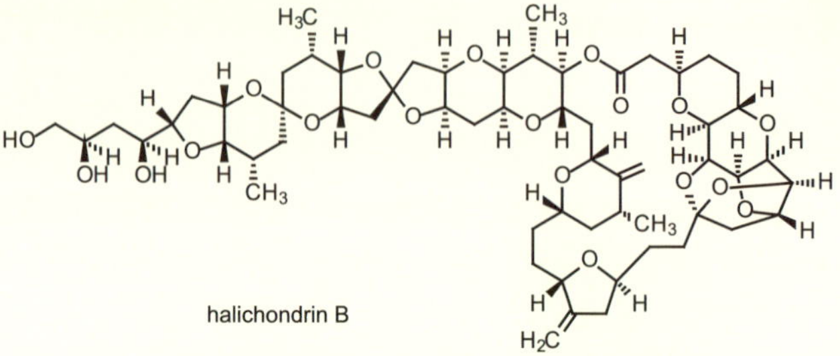

halichondrin B

学部)により発見・構造決定がなされた.最も強い活性を示したのがポリエーテルマクロリドのハリコンドリン B(halichondrin B)で,IC_{50}:0.093 ng/mL(B-16)であった.ハリコンドリン B はチューブリン相互作用を示し,動物実験でもめざましい延命効果を示し,現在は臨床試験の段階にある.

このほかの微小管阻害活性物質の中で,海綿 *Cacospongia mycofijiensis* から得られた 18 員環マクロリド laulimalide や,海綿 *Discodermia dissoluta* から得られたポリケチド discodermolide〔天然物は(+)-体〕は,多剤耐性の腫瘍細胞(multidrug-resistant P-glycoprotein を過剰発現した細胞)に対しても活性を保持しているところから,抗がん剤としてとりわけ興味がもたれている.

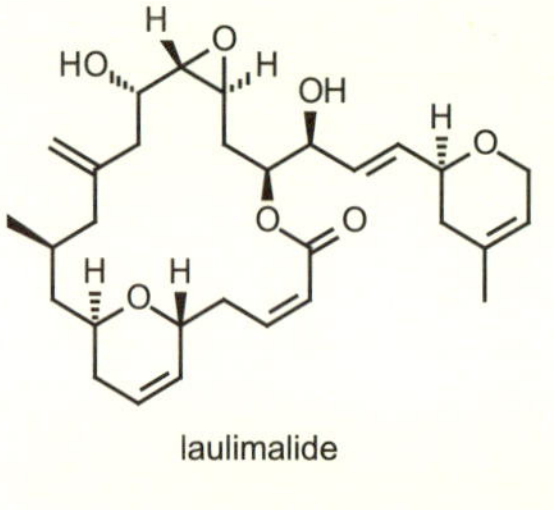

laulimalide

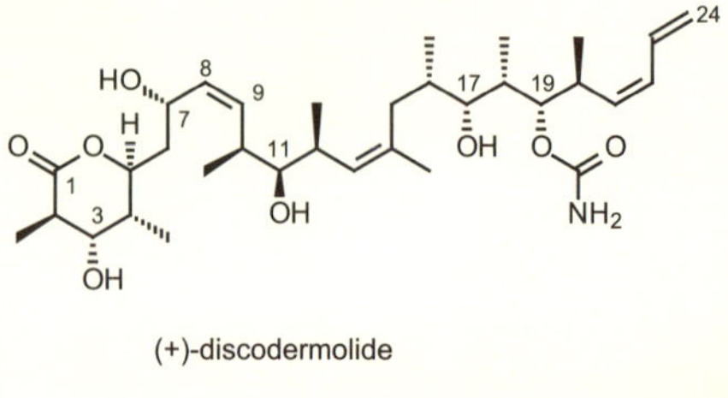

(+)-discodermolide

c. DNA-相互作用物質

現在使用されている抗がん剤のいくつか〔たとえば白金製剤:シスプラチン

(cisplatin), カルボプラチン (carboplatin) など] は DNA-相互作用物質で, いずれも細胞毒性が強い. それで通常, がん細胞と正常細胞に対する細胞毒性に差が少ないので,抗がん剤の探索に,DNAを標的にすることは問題視されていた.

しかし, DNA-アルキル化剤である ET743 (Yondelis™) が抗がん薬として臨床試験にまで登場することになって, DNA-標的とする探索法が再び支持されるようになった.

1) ET743: 1988年にK. Rinehartら(米国イリノイ大学)は,ホヤの一種 *Ecteinascidia turbinata* から DNA-相互作用活性物質 ecteinascidin (ET) 類 (ET743が中心的な活性物質) を見出した.

ET743は, ヒト腫瘍細胞系での生長阻害・IC_{50}値はナノモルからピコモルレベルの活性を示した[144]. しかし, 臨床試験に供するサンプル1gを得るには500kgのホヤが必要という困難があった. しかし細菌 *Pseudomonas fluorescens* の培養で得られる safracin B からの半合成でも供給が可能になった (1996年)[145]. ET743の供給はホヤの大量養殖に依存している現状が, この半合成, さらには見事に成功している全合成[146]の供給規模への発展によって打開されることが期待される.

ET743の作用機序そのものが, DNA修復を妨害するという副作用に関わりがある. 現在, 他の抗がん剤との併用も含めて臨床試験が展開されている.

ecteinascidin 743 (ET 743)   safracin B

以上, 限られた数の海洋生物由来の天然物質から, 開発されてゆく抗がん剤をとりあげるに止まっているが, その過程を見ると *in vitro* で強い活性を示す阻害物質が, 必ずしも理想的な drug candidate (候補物質) でもない. そして, 医薬品として市場に出るまでには, ①関わりのある化学が明確なこと, ②バイオアベイラビリティの改善, ③不測の副作用が少ないように, などいろいろな問題に

ついての配慮が必要になってくる.

それらの諸問題をふまえても，海洋天然物質はその研究が始まってまだ年数が浅いのにそれから多数の化合物が見出され，cephalosporin類，Ara-C，Ara-Aなどは医薬として使われている．それに bryostatin-1，ET743をはじめ10件以上の化合物が現在では臨床試験の段階に入っているなど，海洋天然物化学研究のさらなる貢献が期待される.

d. その後の抗腫瘍海洋天然物質

1) アプリロニン A (aplyronine A)[147]: 三重県志摩半島の太平洋沿岸で採取された軟体動物アメフラシの脂溶性抽出物が顕著な細胞毒性を示すことから，山田静之，木越英夫ら（名古屋大学理学部）は，細胞毒性を指標にして分画・分離を進め，超微量活性成分アプリロニン A を単離した（100 kg の動物から 3～10 mg）．HeLa S_3 腫瘍細胞に対する in vitro 細胞毒性の IC_{50}：0.48 ng/mL であったが，in vivo 試験で，がん細胞移植マウスに対する延命効果（T/C）値は，545 %（P388 白血病），556 %（Lewis 肺がん），396 %（Ehrlich がん），255 %（C26 大腸がん），201 %（B16 黒色腫）という活性物質であることがわかった.

有機合成化学的方法と機器分析法を組み合わせて，アプリロニン A の絶対立体構造が以下のように決定された.

さらに，山田，木越らによって，収束的アプローチに基づいて，最長 47 段階，通算収率 0.35 ％で見事な全合成が達成されている.

引き続いて，天然類縁物質アプリロニン B や C，および合成類縁物質をも用いて，細胞増殖阻害活性の比較検討がなされ，阻害活性の発現には，アプリロニン A のトリメチルセリン部，共役二重結合，二級水酸基の存在が重要な役割を果たしていることが明らかにされている．その後，アプリロニン A は，F-アクチンの脱重合を促進し，G-アクチンの重合を阻害することが見出されて，アク

チンに作用する抗腫瘍性物質として稀な例であることがわかり，アプリロニンAは新しい型の抗腫瘍性物質である．

2) アルトヒルチン (altohyrtin) 類[148]：　海洋生物由来の抗腫瘍活性物質探索の一環として北川 勲，小林資正ら（大阪大学薬学部）は，沖縄県新城島で採取した海綿 *Hyrtios altum* の冷アセトン抽出エキスから，KB 細胞に対する細胞毒性を指標に分画・分離して，以下のスキームに示すように4種の活性物質アルトヒルチンA，B，Cおよび5-デスアセチル-アルトヒルチンAを単離した（それぞれ計 23.9 mg, 1.5 mg, 1.5 mg, 14.0 mg）．

```
冷凍海綿（全量まとめて112 Kg）        分画・分離スキーム
         │
         │ 1) acetone
         ▼
    acetone ext. [0.56]
         │
         │ 2) AcOEt-H₂O              Fr. B (2.2 g) [0.002]
         ▼                                │
    ┌────┴────┐                           │  in vivo P388 leukemia
    ▼         ▼                           │  T/C 155% 10 mg/kg, i.p.
AcOEt ext. (222 g)  H₂O layer             │
   [0.056]            │                   │ 1) SiO₂ column
    │                 │ n-BuOH/H₂O        │ 2) HPLC (ODS, MeOH-H₂O)
    ▼ (38 g)          ▼                   ▼
    │          ┌──────┴──────┐      ┌─ altohyrtin A (4.1 mg)   [0.00001]
    │          ▼             ▼      ├─ altohyrtin B (0.25 mg)  [0.00002]
    │     n-BuOH ext. (151g) H₂O    ├─ altohyrtin C (0.25 mg)  [0.0004]
    │          [3.0]        phase   └─ 5-desacetylaltohyrtin A [0.0003]
    │                     (inactive)     (2.4 mg)
    ▼
 SiO₂ column
 (CHCl₃ - MeOH)
    *
         cytotoxic actvity (KB cell)
              [IC₅₀ (μg/mL)]
```

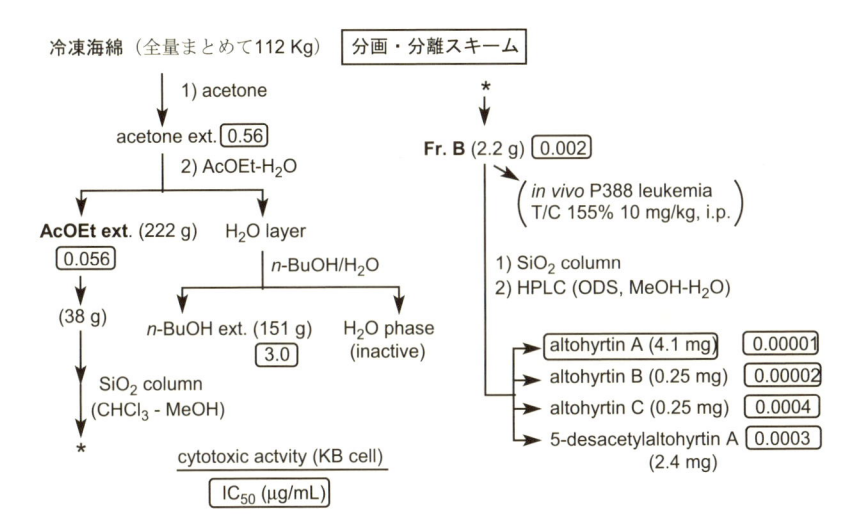

NMR (^{1}H, ^{13}C) などの機器分析による精密な構造解析，励起子キラリティ法，5-デスアセチル-アルトヒルチンAのNOESYデータの詳細な解析，楠見らの改良Mosher法[149]による絶対配置解析，さらに，5-デスアセチル-アルトヒルチンAについてSimulated Annealing Calculation法を用いて3次元立体配座が明らかになった[148d]．

アルトヒルチン類はC_{51}のポリケチドで42員環マクロリド構造を基本骨格とし，A/B, C/D の2個のスピロケタール構造をもち，きわめて強力な細胞毒性を示す．念のため，前述の分離スキームにおけるFr. Bの段階で，*in vivo* の抗腫瘍活性テスト（マウス，P388白血病）が行われ，T/C 155 %（10 mg/kg, i. p. 投与）の活性を示している．アルトヒルチン類は今後，抗がん薬としての開発にむ

	R^1	R^2
altohyrtin A	OAc	Cl
altohyrtin B	OAc	Br
altohyrtin C	OAc	H
5-desacetyl-altohyrtin A	OH	Cl

細胞毒性(IC_{50} ; KB cell)

altohyrtin A	:	0.01 ng/mL
altohyrtin B	:	0.02 ng/mL
altohyrtin C	:	0.4 ng/mL
5-desacetyl-altohyrtin A	:	0.3 ng/mL

けてさらなる研究が望まれる天然物質と思われる.

アルトヒルチン類に類似の構造が報告されている強力な細胞毒性物質spongistatin 1~9がG. Pettitら(米国アリゾナ大学)により,*Spongia*属の海綿や海綿*Spirastrella spinispirulifera*から発見され,一方,伏谷伸宏らにより*Cinachyra*属の海綿からcinachyrolide Aが得られている.それらの化学構造に関しては,アルトヒルチンAがY. Kishiら(米国ハーバード大学)により[150], アルトヒルチンCがD. A. Evansら(米国ハーバード大学)により[151]全合成によって構造が支持されている.そして,これまでのところ次の同一性がわかっている[152]: altohyrtin A=spongistatin 1,altohyrtin C=spongistatin 2,spongistatin 4=cinachyrolide A.

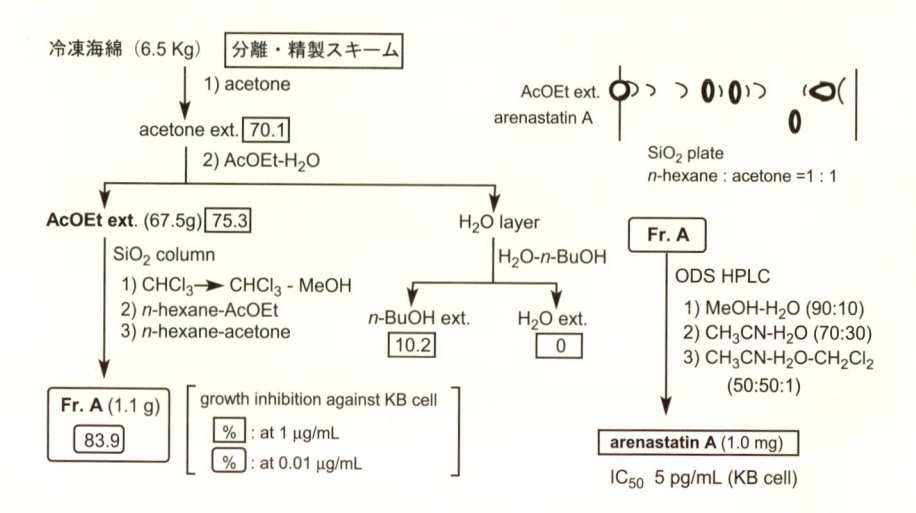

冷凍海綿 (6.5 Kg) 分離・精製スキーム
↓ 1) acetone
acetone ext. 70.1
↓ 2) AcOEt-H₂O

AcOEt ext. (67.5g) 75.3
  SiO₂ column
    1) CHCl₃ → CHCl₃ - MeOH
    2) *n*-hexane-AcOEt
    3) *n*-hexane-acetone
  Fr. A (1.1 g) 83.9
  growth inhibition against KB cell
    [%] : at 1 μg/mL
    [%] : at 0.01 μg/mL

H₂O layer
  H₂O-*n*-BuOH
  n-BuOH ext. 10.2
  H₂O ext. 0

AcOEt ext.
arenastatin A
SiO₂ plate
n-hexane : acetone =1 : 1

Fr. A
  ODS HPLC
    1) MeOH-H₂O (90:10)
    2) CH₃CN-H₂O (70:30)
    3) CH₃CN-H₂O-CH₂Cl₂ (50:50:1)
  arenastatin A (1.0 mg)
  IC_{50} 5 pg/mL (KB cell)

12.3 がん化学療法剤

3) アレナスタチン (arenastatin A)[153]: 前項のアルトヒルチン類の分離に続いて，北川 勲，小林資正ら（大阪大学薬学部）により，沖縄西表島の水深10 m のサンゴ礁域で採取された海綿 *Dysidea arenaria* のアセトン抽出エキスから，細胞毒性を指標に分離・精製し，新規デプシペプチドのアレナスタチン A が単離された．アレナスタチン A は冷凍保存海綿 6.5 kg からわずか 1 mg 得られる微量成分で，KB 細胞に対して細胞毒性 IC_{50}：5 pg/mL の超活性天然物質である（分離スキーム：前ページ下段）．

分離スキームからもわかるように AcOEt エキスの段階では，通常の検出方法では TLC 上その存在はスポットとして確認されない．しかし，TLC 画分の活性

構造決定の概念図

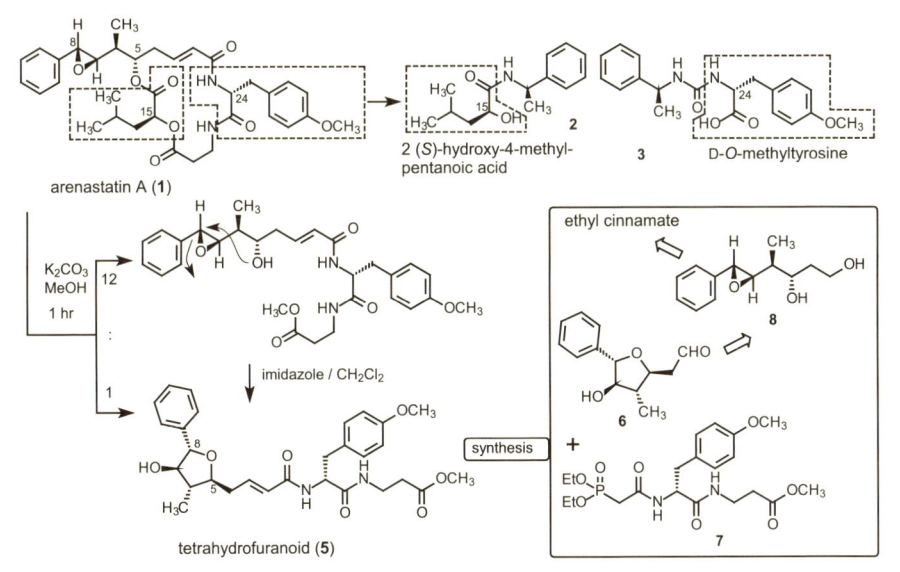

arenastatin A (**1**)

2 (*S*)-hydroxy-4-methyl-pentanoic acid

3 D-*O*-methyltyrosine

K_2CO_3 / MeOH / 1 hr

imidazole / CH_2Cl_2

tetrahydrofuranoid (**5**)

ethyl cinnamate

8

6

synthesis

7

arenastatin A (**1**)：細胞毒性 (KB cell) IC_{50} 5 pg/mL

試験で存在が予測されるので,それを手がかりに分離・精製が進められ,得られたアレナスタチンA (1.0 mg) のTLC上のスポットをみると,AcOEtエキスの段階ではスポットとして表れていないことがわかる.つまり,KB細胞に対する毒性活性の強力なことが発見につながっている.ちなみに1.1 g得られたFr. Aの細胞毒性は0.01 μg/mL投与で阻害率83.9%であった.

アレナスタチンAの絶対立体構造 (1): 2D-NMRの詳細な解析により,アレナスタチンA (1) の平面構造が明らかになり,分解反応 (1 → 2+3),ROESYスペクトルの解析によって絶対立体構造が推定され,アレナスタチンA (1) のメタノリシスで得られる誘導体5の不斉合成により確認された (p.273).

全合成: 以下の逆合成概念図に示されるように,3経路で全合成が達成されている.

1990年に米国Merckのグループが陸生ラン藻 *Nostoc* sp. の培養藻体から抗菌活性デプシペプチドcryptophycinを単離し,その平面構造を報告している[154].その後R. E. Mooreら(米国ハワイ大学)は同じく *Nostoc* sp. の陸生ラン藻の培養藻体からcryptophycinと多数の関連化合物(cryptophycin類)を強力な抗腫瘍性物質として単離し,それらの絶対立体構造を明らかにし,抗がん剤開発にむけて検討が展開されている[155].

興味深いことに，沖縄産の海綿 *Dysidea arenaria* から発見されたアレナスタチン A (**1**) は cryptophycin B の β-アラニン同族体（C_{20}〜C_{22}）に相当している．アレナスタチン A は血清中で加水分解を受けやすい．その問題も含めて，さらなる検討がまたれる．

cryptophycin A : R=Cl
cryptophycin B : R=H

13

自然毒,とりわけ海洋生物の毒

　自然とヒトとの関わりに介在する有毒天然物質の由来をみると,植物の毒,キノコの毒,かびの毒,腐敗毒,昆虫やクモなど小動物の毒など陸上生物起源の毒や,海洋生物の毒などさまざまである[7]。

　植物の毒ではアルカロイド,配糖体,イソプレノイド,フェノール性化合物,発がん性および催奇形成成分,麻薬性成分,皮膚炎起因物質などが知られている.キノコの毒[156]としてはアミノ酸類(例:muscarine),ペプチド類(例:amanitin, phalloidine),アミン類(例:psilocybin),イソプレノイド(例:lampterol)がわかっているし,かびの毒には発がん性かび毒(例:aflatoxin, sterigmatocystin),肝・腎障害毒(例:luteoskyrin, citrinin, ochratoxin),向神経性かび毒(例:citreoviridin),痙れん毒(例:fumitremorgin),腐敗毒(例:腐敗アミン)がある.そして,小動物の毒といえば,防御忌避物質としての毒(例:脂肪酸,アミン類,フェノール類),毒液を滲み出させるもの,刺毒・咬毒(例:サソリの毒液,ハチ毒,ケムシ毒),ガマ,イモリなどの毒(例:bufalin)などが列挙される.

　これらの有毒天然物質の本体を明らかにすることは,天然物化学研究の重要な役割でもある.表現をかえれば,ヒトをとり巻く環境を分析するということで天然物化学研究が果たしている役割はきわめて大きい.本章ではタンパク資源としてヒトの生活に関わりの深い海洋生物の毒を中心に述べる.

13.1　微細生物が産生する海洋生物毒[157]

　海綿動物の項(§11.5.6)でも触れたように,海洋生物を丸ごと抽出して得られる多様な生物活性物質の中には,その生物が自身を守るための化学防御物質として役立っているものが多い.そして,それらの活性物質の"真の生産者は何か"という命題が,最もあざやかに解明されつつあるのが海洋生物毒の研究と思われる.これらの毒の研究の多くは,はじめに食用としているヒトに対する中毒とい

う誠に残念な事象で幕を上げている．すなわち，海洋生物毒によるヒトの中毒がいわば社会問題となって，①毒の本体を明らかにし，ついで，②毒を未然に防ぐための予知と毒の検出の方策を検討し，さらには，③中毒の治療方法の確立へと，環境対策が科学的に展開されてゆく．

13.1.1　テトロドトキシン

1964年4月に国際天然物化学会議（京都）において，日米三つの研究グループによってフグ毒テトロドトキシン（tetrodotoxin，TTX）の化学構造 **1** が明らかにされて注目された．続いて1972年に岸 義人，井上昭二，後藤俊夫ら（当時，名古屋大学農学部）によって，比較的小分子だが多官能基で籠形化学構造のTTXが全合成されて再び脚光を浴びるなど，TTXは当時の天然物化学研究のハイライト課題の一つであった．というのは，フグ毒はしばしば致命的な食中毒事件をおこすので社会的にも関心が深く，海洋生物毒の中では，とりわけ日本で最も知られた身近な毒の一つで，その研究の歴史は古いものであった．

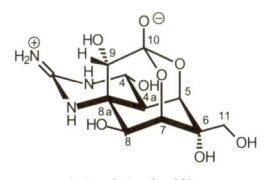

tetrodotoxin (**1**)

TTXのヒトの致死量は約2 mgといわれているが，これはマウス1万匹の致死量に相当している．その毒性発現の仕組みとしては，Na^+イオンの膜透過性を特異的に阻害することによって，神経や筋における興奮伝達が阻害されるためということが明らかにされている．つまり，TTXの作用がNa^+イオンチャネルの構造に関係しているので，TTXは神経伝達の分子メカニズムの解明に役立つものと期待されている．

遺伝子工学的手法でNa^+イオンチャネルの構造解析が進み，フグ自身がTTXで中毒しない理由が分子レベルで解明されるなど，フグ中毒の解明から出発して生体機能発現におけるNa^+イオンチャネルの特異的な役割の解明へと，近年，TTXは研究試薬（tool）として役立っている．

フグは他の魚類に比べてTTXに対して強い耐性を持っているが，その毒性の発現には個体差，地域差が著しい．ここにTTXの起源が外因性ではないかとの疑念が生じたのである．上述の1964年の京都会議でも，TTXはフグ以外にカリフォルニアイモリからも得られた（当時，tarichatoxinと命名された）[158]．以来，ヤセドクガエル（両生類），ヒョウモンダコ，ボウシュウボラや，バイなどの巻

貝（軟体動物），スベスベマンジュウガニ（節足動物），トゲモミジガイ（ヒトデの一種，棘皮動物），ヒラムシ（扁形動物），ヤムシ（プランクトン）などのほか，ヒメモサズキ（海藻）にも TTX が含有されていることがわかった[159]．さらに同様の海藻を食べる魚のナンヨウブダイ，アオブダイ，サザナミヤッコの肝臓にも TTX が検出され，はじめ海藻が起源かと考えられたが，それらの海藻を食べないエラコ（環形動物）にも TTX が検出されるに至って，海藻付着細菌が調べられ，TTX 生産細菌 *Shewanella alga* が発見されるに至った．

さらに，無毒の養殖フグが，有毒な天然フグと同一水槽で飼育することにより有毒化することから，接触感染が予想され，結局，TTX 生産細菌 *Listonella pelagia* biovar II および *Alteromonas tetraodonis* が発見されるところとなった．

このようにフグ毒 TTX はフグではなく微生物が生産することが明らかにされた．そして食物連鎖を介した TTX の起源が解明されてゆき，上述の TTX 含有生物の多様性も細菌起源ということで説明されることになった．

		R^1	R^2
1	TTX	OH	$^{11}CH_2OH$
2	6-*epi*-TTX	CH_2OH	OH
3	11-deoxy-TTX	OH	CH_3
4	11-oxo-TTX	OH	CHO
5	11-norTTX-6(*R*)-ol	H	OH
6	11-norTTX-6(*S*)-ol	OH	H
7	chiriquitoxin	OH	$CH(OH)CH(NH_2)COOH$
			$R\quad S$

さらに今日では，TTX は1種類ではなく，TTX 関連化合物が数種類存在することが知られている[158b]．また，TTX はフグの化学防御物質ばかりでなく，フグ仲間の誘引物質としても役立っているという知見もある．

13.1.2 サキシトキシンとその同族体

サキシトキシン [saxitoxin, STX (**8**)] とその同族体は，麻痺性貝中毒（paralytic shellfish poisoning, PSP）と呼ばれる致死率の高い食中毒の原因物質である．公衆衛生上深刻な問題なのは，食用の貝類が突然毒化することにある．

渦鞭毛藻（単細胞藻類）*Alexandrium* spp.（以前，*Gonyaulax* あるいは *Protogonyaulax* と命名された），*Gymnodinium catenatum*，*Pyrodinium behamense* var. *compressum* が STX を産生することが知られている．時には淡水産のラン

藻 *Aphanizomenon flos-aquae* も STX を生産する．ここでも，PSP における STX の起源については TTX の場合と同様，細菌由来の可能性が示唆されている[157]．

STX は TTX と同様，Na^+ イオンチャネルの受容部位①と呼ばれる部位に結合してチャネルの興奮を抑制する（下図）．

Na^+ チャネル断面模式図とテトロドトキシン，サキシトキシン，ブレベトキシン B の受容部位[159]

一方，赤潮プランクトンの毒ブレベトキシン B（後述）は受容体⑤に結合して不活性ゲートを開き放しにする[159]．

サキシトキシン（STX）にも 10 数種類の同族体の存在が知られている[157]．

		R¹	R²	R³	R⁴
8	STX	H	H	H	H
9		H	H	H	SO₃⁻
10	GTX2	H	OSO₃⁻	H	H
11		H	OSO₃⁻	H	SO₃⁻
12	GTX3	H	H	OSO₃⁻	H
13		H	H	OSO₃⁻	SO₃⁻
14	NeoSTX	OH	H	H	H
15		OH	H	H	SO₃⁻
16	GTX1	OH	OSO₃⁻	H	H
17		OH	OSO₃⁻	H	SO₃⁻
18	GTX4	OH	H	OSO₃⁻	H
19		OH	H	OSO₃⁻	SO₃⁻

	R¹	R²	R³	R⁴
20	H	OSO₃⁻	H	OH
21	H	H	OSO₃⁻	OH
22	H	H	H	H
23	H	OSO₃⁻	H	H
24	H	H	OSO₃⁻	H
25	OH	H	H	OH

13.1.3 シガテラ[160)]

熱帯・亜熱帯のサンゴ礁海域で，本来，無毒な食用魚が毒化し，死亡率は低いものの回復の遅い奇妙な食中毒があり，シガテラ (ciguatera) と呼ばれている．この通称はカリブ海産の小型巻貝 (*Turbo pica*) の現地名 (cigua) に由来しており，元来は，その貝による中毒をさす用語であったが，後に熱帯産の多くの魚による中毒に用いられるようになった．

a. シガトキシン

毒化する魚種は300種以上ともいわれているが，通常おもに20種ほどで，地域によっては貝やウニでも中毒する．これらのことはColumbusの時代から知られていたが，長くその実体は不明であった．1980年 Scheuer (米国ハワイ大学) によって中毒原因物質はシガトキシン (ciguatoxin, CTX) と命名され，1989年安元 健ら (東北大学農学部) によってその化学構造が明らかにされた．

中毒症状は特異である．消化器系では下痢，吐き気，腹痛など，神経系では知覚異常，関節痛，倦怠感，掻痒など，そして循環器系では脈拍と血圧の低下などいろいろだが，致命率0.01%以下と推定されるほど死亡することは稀である．

中でも知覚異常はシガテラに最も特徴的である．温度感覚の異常を主体とし，

冷たいものに触れると針で刺されたような，電気ショックを受けたような痛みを感じ，ドライアイスを素手で触れたときの感覚に似ているところから，ドライアイスセンセーションとも表現されている．世界的には年間患者数2～6万人と推定され，自然毒による急性食中毒としては最大の規模である．

本来は無毒な魚が毒化することによるもので，その毒性には個体差，地域差，年次変化が認められることから，食物連鎖による毒の蓄積が予想され，安元ら（東北大学農学部）によって海藻表面に付着生育する新種の有毒渦鞭毛藻 *Gambierdiscus toxicus* が発見され，それが毒の起源で，

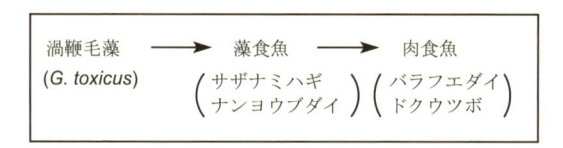

```
渦鞭毛藻    →    藻食魚      →    肉食魚
(G. toxicus)    ( サザナミハギ )    ( バラフエダイ )
                ( ナンヨウブダイ )    ( ドクウツボ )
```

という毒の移行過程が明らかにされた．Scheuer，橘 和夫ら（米国ハワイ大学）は，バラフエダイの筋肉，ドクウツボの肝臓から有機溶媒に可溶の毒を分離しシガトキシン（ciguatoxin，CTX）と命名した[161]．さらに，安元らによってナンヨウブダイ類からやや異なる毒スカリトキシン（SG-1）が，タヒチでマイト（maito）と呼ばれる小型藻食魚の内臓からマイトトキシン（MW=3422）が明らかにされた．

b. シガトキシンの化学構造

G. toxicus の人工培養ではシガトキシン（CTX）を得るには成功しなかったので，タヒチの Legrand ら（ルイ・マラルデン医学研究所）の協力で，940尾（約40トン）のドクウツボ(内臓 124 kg)から抽出・精製して得られた CTX 0.35 mg と，*G. toxicus* の天然藻体抽出物から得た GT4a，GT4b，GT4c の3成分のうち，最も量の多かった GT4b の 0.74 mg とを用いて構造解析が進められた．

CTX の分子式 $C_{60}H_{86}O_{19}$（MW=1110）は FAB（fast atom bombardment）イオン化法で決定された．GT4b は $C_{60}H_{84}O_{16}$（MW=1060）．

NMR 解析，とりわけ ^{1}H-^{1}H COSY，NOE 差スペクトル，2次元 HOHAHA，低温（-20℃～-25℃）NMR 測定，などで詳細な検討，8員環部分には分子力場計算（MM2）で安定配座がクラウン型であることを確かめるなど，わずか 1 mg に満たない試料で CTX（**26**）と GT4b（**27**）の構造が明らかにされた[162]．

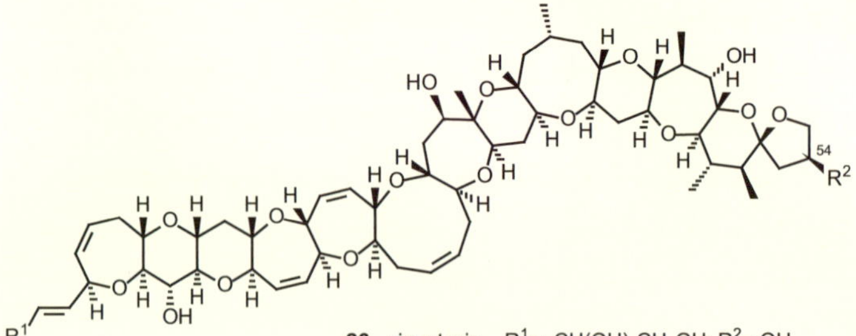

26 ciguatoxin R^1 = -CH(OH)-CH$_2$OH; R^2= OH
27 CTX-4B R^1= -CH=CH$_2$; R^2= H
(=GT4b)

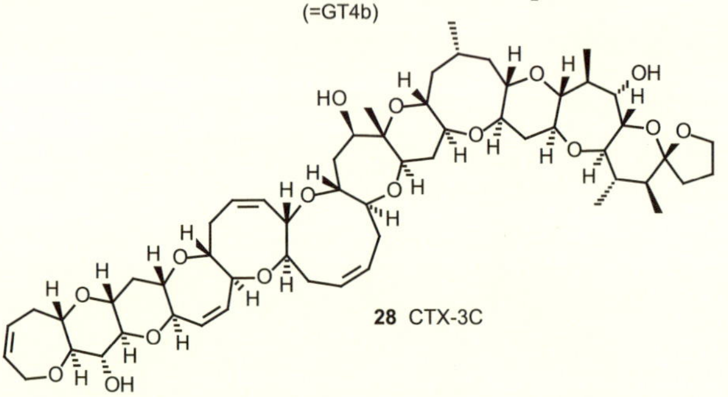

28 CTX-3C

　CTXはエーテル環12個がポリエーテル環構造で，その末端エーテル環がスピロケタール1個と縮環した計13個の環からなっている．数種の代表的なシガテラ魚の毒組成が明らかにされ，肉食魚の毒の主成分はおおむねCTX (**26**) で，副成分は10種以上［例：CTX-4B (=GT4b)(**27**)，CTX-3C (**28**)］があって，スカリトキシンSG-1は *G. toxicus* 天然藻体から得られたGT4aに相当することがわかった．

　シガテラの科学的研究の歴史をふりかえると，1941年7月から12月にかけて，当時，太平洋マーシャル諸島とカロリン諸島を委任統治領としていた日本が，公衆衛生上の立場から多くの島々で有毒魚の調査を行ったことから始まっている．1977年安元らがガンビエル諸島産の魚の消化器官から多数の渦鞭毛藻 *Gambierdiscus toxicus* を検出し，これがシガトキシン (CTX) の起源生物であることを突きとめたこと，さらに多くの研究協力者のすばらしい見事な協力と，加えて分析機器の進歩が力となって難問解決の第一歩が印されたのである．

13.1.4 マイトトキシン

マイトトキシン (maitotoxin, MTX)(**29**) はサンゴ礁海域で多発するシガテラ食中毒の原因物質の一つで, 海藻付着性の渦鞭毛藻 *Gambierdiscus toxicus* が産生する毒が小型藻食魚に移行, 蓄積され, その内臓から得られる.

MTX はこれまで知られている二次代謝成分としては最大の分子量 (Na_2 塩として 3422 Da) を有し, 少数の細菌起源のタンパク毒を除けば最強の毒性 (LD_{50}: ca 50 ng/kg, マウス i. p.) を示す化合物で, もちろんその構造解明は最もチャレンジングである(注). MTX (**29**) は多くの細胞系において, Ca^{2+} イオンの細胞内流入を nM 以下の濃度で顕著に促進することから, Ca^{2+} 依存性の細胞現象を解析するための tool として生命科学の分野でも注目されている.

注 ここに後述のパリトキシンも含めて超活性天然物という命名が生まれた.

MTX 構造解析の手順 [163]

MTX の絶対配置を含めた全立体構造の解明は, 天然物化学における最もチャレンジングな研究テーマであると同時に, そのきわめて強力な生物作用発現の機構を分子構造レベルで解明するために必要不可欠である.

maitotoxin (MTX)(**29**)

MTX はあまりにも巨大分子の天然物質なので, その完全構造決定の過程は複雑で, 原著論文の読解をおすすめする. ここでは一応, 構造解析が進められたその見事な手順をたどることにする.

① MTX の全平面構造の決定 [164]: MTX を過ヨウ素酸酸化して得られるフ

ラグメント A, B, C の構造解析をもとに構造推定．中でも B（MW=2328）は 2 μmol で NMR 解析．総合して，negative FAB MS/MS をもとに MTX は $C_{164}H_{256}O_{68}S_2Na_2$（142 個の炭素鎖，32 個のエーテル環，28 個の水酸基，2 個の S をもつ）と判明．

②縮合環状エーテル部分（CTX の研究などを参考）と，それらが C-C 結合で直結した部分（K/L, O/P, V/W 環部）での相対配置の決定[165]．①②をまとめた review[166]．ついで，

③縮合エーテル環構造をつなぐ鎖状部分（C_{35}〜C_{39}, C_{63}〜C_{68}）と，

④分子両末端の鎖状部（C_1〜C_{15}, C_{134}〜C_{142}）の相対立体配置と絶対構造の解明．以下に③と④における手順をまとめてみる．

③ⅰ) C_{63}〜C_{68} 鎖状部分の相対立体配置： $63R^*$, $64S^*$ は NOE, $^3J_{H,H}$ データから推定され，C_{64}/C_{66} および C_{66}/C_{68} の立体化学的関係は，C_{66} と C_{68} に関する 4 種類のジアステレオマー（**1A**〜**1D**）を合成して MTX の相当部分と ^{1}H および ^{13}C NMR を比較して **1A** と結論した．

1A : 66β-OH
1B : 66α-OH
1C : 66α-OH
1D : 66β-OH

ⅱ) C_{35}〜C_{39} 鎖状部分の相対立体配置： この鎖状部の配座は比較的固定されていたため，NOESY，E-COSY スペクトルで見積もられる $^3J_{H,H}$ データから，E, F 環，G, H 環を含むモデル化合物 **2** を合成した．MTX の相当部分の NMR データ（ケミカルシフト値，スピン結合定数，NOE）を比較してよい一致が見られた．

④両末端鎖状部の相対立体配置

ⅰ) 遠隔スピン結合定数を用いる立体構造解析： NMR による立体配置や立体配座解析には，NOE とともにスピン結合定数，中でも $^3J_{H,H}$（Karplus 式）が配

13.1 微細生物が産生する海洋生物毒   285

座解析に重要な役割を果たしている．しかし，MTX の C_1〜C_{15}, C_{134}〜C_{142} には複数の立体配座が存在するので NOE による解析が困難な部分が多い．今回，C-H 間遠隔スピン結合定数（$^{2,3}J_{C,H}$）による解析が検討された．すなわち $^{2,3}J_{C,H}$ は下図に示した2面角依存性を有するという原理[167)]を適用する *J*-based configuration analysis（JBCA 法と略称）[163a)]が新しく開発されたのである．これによってH,H 間が *anti* になる場合を除いて，隣接不斉炭素間の相対配置が一義的に決定される．

C-H 間遠隔^{13}C-^{1}H スピン結合定数（$^{2,3}J_{C,H}$）の2面角依存性
（（　）内は 1, 2-ジオール系の場合のスピン結合定数）

解析には ^{13}C 濃度を4％高めた MTX（9 mg）を用いて NMR 測定が行われた．$^{2,3}J_{C,H}$ データは主に HETLOC（hetero half-filtered TOCSY 法）によって測定（HMBC を併用して $^{2,3}J_{C,H}$ データを確認），C_5〜C_6, C_6〜C_7, C_7〜C_8, C_8〜C_9 と順を追って解析．さらに C_{12}〜C_{13}, C_{14}〜C_{15}, C_{134}〜C_{138} も同様に解析が進められた[168)]．

ⅱ）C_1〜C_{14} 鎖状部分の相対立体配置：　モデル化合物 **3A**，**3B** を合成して天然物 MTX のデータと比較し，**3A** のデータが一致した．

ⅲ）C_{134}〜C_{138} 部分の相対立体配置：　$C_{136}R^*$, $C_{138}R^*$ は，$^3J_{H,H}$, $^{2,3}J_{C,H}$ で一義的に決定される．C_{134}〜C_{135} 部分はモデル化合物 **4** を合成．**4** の $^3J_{H,H}$, $^{2,3}J_{C,H}$ およ

び NOE データは天然物 MTX の相当部分のデータを反映していることがわかったので，$134S^*$, $135S^*$, $136R^*$ が確認された．

(iv) C_{138}, C_{139} の絶対立体配置： MTX の過ヨウ素酸分解で得られる C_{136}〜C_{142} に相当するフラグメント C の可能な 4 種の立体異性体（**5A**〜**5D**）が合成され，**5A** がフラグメント C と一致した．

5A (138R, 139S)   **5B** (138S, 139R)   **5C** (138R, 139R)   **5D** (138S, 139S)

以上，^{13}C をエンリッチして得た MTX で解析が行われている．

したがって，分子量 1000 以下の化合物ならば，5〜10 mg の試料で同様の測定が可能と考えられる．このような手法は，これから一般的な構造解析法の一つになると思われる．

ともあれ，有機合成プラス NMR の方法論によって，史上最大の化学構造決定が見事に完結されている．

13.1.5　ブレベトキシン

米国フロリダ沿岸で渦鞭毛藻 *Gymnodinium breve*（= *Ptychodiscus brevis*）の大発生(赤潮)によって魚類が大量死することがある．そしてその大発生によって沿岸に住むヒトも眼やのどに刺激をうけることがあり，汚染された魚で中毒することがある．起因物質は渦鞭毛藻が産生するブレベトキシン（brevetoxin）B で，1981 年に *G. breve* の培養で得られたトキシンの X 線結晶解析でその構造 **31** が明らかにされた[169a]．それはポリエーテル構造の最初の例で，トランス縮環している．前述のシガトキシン（CTX, 構造 **26** は 1989 年に明らかにされた）も同様のトランス縮環構造をもっている．

30 brevetoxin-A

31 brevetoxin-B

　G. breve が産生するトキシンとしてはブレベトキシン A が最も魚毒活性が強く（ゼブラダニオ zebra fish：LD, A：3 ppb, B：16 ppb），その構造 **30** も X 線解析で明らかにされた[169b]．

13.1.6　パリトキシン

　「シガテラ毒の起源は繊維状のラン藻かもしれない」という仮説に基づいて，Scheuer ら（米国ハワイ大学）はハワイ・マウイ島「ハナの猛毒な海藻」を調査したが，猛毒の主は海藻ではなくイワスナギンチャクの一種 *Palythoa toxica* という動物であることがわかった．この猛毒はパリトキシン（palytoxin）と命名されたが，それまでの遅効性のシガテラ毒とは違って急性毒であった[160]．
　一方，日本で橋本芳郎ら（当時，東京大学水産学科）はソウシハギ *Alutera scripta* による中毒事件を調べ，水溶性の毒アルテリンを単離し，これがパリトキシンと同じものであることが判明した．さらに後になってソウシハギの内臓からイワスナギンチャク *Palythoa tuberculosa* のかけらが発見された[160]．
　パリトキシンの化学構造研究は，R. E. Moore ら（米国ハワイ大学）[170]と平田義正，上村大輔ら（名古屋大学理学部）[171]によって進められ，1981 年のほぼ同じ頃に化学構造が明らかにされた．そして 1989 年 Y. Kishi ら（米国ハーバード大学）によって驚異的な全合成が完成され，パリトキシンの絶対構造を含む全構造 **32** が解明された[172]．パリトキシンの全合成は Woodward, Eschenmoser らによるビタミン B_{12} の全合成，Corey らによるプロスタグランジンの合成研究に

32 palytoxin

比肩すべき有機合成化学の金字塔である．

パリトキシンはテトロドトキシン（TTX）の約50倍の毒性を示す猛毒で，分子式 $C_{129}H_{223}O_{54}N_3$ の巨大分子（分子量2677）で糖やアミノ酸のくり返し構造をもたないいわゆる non-biopolymer である．強い細胞毒性と冠状動脈収縮作用をもち，non-TPA タイプの発がんプロモーター（§12.1）でもある[157]．

また，パリトキシンは Palythoa 属の軟サンゴばかりでなく，その後，海藻 Chondria armata や，Demania 属および Lophozozymus 属のカニ類，熱帯魚メガネモンガラ Melichtys vidua やソウシハギ Alutera scripta からも検出されている[157]．

13.1.7 下痢性貝毒 (diarrhetic shellfish toxin)

a. 下痢性貝毒

1976 年下痢性貝中毒 (diarrhetic shellfish poisoning, DSP) が日本の北東部で起きた．それは食用の二枚貝 (mussel, scallop, clam) などに渦鞭毛藻の毒が蓄積されることによるものであった．中毒の起因藻として *Dinophysis* 属の数種の渦鞭毛藻がわかっている．貝中毒 (DSP) は世界中で起きているが，とりわけ日本や欧州北西部に多く，公衆衛生上および食用貝産業にとっては深刻な問題で，主な症状は下痢，吐き気，嘔吐，腹痛である．

b. オカダ酸とその同族体

これらの化合物はヒトの貝中毒事件の多くに関わりがある．もともと菊池，築谷ら（当時，藤沢薬品工業研究グループ）がクロイソカイメン *Halichondria okadai* 200 kg からハリコンドリン A と命名した結晶性物質 240 mg を単離したことに始まる．Scheuer ら（米国ハワイ大学）がモノカルボン酸ということでオカダ酸 (okadaic acid) と新たに命名し直して，X 線結晶解析で構造 33 を決定していたのである[173]．

安元ら（東北大学農学部）はシガテラ毒の起源生物として付着性の渦鞭毛藻 *Gambierdiscus toxicus* を 1977 年に発見していたのに続いて，渦鞭毛藻 *Procentrum lima* や *Dinophysis* 属渦鞭毛藻から下痢性貝毒の主成分としてオカダ酸 (33) を発見した[157]．オカダ酸は前述のように，藤木博太ら（当時，国立がんセンター）

33 okadaic acid R^1 = H R^2 = H
34 dinophysistoxin-1 R^1 = H R^2 = CH_3
35 dinophysistoxin-3 R^1 = fatty acid esters R^2 = CH_3

36 pectenotoxin-1

により，non-TPA タイプの発がんプロモーター（§12.1）であることが明らかにされ，ホスファターゼ1と2Aの特異的阻害剤であることがわかっている．

オカダ酸は生化学・薬理学研究における重要なプローブとして用いられているが，1986年磯部 稔ら（名古屋大学農学部）によってその全合成（後述）が達成されている[174]．

ムラサキイガイの消化管から得られた下痢性貝毒は，はじめその起因藻（*Dinophysis*属）にちなんで，ジノフィシストキシン-1（dinophysistoxin-1）（DXT-1）と命名されたもので，オカダ酸との比較研究で 35(R)-methylokadaic acid 構造 **34** が明らかにされた経緯がある．さらに日本北東部でおきたホタテガイ中毒の起因物質（DTX-3）[= 7-*O*-acyl-35(R)-methylokadaic acid（**35**）] が明らかにされている[157]．

その他，毒化ホタテガイ *Patinopecten yessoensis* の消化管から得られた下痢性貝毒の一つはペクテノトキシン-1（pectenotoxin-1）で，X線結晶解析により C_{43} のポリエーテル・ラクトン構造 **36** が明らかにされた[175]．このトキシンは渦鞭毛藻 *Dinophysis fortii* からも検出されている．

13.1.8　その他のトキシン
a.　ネオスルガトキシンとプロスルガトキシン

日本ではバイ貝 *Babylonia japonica* はよく食用にされる．1965年には，毒化したバイ貝で26名の人が中毒する事件があった．視覚障害，瞳孔散大，口渇，唇のかわき，言語障害，便秘，排尿困難などが主な症状であったという．起因毒のネオスルガトキシン（neosurugatoxin）とプロスルガトキシン（prosurugatoxin）は，毒化バイ貝の消化管から分離されたが，トキシンはCoryneform グループに属するバクテリアに由来するといわれている．化学構造 **37**，**38** は全合成によって確認されている[176]．また，これらのトキシンは，神経節のニコチン受容体を特異的に阻害し，その活性はヘキサメトニウムの5000倍の強さという．薬理学研究の tool として有用である．

37 neosurugatoxin　Ⓡ = β-xylose （*S）
38 prosurugatoxin　Ⓡ = H

b. アプリシアトキシン類

夏の間，ハワイ・オアフ島のビーチで定期的におこる"swimmer's itch"として知られる接触性皮膚炎は，水着に付着したラン藻 *Lyngbya majuscula* によって起こされるが，これはシガテラとは無関係である．起因物質は炎症活性物質アプリシアトキシン類［aplysiatoxin (**39**)，debromoaplysiatoxin (**40**)］で，これらには TPA タイプの発がんプロモーター活性（§12.1.3）のあることがわかっている[157]．

39 aplysiatoxin　　Ⓡ = Br
40 debromoaplysiatoxin　Ⓡ = H

別途，アメフラシの一種 *Stylocheilus longicauda* から二つの毒素 **39**, **40** が単離されているが，これらはアメフラシの餌 *L. majuscula* から蓄積されたものであることがわかっている．

以上，海洋微細生物が産生する数々のトキシンについて概説した．これらは一方で，環境汚染に関わりがあるとも思われるので，海洋生物毒による被害が増加している事実とともに私たちはこれを真剣に受けとめなければならない問題である．

13.2　二枚貝の毒ピンナトキシン類

13.2.1　ピンナトキシン A

Pinna 属二枚貝はインド洋，太平洋の温帯から熱帯にかけて棲息している．その貝柱（閉殻筋 adductor muscle）は中国，日本では食用とされ，時折，食中毒事件がおこる．1980 年と 1989 年に中国・広東地方での中毒事件を機に *Pinna attenuata* の有毒成分が研究され，毒の本体はピンナトキシン（pinnatoxin）で，それが Ca^{2+} イオンチャネルを活性化することが明らかにされた．日本では 1975〜1991 年の間に 6 件の中毒事件があり，2766 人が被害を受けているが，幸いにも死亡例はない．

1 -^{34}COOH　pinnatoxin A
2 -^{34}COOCH$_3$

a.　ピンナトキシン A の平面構造

日本では上村ら（当時，静岡大学理学部）が中国・広州の研究グループと協力して，二枚貝

Pinna muricata からピンナトキシン A とメチルエステルを単離し,それらの平面構造(gross structure)**1**,**2** を明らかにした[177a].

すなわち,沖縄産の貝の内臓(viscera)45 kg の 75% エタノールエキスを,マウスに対する毒性試験(i. p.)でモニターしながら分離・精製し,きわめて水溶性の高いピンナトキシン A(**1**)(3.5 mg, LD_{99}:180 $\mu g/kg$)とそのメチルエステル体(**2**)(1.2 mg, LD_{99}:22 $\mu g/kg$)が得られた.

ピンナトキシン A(**1**)の分子式 $C_{41}H_{61}NO_9$ は HR-FABMS で決定され,^1H NMR, ^{13}C NMR, DEPT, HSQC スペクトルから骨格炭素,ヘテロ原子の内訳が検討された.ここでは IR スペクトルの検討からピンナトキシン A が水易溶性かつ両性(amphoteric)化合物であることが裏付けられている.さらに平面構造の構築に,2D DQF-COSY, HOHAHA-HMQC などの NMR 解析が駆使され,最後に HMBC 法によって,全平面構造 **1** が明らかにされた.ここで α, β- 不飽和カルボキシレート部分(C_{32}〜C_{34})は UV スペクトル(max 216 nm)で確かめられている.そして **1** 式の基本骨格の成り立ちは,右のように説明されている.このように Diels-Alder 型反応が生合成経路において進行するのは興味深い例である.

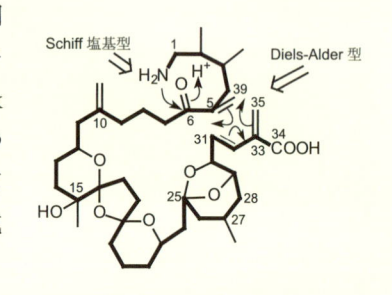

b. ピンナトキシン A の相対立体構造[177b]

6,7- アザスピロ環,6,5,6- トリスピロケタール環,5,6- ビスクロケタール構造をもち,15 個の不斉中心を有するピンナトキシン A の平面構造 **1** が明らかにされ,ついでその相対立体構造が検討された.

まず,5,6- ビスクロケタール構造(E, F)と 6,7- アザスピロ環(A, G)を

13.2 二枚貝の毒ピンナトキシン類

含むセグメント R における C_2, C_3, C_5, C_{25}, C_{27}, C_{28}, C_{29}, C_{30}, C_{31} の相対立体配置が, $^3J_{vis}$ 値の詳細な検討, NOESY, ROESY 実験から決定された.

次に, 6,5,6-トリスピロケタール環 (B, C, D) を含むセグメント L における C_{12}, C_{15}, C_{16}, C_{19}, C_{23} の相対立体配置が同様の手法で明らかにされた. 最後にセグメント R とセグメント L のつながり部分が NOESY, ROESY の詳細な解析によって明らかにされた. 中でも $H_{12}/C_{(41)}H_3$, H_{23}/H_3 のクロスピークの存在 (:) は, ピンナトキシン A の相対立体配置 1 の決定に有力な支持を与えるものであった[注].

注 絶対立体構造は後述 (§13.2.3) のように, この *ent* 型である.

13.2.2 ピンナトキシン D の相対立体配置[177c]

二枚貝 *Pinna muricata* の毒の一つとして新たにピンナトキシン (pinnatoxin) D が得られ, その平面構造は 2D NMR 実験で推定され, ピンナトキシン A と同様, 6,7-アザスピロ環, 6,5,6-トリスピロケタール環, 5,6-ビシクロケタール構造と 15 個のキラル中心をもつことが明らかにされた.

ピンナトキシン D は $C_{45}H_{67}NO_{10}$ (HR-FABMS で), LD_{99} 0.4 mg/kg (マウス, i.p.) の無色固体として得られた. ^{13}C-NMR, DEPT の詳細な解析, DQF-COSY, HOHA-HA, HMQC, HOHAHA-HMQC, $^2J_{C,H}$, $^3J_{C,H}$ 遠隔カップリング (PFG-HMBC) など

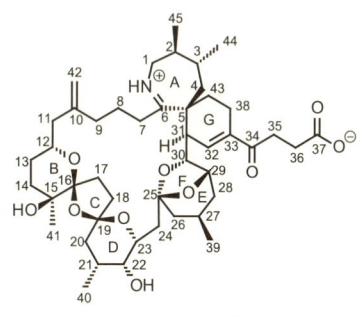

pinnatoxin D (3)

の NMR スペクトルの詳細な解析結果を総合して, ピンナトキシン D の全炭素骨格とその相対立体構造 3 が明らかにされている[注].

注 絶対立体構造は後述 (§13.2.3) のように, この *ent* 型である.

毒化した *Pinna muricata* の主トキシン・ピンナトキシン A (1) のように, ピンナトキシン (pinnatoxin) D (3) は新規の両性大環状化合物である. A (1) との相違点は, D (3) は A (1) より 3 炭素長いことと, A (1) とは C_{21}, C_{22}, C_{28} 位の官能基が異なっている.

13.2.3 ピンナトキシンBおよびC[177d]

ピンナトキシン類の中で最も毒性の強いピンナトキシン (pinnatoxin) BとCの1:1の混合物が，沖縄産の二枚貝 *Pinna muricata* の内臓 (21 kg) から0.3 mg得られた．

ピンナトキシンB (**4**) とC (**5**) は34Sと34R異性体の1:1の混合物として分離されたが，そのLD$_{99}$ 22 μg/kgと分子式C$_{42}$H$_{64}$N$_2$O$_9$ (ESIMSで) が明らかにされている．しかし，BとCの分離には成功していない．

ピンナトキシンB (**4**) とC (**5**) の相対立体構造は，それまでのピンナトキシンA (**1**) やD (**3**) の場合と同様に，DQF-COSY，HOHAHA，HMQCをはじめ詳細な2D NMR解析で明らかにされた．

最後に，Y. Kishiら（米国ハーバード大学）はピンナトキシンA (**6**) とその*ent*体 (**1**) を全合成し[177e]，**6**が天然に得られたピンナトキシンAに一致することが判明したので，ピンナトキシン類の絶対構造がここに表示した式A (**6**)，B (**4**) およびC (**5**) で表されることが明らかになった．

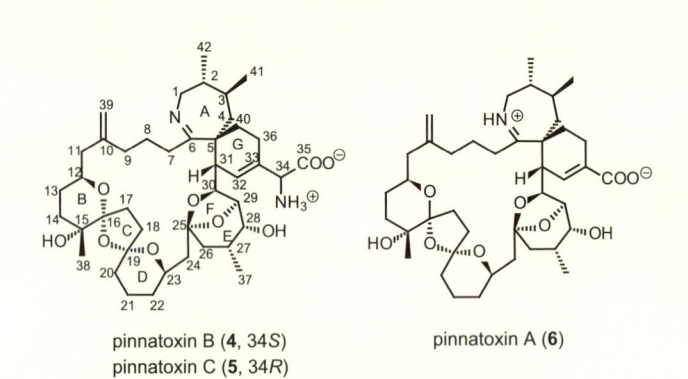

pinnatoxin B (**4**, 34S)
pinnatoxin C (**5**, 34R)

pinnatoxin A (**6**)

13.2.4 プテリアトキシン (pteriatoxin) 類

ピンナトキシン類と同族体で，沖縄産二枚貝 *Pteria penguin* から分離された6,7-アザスピロ環，6,5,6-トリスピロケタール環，5,6-ビシクロケタール構造をもつプテリアトキシン (pteriatoxin) A (**7**) と，B (**8**) およびC (**9**) の1:1の混合物[注]が知られている．もともと，ウツボがこの貝の内臓を嘔吐しているのがきっかけで発見されたもので，プテリアトキシン類は毒性 (LD$_{99}$) も強

い（A：100 μg/kg，B+C：8 μg/kg）．

pteriatoxin A (**7**)

pteriatoxin B (**8**), C (**9**)^(注)
（C$_{34}$エピマー混合物）

注 B（**8**）とC（**9**）の分離には成功していない．

二枚貝 *P. penguin* の内臓 82 kg から A が 20 μg，B+C が 8 μg 得られたものが，上村ら（名古屋大学理学部）によって構造解析されたものである[178]．
プテリアトキシン A（**7**）は分子組成 $C_{45}H_{70}N_2O_{10}S$（ESIMS）で，^{1}H NMR，COSY，HOHAHA で精査され，陽イオン ESI MS/MS パターンがピンナトキシン A（**1**）に近似している．プテリアトキシン B+C（**8**，**9**）についても，分子組成 $C_{45}H_{70}N_2O_{10}S$（ESIMS），^{1}H NMR，COSY，HOHAHA スペクトル解析，陽イオン ESI MS/MS の活用でピンナトキシン類同族体の構造が推定されるに至っている．
プテリアトキシン（pteriatoxin）類の基本骨格は，ピンナトキシン（pinnatoxin）同族体のそれにシステイン（cysteine）単位が付加・延長されたものと理解される．
上に述べた *Pinna muricata* 以外の *Pinna* 属二枚貝 *Pinna attenuate*, *P. atropurpurea* の消化管や，中国や日本でよく食用にされる二枚貝 *Atrina pectinata*（あるいは *P. pectinata*）からも，マウスに同様の中毒症状を起こさせるトキシンの存在が示唆されている．これらを総合して考えると，*Pinna* 属二枚貝の毒化も，これらが渦鞭毛藻のような毒生産微細生物を餌とする結果と思われている[178]．

13.2.5　ピンナミン（pinnamine），二枚貝の有毒アルカロイド[179]

沖縄産二枚貝 *Pinna muricata* から Ca^{2+} イオンチャネルを活性化するピンナトキシン類が抽出・分離され，それらの化学構造が明らかにされたが，それから数

年の後,マウスに対して別のタイプの急性毒性(あわてて走り回るなど)を示すアルカロイドのピンナミン(pinnamine)(**10**)が発見されている.

ピンナミン(**10**)は,$C_{13}H_9NO_2$(HR-FABMSで決定)の無色油状物質で,その毒性はLD_{99}:0.5 mg/kg(マウス)である.

pinnamine (**10**)

III編(7〜13章)の文献

1) a) 渋谷博孝, 北川 勲, "インドネシア薬用植物の化学的研究", 薬誌, **116**, 911-927 (1996); b) I. Kitagawa, T. Mahmud, M. Kobayashi, Roemantyo, H. Shibuya, *Chem. Pharm. Bull.*, **43**, 365 (1995).
2) a) P. J. Scheuer, *"Chemistry of Marine Natural Products"*, Academic Press, N. Y., London (1973); b) P. J. Scheuer ed., *"Marine Natural Products-Chemical and Biochemical Perspectives"*, vol. I - V, Academic Press, N. Y. (1978-1983); c) P. T. Grant, A. M. Mackie, "Drugs from the sea-fact or fantasy?", *Nature*, **267**, 786 (1977); d) P. J. Scheuer, "Drugs from the sea", *Chem. & Ind.*, **1991**, 276; e) 橋本芳郎, 「魚介類の毒」, 東京大学出版会 (1977. 9); f) Y. Hashimoto, *"Marine Toxins and Other Bioactive Metabolites"*, Japan Scientific Societies Press, Tokyo (1979); g) L. Bongiorni, F. Pierta, "Marine natural products for industrial applications", *Chem. & Ind.*, **1996**, 54.
3) a) 北川 勲編, "海洋天然物化学-新しい生物活性物質を求めて-", 化学増刊111号, 化学同人, 1987; b) 安元 健編, "化学で探る海洋生物の謎", 化学増刊121号, 化学同人, **1992**.
4) 北川 勲, "生物活性海洋天然物質を探る", 薬誌, **108**, 398-416 (1988).
5) 北川 勲, "天然薬物成分の化学的研究-伝承の解明と新しい天然薬物の開拓-", 薬誌, **112**, 1-41 (1992).
6) a) I. Kitagawa, K. Hayashi, M. Kobayashi, *Chem. Pharm. Bull.*, **37**, 849 (1989); b) M. Kobayashi, K. Hayashi, K. Kawazoe, I. Kitagawa, *Chem. Pharm. Bull.*, **40**, 1404 (1992).
7) 山崎幹夫, 中嶋暉躬, 伏谷伸宏, "天然の毒-毒草・毒虫・毒魚-", 講談社サイエンティフィク, 1985.
8) A. L. Demain, *"Microbial Natural Products: A Past with a Future"*, Special Publication-Royal Society of Chemistry, **257** (Biodiversity), 3-16 (2000).
9) T. Kume, N. Asai, H. Nishikawa, N. Mano, T. Terauchi, R. Taguchi, H. Shirakawa, F. Osakada, H. Mori, N. Asakawa, M. Yonaga, Y. Nishizawa, H. Sugimoto, S. Shimohama, H. Katsuki, S. Kaneko, A. Akaike, *Proc. Natl. Acad. Sci., USA*, **99**, 3288 (2002).
10) 北川 勲, 三川 潮, 庄司順三, 滝戸道夫, 友田正司, 西岡五夫, "生薬学", 廣川書店 (第1版1980.4, 第7版2007.4).
11) a) C. Konno, T. Taguchi, M. Tamada, H. Hikino, *Phytochemistry*, **18**, 697 (1979); b) H. Hikino, K. Ogata, C. Konno, S. Sato, *Planta Medica*, **48**, 290 (1983); c) H. Hikino, N. Shimoyama, Y. Kasahara, M. Takahashi, C. Konno, *Heterocycles*, **19**, 1381 (1982).
12) I. Kitagawa, Y. Fukuda, M. Yoshihara, J. Yamahara, M. Yoshikawa, *Chem. Pharm. Bull.*, **31**, 352 (1983).
13) 北川 勲, 吉川雅之, "漢方薬の修治", (代謝29巻, 臨時増刊), 中山書店, (1992), pp86-98.
14) S. Odashima, T. Ohta, H. Kohno, T. Matsuda, I. Kitagawa, H. Abe, S. Arichi, *Cancer Res.*, **45**, 2781 (1985); Rh_2 のその後の研究, b) J. H. Zhu, T. Takeshita, I. Kitagawa, K. Morimoto, *Cancer Res.*, **55**, 1221 (1995).
15) H. Akedo, K. Shinkai, M. Mukai, Y. Mori, R. Tateishi, K. Tanaka, R. Yamamoto, *Cancer*

Res., **46**, 2416 (1986).
16) K. Shinkai, H. Akedo, M. Mukai, F. Imamura, A. Isoai, M. Kobayashi, I. Kitagawa, *Jpn. J. Cancer Res.*, **87**, 357 (1996).
17) H. Itokawa, K. Takeya, Y. Hitotsuyanagi, H. Morita, "Macrocyclic peptide alkaloids from plants", in *"The Alkaloids"*, vol. 49, ed. by G. A. Cordell, Academic Press, N. Y., (1997), pp301-387.
18) M. Yoshihara, H. Shibuya, E. Kitano, K. Yanagi, I. Kitagawa, *Chem. Pharm. Bull.*, **32**, 2059 (1984).
19) H. Shibuya, Y. Yamamoto, I. Miura, I. Kitagawa, *Heterocycles*, **17**, 215 (1982).
20) a) 渡辺和夫, 柴田昌裕, 矢野真吾, 蔡　陽, 渋谷博孝, 北川　勲, 薬誌, **106**, 1173 (1986) ; b) 渋谷博孝, 吉原　実, 北野栄作, 永澤正和, 北川　勲, 薬誌, **106**, 212 (1986).
21) K. Irie, T. Yoshioka, A. Nakai, K. Ochiai, T. Nishikori, G. -R. Wu, H. Shibuya, T. Muraki, *European J. Pharmacol.*, **403**, 235 (2000).
22) 岩村　秀, 野依良治, 中井　武, 北川　勲編, "大学院 有機化学・下", pp.831-844, 講談社 (1988).
23) a) H. N. Bhargava, *Pharmacol. Rev.*, **46**, 293-324 (1994) ; b) K. Kanematsu, T. Sagara, *Curr. Med. Chem.*, **1**, 1-25 (2001).
24) a) D. Ponglux, S. Wongseripipatana, H. Takayama, M. Kikuchi, M. Kurihara, M. Kitajima, N. Aimi, S. Sakai, *Planta Medica*, **60**, 580, (1994) ; b) H. Takayama, M. Kurihara, M. Kitajima, I. M. Said, N. Aimi, *Tetrahedron*, **54**, 8433 (1998) ; c) 高山廣光, 相見則郎, 坂井進一郎, 薬誌, **20**, 957-967 (2000) (review).
25) a) H. Takayama, H. Ishikawa, M. Kurihara, M. Kitajima, N. Aimi, D. Ponglux, F. Koyama, K. Matsumoto, T. Moriyama, L. T. Yamamoto, K. Watanabe, T. Murayama, S. Horie, *J. Med. Chem.*, **45**, 1949 (2002) ; b) K. Matsumoto, S. Horie, H. Ishikawa, H. Takayama, N. Aimi, D. Ponglux, K. Watanabe, *Life Sciences*, **74**, 2143 (2004).
26) H. Shibuya, Y. Takeda, R.-S. Zhang, R. X. Tong, I. Kitagawa, *Chem. Pharm. Bull.*, **40**, 2325 (1992) ; b) H. Shibuya, Y. Takeda, R.-S. Zhang, A. Tanitame, Y. L. Tsai, I. Kitagawa, *Chem. Pharm. Bull.*, **40**, 2639 (1992).
27) I. Kitagawa, K. Minagawa, R.-S. Zhang, K. Hori, M. Doi, M. Inoue, T. Ishida, M. Kimura, T. Uji, H. Shibuya, *Chem. Pharm. Bull.*, **41**, 997 (1993).
28) N. Murakami, T. Umezome, T. Mahmud, M. Sugimoto, M. Kobayashi, Y. Wataya, H.-S. Kim, *Bioorg. Med. Chem. Lett.*, **8**, 459 (1998).
29) a) Y. Takaya, H. Tasaka, T. Chiba, K. Uwai, M. Tanitsu, H.-S. Kim, Y. Wataya, M. Miura, M. Takeshita, Y. Oshima, *J. Med. Chem.*, **42**, 3163 (1999) ; b) H. Kikuchi, H. Tasaka, S. Hirai, Y. Takaya, Y. Iwabuchi, H. Ooi, S. Hatakeyama, H.-S. Kim, Y. Wataya, Y. Oshima, *J. Med. Chem.*, **45**, 2563 (2002).
30) M. Kobayashi, K. Kondo, I. Kitagawa, *Chem. Pharm. Bull.*, **41**, 1324 (1993).
31) N. Murakami, M. Kawanishi, S. Itagaki, T. Horii, M. Kobayashi, *Bioorg. Med. Chem. Lett.*, **12**, 69 (2002).
32) a) S. Omura, *Microbiol. Rev.*, **50**, 259-279 (1986) ; b) H. Ikeda, S. Omura, *Chem. Rev.*, **97**, 2591-2609 (1997).
33) A. Bryskier, "Cephems: fifty years of continuous research", *J. Antibiot.*, **53**, 1028-1037

(2000).
34) 北川 勲,「生物活性海洋天然物質を探る」, 薬誌, **108**, 398-416 (1988).
35) 「味とにおいの分子認識」, 化学総説 No. 40 (栗原良枝, 小林彰夫編), 日本化学会編, 学会出版センター (1999).
36) a) H. Yamada, M. Nishizawa, *J. Org. Chem.*, **60**, 386 (1995) ; b) 西沢麦夫, 山田英俊,「甘味配糖体の化学合成：オスラジン顛末」, 現代化学, 1993. 1, 60-70, 東京化学同人.
37) C. K. Lee, "The Chemistry and Biochemistry of the Sweetness of Sugars", *Adv. Carbohydr. Chem. Biochem.*, **45**, 199-351 (1987).
38) a) I. Kitagawa, K. Hori, M. Sakagami, F. Hashiuchi, M. Yoshikawa, J. Ren, *Chem. Pharm. Bull.*, **41**, 1350 (1993) ; b) I. Kitagawa, "Licorice Root, a Natural Sweetener and an Important Ingredient in Chinese Medicine", *Pure Appl. Chem.*, **74**, 1189-1198 (2002).
39) a) Y. Hashimoto, H. Ishizone, M. Moriyasu, K. Kawanishi, *Phytochemistry*, **23**, 1807 (1984) ; b) R. Suttisri, M. Chung, A. D. Kinghorn, O. Sticher, Y. Hashimoto, *ibid.*, **34**, 405 (1993).
40) a) 竹本常松, 在原重信, 中島 正, 奥平 恵, 薬誌, **103**, 1167 (1983) ; b) K. Matsumoto, R. Kasai, K. Ohtani, O. Tanaka, *Chem. Pharm. Bull.*, **38**, 2030 (1990) ; c) R. Kasai, R. Nie, K. Nashi, K. Ohtani, J. Zhou, G. Tao, O. Tanaka, *Agric. Biol. Chem.*, **53**, 3347 (1989).
41) a) E. Mosettig, U. Beglinger, F. Dolder, H. Lichiti, P. Quitt, J. A. Waters, *J. Am. Chem. Soc.*, **85**, 2305 (1963) ; b) H. Kohda, R. Kasai, K. Yamasaki, O. Tanaka, *Phytochemistry*, **15**, 981 (1976) ; c) I. Sakamoto, K. Yamasaki, O. Tanaka, *Chem. Pharm. Bull.*, **25**, 844 (1977) ; d) I. Sakamoto, K. Yamasaki, O. Tanaka, *ibid.*, **25**, 3437 (1977) ; e) M. Kobayashi, S. Horikawa, I. Degradi, J. Ueno, H. Mitsuhashi, *Phytochemistry*, **16**, 1405 (1977).
42) T. Tanaka, O. Tanaka, Z. W. Lin, J. Zhou, *Chem. Pharm. Bull.*, **33**, 4275 (1985).
43) 田中 治,「配糖体系甘味物質」, 文献35), pp. 35-49 (1999).
44) M. Havel, V. Cerney, *Coll. Czech. Chem. Commun.*, **40**, 1579 (1975).
45) C. M. Compadre, E. F. Robbins, A. D. Kinghorn, *J. Ethnopharmacology*, **15**, 89-106 (1986).
46) T. Suami, L. Hough, *Food Chemistry*, **48**, 267 (1993).
47) 高橋信孝, 丸茂晋吾, 大岳 望,「生理活性天然物化学」, 東京大学出版会 (1981).
48) a) H. Kikuchi, Y. Tsukitani, K. Iguchi, Y. Yamada, *Tetrahedron Lett.*, **1982**, 5171 ; b) Idem, *ibid.*, **1983**, 1549.
49) a) M. Kobayashi, T. Yasuzawa, M. Yoshihara, H. Akutsu, Y. Kyogoku, I. Kitagawa, *Tetrahedron Lett.*, **1982**, 5331; b) M. Kobayashi, T. Yasuzawa, M. Yoshihara, B. W. Son, Y. Kyogoku, I. Kitagawa, *Chem. Pharm. Bull.*, **31**, 1440 (1983) ; c) I. Kitagawa, M. Kobayashi, T. Yasuzawa, B. W. Son, M. Yoshihara, Y. Kyogoku, *Tetrahedron*, **41**, 995 (1985).
50) a) K. Iguchi, S. Kanata, K. Mori, Y. Yamada, A. Honda, Y. Mori, *Tetrahedron Lett.*, **1985**, 5787; b) H. Nagaoka, K. Iguchi, T. Miyakoshi, N. Yamada, Y. Yamada, *ibid.*, **1986**, 223; c) K. Watanabe, M. Sekine, H. Takahashi, K. Iguchi, *J. Nat. Prod.*, **64**, 1421 (2001).
51) A. Honda, Y. Yamamoto, Y. Mori, Y. Yamada, H. Kikuchi, *Biochem. Biophys. Res. Com-*

mun., **130**, 515 (1985).
52) T. Yamori, A. Matsunaga, S. Sato, K. Yamazaki, A. Komi, K. Ishizu, I. Mita, H. Edatsugi, Y. Matsuba, K. Takezawa, O. Nakanishi, H. Kohno, Y. Nakajima, H. Komatsu, T. Andoh, T. Tsuruo, *Cancer Res.*, **59**, 4042 (1999).
53) a) E. J. Corey, P. T. Lansbury, Jr., Y. Yamada, *Tetrahedron Lett.*, **1985**, 4171; b) E. J. Corey, M. d'Alarcao, S. P. T. Matsuda, P. T. Lansbury, Jr., Y. Yamada, *J. Am. Chem. Soc.*, **109**, 289 (1985).
54) K. Watanabe, M. Sekine, K. Iguchi, *Chem. Pharm. Bull.*, **51**, 909 (2003).
55) M. Kobayashi, N. K. Lee, B. W. Son, K. Yanagi, Y. Kyogoku, I. Kitagawa, *Tetrahedron Lett.*, **1984**, 5925.
56) a) 石井象二郎,「昆虫の生理活性物質」(化学の領域選書1), 南江堂 (1971) ; b) 日高敏隆, 高橋正三, 磯江幸彦, 中西香爾編,「昆虫の生理と化学」, 喜多見書房 (1979) ; c) 石井象二郎, 平野千里, 玉木佳男, 高橋正三,「昆虫行動の化学」(行動から見た昆虫1, 石井象二郎, 大島長造, 立田栄光, 日高敏隆編), 培風館 (1979) ; d) 深海 浩,「生物たちの不思議な物語」(化学生態学外論), 化学同人 (1992); e) W. G. Agosta, "Chemical Communication-the language of pheromones" (木村武二訳),「フェロモンの謎 — 生物のコミュニケーション — 」, 東京化学同人 (1995).
57) H. Shibuya, K. Ohashi, I. Kitagawa, "Search for pharmaceutical leads from tropical rainforest plants", *Pure Appl. Chem.*, **71**, 1109-1113 (1999).
58) A. Butenandt, P. Karlson, *Z. Naturforsch.*, **9b**, 389 (1954).
59) R. Huber, W. Hoppe, *Chem. Ber.*, **98**, 2403 (1965).
60) a) T. Takemoto, Y. Hikino, K. Nomoto, H. Hikino, *Tetrahedron Lett.*, **1967**, 3191; b) T. Takemoto, Y. Hikino, H, Hikino, *ibid.*, **1968**, 3053.
61) a) R. Nishida, H. Fukami, S. Ishii, *Experientia*, **30**, 974 (1974) ; *J. Chem. Ecol.*, **2**. 449 (1976); b) *Idem, Appl. Entomol. Zool.*, **10**, 10 (1975) ; *Agric. Biol. Chem.*, **40**, 1407 (1976).
62) K. Mori, J. Suguro, S. Masuda, *Tetrahedron Lett.*, **1978**, 3447.
63) 松尾憲忠, 化学と工業, **56**, 450-454 (2003).
64) a) 高橋信孝,「植物生活環の制御と植物ホルモン — ジベレリンを中心として — 」, 生体の科学, **45**, 71-78 (1994) ; b) 山口五十麿「ジベレリンの動態・局在と生理現象の解析」, 植物の生長調節, **38**, 1-13 (2003).
65) 藪田貞治郎, 住木諭介, 農化, **14**, 1526 (1938).
66) N. Murofushi, S. Iriuchijima, N. Takahashi, S. Tamura, J. Kato, Y. Wada, E. Watanabe, T. Aoyama, *Agric. Biol. Chem.*, **30**, 917 (1966).
67) 山村庄亮, 長谷川宏司編著「動く植物 — その謎解き — 」, 大学教育出版 (2002).
68) 上田 実, 杉本貴謙, 高田 晃, 山村庄亮, 化学と生物, **40**, 578-584 (2002).
69) M. Ueda, S. Yamamura, *Angew. Chem. Int. Ed. Engl.*, **39**, 1400-1414 (2000).
70) H. Schildknecht, *Angew. Chem. Int. Ed. Engl.*, **22**, 695 (1983).
71) K. Ichihara, T. Kawai, M. Kaji, M. Noda, *Agric. Biol. Chem.*, **40**, 353 (1976).
72) a) S. Ito, M. Kodama, M. Sunagawa, T. Takahashi, H. Imamura, O. Honda, *Tetrahedron Lett.*, **1968**, 2065 ; b) Y. Hayashi, S. Takahashi, H. Ona, T. Sakan, *Tetrahedron Lett.*, **1968**, 2071 ; c) S. Ito, M. Kodama, M. Sugawara, M. Koreeda, K. Nakanishi, *Chem. Commun.*, **1971**, 855 ; d) M. N. Galbraith, D. H. S. Horn, J. M. Sasse, D. Adamson, *Chem.*

Commun., **1970**, 170 ; e) M. N. Galbraith, D. H. S. Horn, J. M. Sasse, *ibid.*, **1971**, 1362 ; f) S. K. Arora, R. B. Bates, P. C. C. Chou, *J. Org. Chem.*, **41**, 2458 (1976).

73) M. N. Galbraith, D. H. S. Horn, S. Ito, M. Kodama, J. M. Sasse, *Agric. Biol. Chem.*, **36**, 2393 (1972).

74) a) T. Watanabe, *Nature*, **182**, 325 (1958) ; b) Y. Hamamura, K. Naito, *Nature*, **190**, 879 (1961) ; c) 林屋慶三, 防虫科学, **31**, 137 (1966).

75) K. Munakata, T. Saito, S. Ogawa, S. Ishii, *Bull. Agric. Chem. Soc.*, **23**, 64 (1959).

76) 目 武雄, "マタタビの成分", 「天然物化学, 化学の領域増刊」, **74**, 71 (1966).

77) D. C. Jain, A. K. Tripathi, *Phytotherapy Research*, **7**, 327-334 (1993).

78) K. Wada, K. Munakata, *J. Agr. Food Chem.*, **16**, 471 (1968).

79) I. Kubo, Y.-W. Lee, M. Pettei, F. Pilkiewicz, K. Nakanishi, *Chem. Commun.*, **1976**, 1013.

80) P. R. Zanno, I. Miura, K. Nakanishi, D. L. Elder, *J. Am. Chem. Soc.*, **97**, 1975 (1975).

81) T. Sakan, S. Isoe, S. B. Hyeon, R. Katsumura, T. Maeda, J. Wolinsky, D. Dickerson, M. Slabangh, D. Nelson, *Tetrahedron Lett.*, **1965**, 4097.

82) a) T. Ueno, T. Nakashima, Y. Hayashi, H. Fukami, *Agric. Biol. Chem.*, **39**, 1115, 2081 (1975) ; b) T. Okuno, Y. Ishita, K. Sawai, T. Matsumoto, *Chemistry Lett.*, **1975**, 335 ; c) 合成:S. Lee, H. Aoyagi, Y. Shimohigashi, N. Izumiya, T. Ueno, H. Fukami, *Tetrahedron Lett.*, **1976**, 843.

83) C. Besset, R. T. Sherwood, J. A. Kepler, P. B. Hamilton, *Phytopathology*, **57**, 1046 (1967).

84) a) N. Sugiyama, C. Kashima, Y. Hosoi, T. Ikeda, *Bull. Chem. Soc. Jpn.*, **38**, 2028 (1965); *ibid.*, **39**, 1573, 2470 (1966) ; b) R. C. Beier, B. P. Mundy, G. A. Strobel, *Experientia*, **38**, 1312 (1982) ; c) J. P. Dubick, J. M. Daly, Z. Kratky, V. Macko, W. Acklin, D. Arigoni, *Plant Physiology*, **74**, 117 (1984).

85) H. L. Lahlou, N. Hirai, M. Tsuda, H. Ohigashi, *Phytochemistry*, **52**, 623 (1999).

86) A. A. Bell, R. D. Stipanovic, J. Zhang, M. E. Mace, J. H. Reinbenspies, *Phytochemistry*, **49**, 431 (1998).

87) a) 姉帯正樹, 正宗 直, 「天然物の単離とは-ダイズシストセンチュウふ化促進物質の単離の18年の歩み」, 現代化学, **174**, 16-24 (1985) ; b) 高杉光雄, 福沢晃夫, 正宗 直, 「ダイズシストセンチュウの孵化促進物質, グリシノエクレピンAの単離研究をふりかえって」, 有合化, **46**, 416-425 (1988).

88) a) T. Masamune, M. Anetai, M. Takasugi, N. Katsui, *Nature*, **297**, 495 (1982) ; b) T. Masamune, M. Anetai, A. Fukuzawa, M. Takasugi, H. Matsue, K. Kobayashi, S. Ueno, N. Katsui, *Bull. Chem. Soc. Jpn.*, **60**, 981 (1987).

89) a) A. Fukuzawa, A. Furusaki, M. Ikura, T. Masamune, *J. Chem. Soc. Chem. Commun.*, **1985**, 222, 748 ; b) T. Masamune, A. Fukuzawa, A. Furusaki, M. Ikura, H. Matsue, T. Kaneko, A. Abiko, N. Sakamoto, N. Tanimoto, A. Murai, *Bull. Chem. Soc. Jpn.*, **60**, 1001 (1987).

90) a) A. Murai, N. Tanimoto, N. Sakamoto, T. Masamune, *J. Am. Chem. Soc.*, **110**, 1985 (1988) ; b) 村井章夫, 「ダイズシスト線虫ふ化促進物質グリシノエクレピンAの全合成」, 化学と生物, **27**, 32-40 (1988).

91) 竹本常松, 横部哲朗, 中島 正, 薬誌, **84**, 1232, 1233 (1964).

92) 竹本常松, 中島 正, 薬誌, **84**, 1183, 1186 (1964).

93) a) S. Tamura, S. Kuyama, Y. Kodaira, S. Higashikawa, *Agric. Biol. Chem.*, **28**, 137 (1964); b) 合成 : S. Kuyama, S. Tamura, *Agric. Biol. Chem.*, **29**, 168 (1965) ; c) A. Suzuki, S. Kuyama, Y. Kodaira, S. Tamura, *Agric. Biol. Chem.*, **30**, 517 (1966) ; *ibid.*, **34**, 813 (1970); **35**, 1641 (1971) ; **36**, 896 (1972).
94) a) M. Jisaka, H. Ohigashi, T. Takagaki, H. Nozaki, T. Tada, M. Hirota, R. Irie, M. A. Huffman, T. Nishida, *Tetrahedron*, **48**, 625 (1992) ; b) M. Jisaka, M. Kawanaka, H. Sugiyama, K. Takegawa, M. A. Huffman, H. Ohigashi, K. Koshimizu, *Biosci. Biotech. Biochem.*, **56**, 845 (1992) ; c) M. A. ハフマン, 大東 肇, 小清水弘一, 「自己治療行動の化学的研究」(西田利貞, 上原重男, 川中健二編著, 「マハレのチンパンジー〈パンスロポロジー〉の37年」, pp. 261-287), 京都大学出版会 (2002).
95) D. J. Faulkner, *Nat. Prod. Report*, **19**, 1 (2002) およびそのシリーズ.
96) 文献 3a), p. 53.
97) D. G. Müller, L. Jaeniche, *FEBS Lett.*, **30**, 137 (1973).
98) D. G. Müller, L. Jaeniche, M. Donike, T. Akintobi, *Science*, **171**, 815 (1971).
99) D. G. Müller, *Z. Pflanzenphysiol.*, **80**, 120 (1976).
100) T. Kajiwara, T. Motomura, H. Shimidzu, T. Yamaguchi, A. Hatanaka, *Bull. Japan Soc. Sci. Fish.*, **51**, 1045 (1985).
101) W. Boland, K. Mertes, *Eur. J. Biochem.*, **147**, 83 (1985).
102) T. Kajiwara, K. Kodama, A. Hatanaka, *Experientia*, **37**, 1247 (1981).
103) 北川 勲, 伏谷伸宏編, 「海洋生物のケミカルシグナル」, 講談社サイエンティフィク (1989).
104) a) N. R. Howe, Y. M. Sheikh, *Science*, **189**, 386 (1975) ; b) 合成, 立体配置 : J. A. Musich, H. Rapoport, *J. Am. Chem. Soc.*, **100**, 4865 (1978).
105) a) R. B. Kinnel, A. J. Duggan, T. Eisner, J. Meinwald, I. Miura, *Tetrahedron Lett.*, **1977**, 3913 ; b) (±)-体合成 : K. S. Feldman, C. C. Mechem, L. Nader, *J. Am. Chem. Soc.*, **104**, 4011 (1982).
106) B. J. Burreson, P. J. Scheuer, J. Finer, J. Clardy, *J. Am. Chem. Soc.*, **97**, 4763 (1975).
107) a) 納谷洋子, 文献 103), p.164 ; b) M. Murata, K. Miyagawa-Kohshima, K. Nakanishi, Y. Naya, *Science*, **234**, 585 (1986).
108) K. Miyagawa, T. Hidaka, *Proc. Japan Acad. Ser. B Phys. Biol. Sci.*, **56**, 356 (1980).
109) a) N. Fusetani, "Marine Natural Products influencing Larval Settlement and Metamorphosis of Benthic Invertebrates", *Current Organic Chemistry*, **1**, 127-152 (1977) ; b) 廣田 洋, 塚本佐知子, 沖野龍文, 伏谷伸宏, 「海洋生物の着生現象における化学言語-フジツボの着生阻害物質とホヤの変態誘起物質」, 有合化, **55**, 1134-1145 (1997) ; c) 塚本佐知子, 「海洋生物の着生制御物質に関する天然物化学的研究」, 薬誌, **119**, 457-471 (1999).
110) P.A. Keifer, R. E. Schwartz, M. E. S. Koker, R. G. Hughes, Jr., D. Rittschof, K. L. Rinehart, *J. Org. Chem.*, **56**, 2965 (1991).
111) a) E. D. De Silva, P. J. Scheuer, *Tetrahedron Lett.*, **1980**, 1611; b) V. E. Amoo, S. De Bernardo, M. Weigele, *Tetrahedron Lett.*, **1988**, 2401.
112) B. C. Potts, D. J. Faulkner, R. S. Jacobs, *J. Nat. Prod.*, **55**, 1701-1717 (review).
113) D. L. Burgoyne, R. J. Andersen, T. M. Allen, *J. Org. Chem.*, **57**, 525 (1992).

114) W. Bergmann, D. C. Burke, *J. Org. Chem.*, **20**, 1501 (1955).
115) Y. Kashman, L. Fishelson, I. Ne'eman, *Tetrahedron*, **29**, 3655 (1973).
116) E. Cullen, J. P. Delvin, *Can. J. Chem.*, **53**, 1690 (1975).
117) Y. Watanabe, N. Fusetani (Eds), "*Sponge Sciences−Multidisciplinary Perspectives*", Chemistry, pp. 353-424, Springer-Verlag, Tokyo (1998).
118) H. Kikuchi, Y. Tsukitani, T. Manda, T. Fujii, H. Nakanishi, M. Kobayashi, I. Kitagawa, *Chem. Pharm. Bull.*, **30**, 3544 (1982).
119) I. Kitagawa, Y. Hamamoto, M. Kobayashi, *Chem. Pharm. Bull.*, **27**, 1934 (1979).
120) H. Kikuchi, Y. Tsukitani, I. Shimizu, M. Kobayashi, I. Kitagawa, *Chem. Pharm. Bull.*, **31**, 552 (1983).
121) D. M. Roll, P. J. Scheuer, G. K. Matsumoto, J. Clardy, *J. Am. Chem. Soc.*, **105**, 6177 (1983).
122) N. Harada, H. Uda, M. Kobayashi, N. Shimizu, I. Kitagawa, *J. Am. Chem. Soc.*, **111**, 5668 (1989) およびその前報.
123) M. Kobayashi, Y. Okamoto, I. Kitagawa, *Chem. Pharm. Bull.*, **39**, 2867 (1991) およびその前報.
124) a) M. Kobayashi, K. Kawazoe, I. Kitagawa, *Chem. Pharm. Bull.*, **37**, 1676 (1989) ; b) M. Kobayashi, K. Kawazoe, I. Kitagawa, *Tetrahedron Lett.*, **30**, 4149 (1989) ; c) M. Kobayashi, Y. Miyamoto, S. Aoki, N. Murakami, I. Kitagawa, *Heterocycles*, **47**, 195 (1998).
125) M. Nakagawa, M. Endo, N. Tanaka, G. P. Lee, *Tetrahedron Lett.*, **1984**, 3227.
126) a) I. Kitagawa, M. Kobayashi, N. K. Lee, H. Shibuya, K. Kawata, F. Sakiyama, *Chem. Pharm. Bull.*, **34**, 2664 (1986) ; b) I. Kitagawa, N. K. Lee, M. Kobayashi, H. Shibuya, *Chem. Pharm. Bull.*, **35**, 2129 (1987) ; c) I. Kitagawa, N. K. Lee, M. Kobayashi, H. Shibuya, *Tetrahedron*, **47**, 2169 (1991) ; d) M. Kobayashi, N. K. Lee, H. Shibuya, T. Momose, I. Kitagawa, *Chem. Pharm. Bull.*, **39**, 1177 (1991) ; e) M. Kobayashi, K. Kanzaki, S. Katayama, K. Ohashi, H. Okada, S. Ikegami, I. Kitagawa, *Chem. Pharm. Bull.*, **42**, 1410 (1994).
127) S. Carmely, Y. Kashman, *Tetrahedron Lett.*, **26**, 511 (1985).
128) a) I. Kitagawa, M. Kobayashi, T. Katori, M. Yamashita, M. Doi, T. Ishida, J. Tanaka, *J. Am. Chem. Soc.*, **112**, 3710 (1990) ; b) M. Kobayashi, J. Tanaka, T. Katori, M. Matsuura, M. Yamashita, I. Kitagawa, *Chem. Pharm. Bull.*, **38**, 2409 (1990) ; c) M. Kobayashi, J. Tanaka, T. Katori, I. Kitagawa, *Chem. Pharm. Bull.*, **38**, 2960 (1990) ; d) M. Doi, T. Ishida, M. Kobayashi, I. Kitagawa, *J. Org. Chem.*, **56**, 3629 (1991).
129) C. A. Bewley, D. J. Faulkner, *Angew. Chem. Int. Ed.*, **37**, 2162-2178 (1998) (review).
130) a) 遠藤泰之, 枝井昭子, 首藤紘一, 藤木博太, 「発がんプロモーターの活性構造」, 癌と化学療法, **13**, 3365-3375 (1986) (review) ; b) 西脇理英, 藤木博太, 「海洋生物の発がん研究への応用」文献3b), 139-148 (1992) (review).
131) H. Muratake, M. Natsume, *Tetrahedron Lett.*, **1987**, 2265.
132) a) S. Omura, Y. Iwai, A. Hirano, A. Nakagawa, J. Awaya, H. Tsuchiya, Y. Takahashi, R. Masuma, *J. Antibiot.*, **30**, 275 (1977); b) N. Funato, H. Takayanagi, Y. Honda, Y. Toda, Y. Harigaya, Y. Imai, S. Omura, *Tetrahedron Lett.*, **1994**, 1251.
133) S. B. Christensen, E. Norup, *Tetrahedron Lett.*, **1985**, 107.
134) a) W. Haas, H. Sterk, M. Mittelbach, *J. Nat. Prod.*, **65**, 1434 (2002) ; b) M. Hirota, M.

Suttajit, H. Suguri, Y. Endo, K. Shudo, V. Wongchai, E. Hecker, H. Fujiki, *Cancer Res.,* **48**, 5800 (1988).
135) S. Ikegami, K. Kawada, Y. Kimura, A. Suzuki, *Agric. Biol. Chem.,* **43**, 161 (1979).
136) S. Matsunaga, H. Fujiki, D. Sakata, N. Fusetani, *Tetrahedron,* **47**, 2999 (1991).
137) a) 山田静之, 木越英夫, "わらびの究極発癌物質の合成およびDNAとの反応", 有合化, **53**, 13-21 (1995) (review); b) 山田静之, 小鹿 一, 木越英夫, 杉浦幸雄, "ワラビ発癌物質-化学研究とDNA修飾-", 蛋白質 核酸 酵素, **43**, 752-761 (1998) (review).
138) a) H. Niwa, M. Ojika, K. Wakamatsu, K. Yamada, I. Hirono, K. Matsushita, *Tetrahedron Lett.,* **1983**, 4117; b) H. Niwa, M. Ojika, K. Wakamatsu, K. Yamada, S. Ohba, Y. Saito, I. Hirono, K. Matsushita, *Tetrahedron Lett.,* **1983**, 5371.
139) a) K. Nakanishi, M. Ohashi, M. Tada, Y. Yamada, *Tetrahedron,* **21**, 1231 (1965) ; b) T. Matsumoto, H. Shirahama, Y. Ichihara, Y. Fukuoka, Y. Takahashi, Y. Mori, M. Watanabe, *Tetrahedron,* **21**, 2671 (1965) ; c) T. C. McMorris, M. Anchel, *J. Am. Chem. Soc.,* **87**, 1594 (1965).
140) Y. Hayashi, M. Nishizawa, T. Sakan, *Tetrahedron,* **33**, 2509 (1977).
141) A. K. Mukherjee, S. Basu, N. Sarkar, A. C. Ghosh, *Curr. Med. Chem.,* **8**, 1467-1486 (2001) (review).
142) B. Haefner, *Drug Discovery Today,* **8**, 536-544 (2003) (review).
143) S. K. Davidson, S. W. Allen, G. E. Lim, C. M. Anderson, M. G. Haygood, *Appl. Environ. Microbiol.,* **67**, 4531 (2001).
144) R. Sakai, K. L. Rinehart, Y. Guan, A. H. -J. Wang, *Proc. Natl. Acad. Sci. U. S. A.,* **89**, 11456 (1992).
145) C. Cuevas, M. Perez, M. J. Martin, J. L. Chicharro, C. Fernandez-Rivas, M. Flores, A. Francesch, P. Gallego, M. Zarzuelo, F. de la Calle, J. Garcia, C. Polanco, I. Rodriguez, I. Manzanares, *Org. Lett.,* **2**, 2545 (2000).
146) a) E. J. Corey, D. Y. Gin, R. S. Kania, *J. Am. Chem. Soc.,* **118**, 9202 (1996) ; b) A. Endo, A. Yanagisawa, M. Abe, S. Tohma, T. Kan, T. Fukuyama, *J. Am. Chem. Soc.,* **124**, 6552 (2002).
147) 木越英夫, 山田静之, 「海洋産抗腫瘍性物質アプリロニンAの立体構造と合成」, 有合化, **54**, 1076-1084 (1996) (review).
148) a) M. Kobayashi, S. Aoki, H. Sakai, K. Kawazoe, N. Kihara, T. Sasaki, I. Kitagawa, *Tetrahedron Lett.,* **1993**, 2795 ; b) M. Kobayashi, S. Aoki, H. Sakai, N. Kihara, T. Sasaki, I. Kitagawa, *Chem. Pharm. Bull.,* **41**, 989 (1993) ; c) M. Kobayashi, S. Aoki, I. Kitagawa, *Tetrahedron Lett.,* **1994**, 1243 ; d) S. Aoki, N. Nemoto, Y. Kobayashi, M. Kobayashi, I. Kitagawa, *Tetrahedron,* **57**, 2289 (2001).
149) I. Ohtani, T. Kusumi, Y. Kashman, H. Kakisawa, *J. Am. Chem. Soc.,* **113**, 4092 (1991).
150) a) J. Guo, K. J. Duffy, K. L. Stevens, P. I. Dalko, R. M. Roth, M. M. Hayward, Y. Kishi, *Angew. Chem. Int. Ed.,* **37**, 187 (1998) ; b) M. M. Hayward, R. M. Roth, K. J. Duffy, P. I. Dalko, K. L. Stevens, J. Guo, Y. Kishi, *ibid.,* **37**, 190 (1998).
151) a) D. A. Evans, P. J. Coleman, L. C. Dias, *Angew. Chem. Int. Ed.,* **36**, 2737 (1997) ; b) D. A. Evans, B. W. Trotter, B. Cote, P. J. Coleman, *ibid.,* **36**, 2741 (1997) ; c) D. A. Evans, B. W. Trotter, B. Cote, P. J. Coleman, L. C. Dias, A. N. Tyler, *ibid.,* **36**, 2744 (1997).

152) J. Pietruszka, *Angew. Chem. Int. Ed.*, **37**, 2629-2636 (1998) (review).
153) a) M. Kobayashi, S. Aoki, N. Ohyabu, M. Kurosu, W. Wang, I. Kitagawa, *Tetrahedron Lett.*, **1994**, 7969 ; b) M. Kobayashi, M. Kurosu, N. Ohyabu, W. Wang, S. Fujii, I. Kitagawa, *Chem. Pharm. Bull.*, **42**, 2196 (1994) ; c) M. Kobayashi, M. Kurosu, W. Wang, I. Kitagawa, *ibid.*, **42**, 2394 (1994); d) M. Kobayashi, W. Wang, N. Ohyabu, M. Kurosu, I. Kitagawa, *ibid.*, **43**, 1598 (1995) ; e) N. Murakami, W. Wang, N. Ohyabu, T. Ito, S. Tamura, S. Aoki, M. Kobayashi, I. Kitagawa, *Tetrahedron*, **56**, 9121 (2000).
154) R. E. Schwarz, C. F. Hirsch, D. F. Sesin, J. E. Flor, M. Chartran, R. E. Fromtling, G. H. Harris, M. J. Salvatore, J. M. Liesch, K. Yudin, *J. Indust. Microbiol.*, **5**, 113 (1990).
155) a) G. Trimurtulu, I. Ohtani, G. M. L. Patterson, R. E. Moore, T. H. Corbett, F. A. Valeriote, L. Demchik, *J. Am. Chem. Soc.*, **116** , 4729 (1994) ; b) R. A. Barrow, T. Hemscheidt, J. Liang, S. Paik, R. E. Moore, M. A. Tius, *J. Am. Chem. Soc.*, **117**, 2479 (1995) ; c) C. D. Smith, X. Zhang, S. L. Mooberry, G. M. L. Patterson, R. E. Moore, *Cancer Res.*, **54**, 3784 (1994).
156) A. T. Tu, 「キノコによる食中毒」, 現代化学, 1999, **10**, 21-25 (review).
157) a) T. Yasumoto, M. Murata, "Marine Toxins", *Chem. Rev.*, **93**, 1897-1909 (1993) (review) ; b) T. Yasumoto, "The Chemistry and Biological Function of Natural Marine Toxins", *The Chemical Record*, **1**, 228-242 (2000) (review).
158) a) H. S. Mosher, F. A. Fuhrman, H. D. Buchwald, H. G. Fischer, *Science*, **144**, 1100 (1964); b) T. Yasumoto, M. Yotsu, M. Murata, H. Naoki, *J. Am. Chem. Soc.*, **110**, 2344 (1988).
159) 安元 健, 「フグ毒の話-中毒の原因からイオンチャネルまで」, 現代化学, 1994, **9**, 47-52 (review).
160) a) 安元 健, 村田道雄, 「さんご礁魚類による食中毒シガテラの原因毒の解明」, 化学と生物, **29**, 379-387 (1991) (review) ; b) P. J. Scheuer (比嘉辰雄訳), 「シガテラ魚中毒研究の歴史-日本とハワイの絆」, 現代化学, 1995, **7**, 52-57 (review).
161) a) P. J. Scheuer, W. Takahashi, J. Tsutsumi, T. Yoshida, *Science*, **155**, 1267 (1976); b) K. Tachibana, *Ph. D. Thesis*, Univ. of Hawaii, 1980 ; c) M. Nukina, L. M. Koyanagi, P. J. Scheuer, *Toxicon*, **22**, 169 (1984).
162) a) Murata, A. -M. Legrand, Y. Ishibashi, T. Yasumoto, *J. Am. Chem. Soc.*, **111** , 8927 (1989) ; b) M. Murata, A. -M. Legrand, Y. Ishibashi, M. Fukui, T. Yasumoto, *ibid.*, **112**, 4380 (1990).
163) a) 佐々木 誠, 村田道雄, 「マイトトキシンの完全構造決定」, 有合化, **55**, 535-546 (1997) (review) ; b) M. Murata, T. Yasumoto, *Nat. Prod. Rep.*, **17**, 293-314 (2000) (review).
164) a) M. Murata, T. Iwashita, A. Yokoyama, M. Sasaki, T. Yasumoto, *J. Am. Chem. Soc.*, **114** , 6594 (1992) ; b) M. Murata, H. Naoki, T. Iwashita, S. Matsunaga, M. Sasaki, A. Yokoyama, T. Yasumoto, *ibid.*, **115**, 2060 (1993).
165) M. Murata, H. Naoki, S. Matsunaga, M. Satake, T. Yasumoto, *J. Am. Chem. Soc.*, **116** , 7098 (1994).
166) 村田道雄, 安元 健, 有合化, **53**, 207 (1995).
167) P. E. Hansen, *Prog. NMR Spectr.*, **14**, 175 (1981) ; b) J. V. Hines, G. Varani, S. M. Landry, I. Jr. Tinoco, *J. Am. Chem. Soc.*, **115**, 11002 (1993) ; c) J. V. Hines, S. M. Landry, I. Jr. Tinoco, *ibid.*, **116**, 5823 (1994).

168) a) N. Matsumori, T. Nonomura, M. Sasaki, M. Murata, K. Tachibana, M. Satake, T. Yasumoto, *Tetrahedron Lett.*, **1996**, 1269 ; b) M. Sasaki, N. Matsumori, T. Maruyama, T. Nonomura, M. Murata, K. Tachibana, T. Yasumoto, *Angew. Chem. Int. Ed. Engl.*, **35**, 1672 (1996) ; c) T. Nonomura, M. Sasaki, N. Matsumori, M. Murata, K. Tachibana, T. Yasumoto, *ibid.*, **35**, 1675 (1996).
169) a) Y. Y. Lin, M. Risk, S. M. Ray, D. Van Engen, J. Clardy, J. Golik, J. C. James, K. Nakanishi, *J. Am. Chem. Soc.*, **103**, 6773 (1981); b) Y. Shimizu, H. -N. Chou, H. Bando, G. V. Duyne, J. Clardy, *J. Am. Chem. Soc.*, **108**, 514 (1986).
170) R. E. Moore, G. Bartolini, *J. Am. Chem. Soc.*, **103**, 2491 (1981).
171) D. Uemura, K. Ueda, Y. Hirata, *Tetrahedron Lett.*, **1981**, 2781.
172) R. W. Armstrong, J.-M. Beau, S. H. Cheon, W. J. Christ, H. Fujioka, W.-H. Ham, L. D. Hawkins, H. Jin, S. H. Kang, Y. Kishi, M. J. Martinelli, W. W. McWhorter, M. Mizuno, M. Nakata, A. E. Stutz, F. X. Talamas, M. Taniguchi, J. A. Tino, K. Ueda, J. Uenishi, J. B. White, M. Yonaga, *J. Am. Chem. Soc.*, **111**, 7530 (1989).
173) K. Tachibana, P. J. Scheuer, Y. Tsukitani, H. Kikuchi, D. V. Engen, J. Clardy, Y. Gopichand, F. J. Schmitz, *J. Am. Chem. Soc.*, **103**, 2469 (1981).
174) M. Isobe, Y. Ichikawa, T. Goto, *Tetrahedron Lett.*, **1986**, 963.
175) T. Yasumoto, M. Murata, Y. Oshima, G. K. Matsumoto, J. Clardy, *Tetrahedron*, **41**, 1019 (1985).
176) S. Inoue, K. Okada, H. Tanino, H. Kakoi, *Tetrahedron Lett.*, **1986**, 5225.
177) a) D. Uemura, T. Chou, T. Haino, A. Nagatsu, S. Fukuzawa, S.-Z. Zheng, H.-S. Chen, *J. Am. Chem. Soc.*, **117**, 1155 (1995) ; b) T. Chou, O. Kamo, D. Uemura, *Tetrahedron Lett.*, **1996**, 4023 ; c) T. Chou, T. Haino, M. Kuramoto, D. Uemura, *ibid.*, **1996**, 4027 ; d) N. Takada, N. Umemura, K. Suenaga, T. Chou, A. Nagatsu, T. Haino, K. Yamada, D. Uemura, *ibid.*, **2001**, 3491 ; 合成 e) J. A. McCauley, K. Nagasawa, P. A. Lander, S. G. Mischke, M. A. Semones, Y. Kishi, *J. Am. Chem. Soc.*, **120**, 7647 (1998).
178) N. Takada, N. Umemura, K. Suenaga, D. Uemura, *Tetrahedron Lett.*, **2001**, 3495.
179) N. Takada, M. Iwatsuki, K. Suenaga, D. Uemura, *Tetrahedron Lett.*, **2000**, 6425.

IV
天然物質の化学変換

　天然物質の化学構造を解明してゆく過程で，有機化学反応は構造の謎を解く手段として重要な役割を果たしてきた．そしてその過程で数多くの新しい有機化学反応が発見されている．全合成によって天然物質の化学構造決定が終結となる時代には，そのような例が多かった．そこでは，天然物質の複雑な化学構造の構築に向かって，芸術的（artistic）とさえ表現される有機合成化学の粋が結集されているし，加えて独創的（creative, innovative）という言葉で表現される有機化学反応の創出が見られる．

　天然物質の化学構造の解明に，物理化学的手法（機器分析）の適用される度合いが増加してくると，取り扱われる天然物質の微量化が進んで，これが分離・分析手法の進歩とともにますます微量の活性天然物質の探究を可能にした．一方，それまで天然物質の化学構造研究の過程で試みられた有機化学反応で，新しい反応が発見される機会が漸次減少してゆく．

　このような趨勢の中で，豊富に得られ，再生産可能（reproducible）な天然物質を素材とする有機合成化学的あるいは有機反応化学的研究は，魅力に富んだ有機化学研究の分野である．そのような例としてこれまでにも，半合成ペニシリンの合成研究や，ディオスゲニン（diosgenin）からステロイドホルモンの合成研究などがよく知られている（§2.3.1）．そしてそれらは天然物質の化学変換（chemical transformation）のカテゴリーで総括される．豊富に（あるいは容易に）得られる天然物質を素材として，付加価値の高い化合物に化学変換するというのである．

　本編では，①生合成的に互いに関連の深い天然物質を化学変換反応によって関連づける研究や，②配糖体の化学的研究から派生した，糖質を素材とした化学変換研究をとりあげる．

14
アルカロイド研究の過程で

14.1　sinomenine と morphine の関連づけ

　アルカロイドの化学構造研究の歴史は古い．中でも morphine で代表される morphinane alkaloid の研究が，天然物化学の歴史の中で，ヒトとの関わりという点でとりわけドラマティックですらある．日本ではオオツヅラフジ *Sinomenium acutum*（ツヅラフジ科，Menispermaceae）の主アルカロイド sinomenine (**1**) の化学的研究が，後藤格次ら（当時，北里研究所）によって精力的に展開され，sinomenine 骨格の絶対配置が morphinane 骨格の鏡像体（antipode）であることが化学変換反応で明らかにされている[1]．その概要は以下のようである[2]．つまり，sinomenine (**1**) から誘導されるのは *ent* 型の dihydrocodeinone (**4**) で，それは codeine (**5**) から誘導される化合物 dihydrocodeinone (**7**) の鏡像体で，**4** と **7** の 1：1 混合物がラセミ化合物を生成することが示されている．ここで，

14.1 sinomenine と morphine の関連づけ

sinomenine から誘導された一連の化合物は鎮痛活性を示さない. さらに, 以下のような化学変換によって, sinomenine (**1**) と (+)-codeine (**11**), (+)-morphine (**12**) との関連づけがなされている[1]).

注　全合成：M. Gates, G. Tschudi, *J. Am. Chem. Soc.*, **74**, 1109 (1952).

(+)-1,7-dibromo-dihydrocodeinone (**8**)

(+)-morphine (**12**)　$[\alpha]_D^{24}$ +132

(+)-codeine (**11**)　$[\alpha]_D^{25}$ +137.4

(+)-1-bromocodeinone (**10**)

ここで, **8** から **10** への誘導反応で 2,4-dinitrophenylhydrazone を経由すると 7 位 Br の脱 HBr が進行しやすいという.

その後, Barton らは *Sinomenium acutum* を用いた生合成実験で, (*S*)-reticuline (**13**) を経て sinomenine (**1**) に至る以下のような生合成経路を明らかにしている[3)].

(*S*)-reticuline (**13**)　→ oxidative cyclization →　sinoacutine (**14**)　→　sinomenine (**1**) sinoacutine (**14**) は *S. acutum* から単離されており，Barton らはその立体構造を，morphine 生合成の前駆体である salutaridine (**15**) (§5.5.4) との比較から明らかにしている．

salutaridine (**15**)

14.2 cinchonine(キノリン系)とcinchonamine(インドール系)の関連づけ

キナ (*Cinchona* 属，アカネ科 Rubiaceae) の樹皮 (キナ皮) から得られる主要アルカロイドは，キノリン系アルカロイドの quinine (主成分) と quinidine，および cinchonidine と cinchonine という 2 組の diastereomer の対である[注]．

注 それぞれの 8, 9 位の絶対配置が明らかにされる前に命名されていることもあって，quinine ↔ quin<u>id</u>ine 系 (ともにキノリン環部分に CH₃O 基を有する) と cinchon<u>id</u>ine ↔ cinchonine 系という命名の中で挿入されている <u>id</u> は構造を反映していない．

R=OCH₃ (−)-quinine ↔ R=OCH₃ (+)-quin<u>id</u>ine
R=H (−)-cinchon<u>id</u>ine ↔ R=H (−)-cinchonine

これらのキノリンアルカロイドは，corynanthe 型インドールアルカロイドと共存していることもあって，キノリン環部分がトリプトファン由来のインドール環構造から生合成される経路について，インドールアルカロイド (たとえば，strictosidine) から上記キノリンアルカロイドが生合成される過程が，次ページのように説明されている (p.115)．

14.2 cinchonine（キノリン系）と cinchonamine（インドール系）の関連づけ

キノリンアルカロイドと，共存するインドールアルカロイドの生合成経路の関連性がまだ充分には明らかにされていなかった1950年代に，有機化学反応によってキノリンアルカロイド（quinine, cinchonidine）からインドールアルカロイド（cinchonamine, methoxycinchonamine）への化学変換が行われている．

落合英二ら（当時，東京大学薬学部）は異項環 N-oxide の化学研究の一環として，quinoline N-oxide の化学変換研究を行い，キノリン型アルカロイドからインドール型アルカロイドへの化学変換に成功している．

dihydrocinchonine から dihydrocinchonamine へ[4a, 4b]

同様の反応経路で quinine から 2′-oxohexahydroquinine (**16**) を経て 5′-methoxydihydrocinchonamine (**17**) への化学変換に成功している[4c, 4d].

14.3 α-アミノ酸を用いる不斉合成

天然物質の中でもアルカロイド類は顕著な生物活性を示す例が多いことから,古くから天然物化学研究の対象とされてきた. それらのアルカロイド類は, 今日では ornithine-lysine, phenylalanine-tyrosine, tryptophan, histidine など比較

的限られた種類のアミノ酸を出発物質として生合成されることが明らかにされている（§5.5）．

アルカロイドの生合成研究が biogenesis の時代から biosynthesis の時代へ向かう頃，アヘンの主要アルカロイド（－）-morphine が L-tyrosine 2 分子から生合成される過程が放射性同位元素（^{14}C）を用いたトレーサー実験で明らかにされている（§4.4）．

アルカロイド生合成の鍵出発物質である α-アミノ酸を素材とする不斉合成研究は豊富な天然資源を活用して高付加価値の化合物の化学合成を目指すという点で，天然物質の化学変換研究において重要である．本節では山田俊一ら（当時，東京大学薬学部）の「α-アミノ酸を用いる不斉合成」[5] を紹介する．

14.3.1 不斉誘起反応

化学的な方法で光学活性体を得るには，①光学的に活性な天然物質を合成原料に用いてこれを化学的に変換してゆく方法，②ラセミ化合物を合成してそれを種々の方法で光学分割する方法，③不斉合成による方法に大別される．このうち，①では光学的に純粋な天然物質を入手することは常に可能というわけではない．そして，②では最終生成物が理想的に得られたとしても，最後に光学分割しなければならないので収率 50 % を超えることはできない．一方，③の不斉合成法では理論的には 100 % の光学純度で光学活性体が得られる．今日，この不斉合成法が目覚ましい進歩を遂げている．山田らの α-アミノ酸を用いる不斉合成は，不斉合成の範疇では不斉誘起反応 asymmetric induction と位置づけられるもので，不斉誘起因子となりうる化合物として α-アミノ酸が用いられている．

光学活性 α-アミノ酸でも，とくに L-アミノ酸は今日では醗酵その他の手段によって安価で大量生産され入手容易である．さらに，化学合成による光学活性アミノ酸の製造法によれば，L-アミノ酸に限らず D-アミノ酸の製造も可能で，D 体と L 体のいずれかを用いれば，任意の絶対配置をもつ化合物の不斉合成が可能になる．

α-アミノ酸を不斉合成反応の不斉源とする場合でも，①アルカロイドの生合成経路を念頭において考える，いわば生合成的不斉合成（biogenetic-type asymmetric induction）と，②自然界における生合成経路に全くとらわれないで，純粋に立体化学的見地から α-アミノ酸を不斉誘起因子として活用する化学的不

斉合成（chemical asymmetric induction）の研究展開がある．ここでは天然物質の化学変換ということで，①について紹介する．

14.3.2 生合成的不斉合成

L-tryptophan（Trp）や L-DOPA を出発原料とする不斉合成経路で，光学活性の tetrahydro-β-carboline 型アルカロイド（**4**）や（S）-(+)-laudanosine（**12**）の合成に成功している．

L-Trp から得られるエステル体（**1**）では，理論的には2種類の diastereomer の生成が可能である．しかし実際には光学的に純粋な **1**（$1S$）のみが主生成物として得られている．すなわち，L-Trp とアセトアルデヒドとの Pictet-Spengler 型反応によって新しく導入される1位の不斉炭素に関しては，1,3-*cis* 配置のものが主生成物として生成し，ここに L-Trp の S 配置が環化生成物 **1** の1位に不斉誘起されている．$1R$ 体が副生成物で生成していてもこれは diastereomer なので，通常のクロマトグラフィーで除かれる．**1** から上記のように **2**, **3** を経る反応経路で，光学活性 $(-)$-tetrahydroharman（**4**）が収率よく得られている．

山田らはこの asymmetric induction 反応を発展させて，L-DOPA からテトラヒドロイソキノリン系アルカロイドの天然型 (S)-(+)-laudanosine（**12**）の不斉合成に成功している．すなわち，L-DOPA メチルエステル塩酸塩（**5**）に Pictet-Spengler 型反応で **6** を反応させて2種の diastereomer（**7**, **8**）を得た．この反応では 1,3-*cis* 配置の生成物 **7** が主成分として得られ，カラムクロマトグラフィーで純粋に分離される．続いて **7** から次ページに示す一連の反応で（S）-

14.3 α-アミノ酸を用いる不斉合成

(+)-laudanosine (**12**) への化学変換が達成された.

以上の一連の化学変換反応では,出発材料の L-Trp や L-DOPA の不斉を 1,3-asymmetric induction により, tetrahydro-β-carboline アルカロイド (**4**) あるいは tetrahydro-isoquinoline アルカロイド (**12**) の1位に新しく不斉誘起させた後, 初めに用いた α-アミノ酸の不斉を消滅させている.

15

テルペノイド・ステロイド研究の中から

15.1 セスキテルペン eudesmanolide から eremophilanolide への生合成経路類似型の転位反応

　天然物質の生合成経路を有機化学反応の視点で見ると多くの示唆に富んでいる. *in vivo* の生合成の経路で進行が考えられる反応と類似型の化学反応を, *in vitro* で実現することは, 化学変換研究における興味深い課題である.

　eremophilane 型セスキテルペンは, 当初, いわゆる古典的イソプレン則に合致しない炭素骨格をもつテルペノイドとして注目され, メバロン酸経路で生合成された eudesmane 型セスキテルペン前駆体から C-10 位核間メチル基の C-5 位への 1,2-シフトを経て生合成されるという仮説が提案され, 生合成的イソプレン則が世に出るきっかけの一つになっている (§5.4).

メバロン酸経路 → "eudesmane" → "eremophilane"

$^{13}CH_3$-$^{13}COONa$ —— *Capsicum frutescens* —→ capsidiol

　これは後に, Baker と Brooks によって, ^{13}C-^{13}C 二重標識の acetate を投与する生合成実験で, ナス科植物 *Capsicum frutescens* において 4-*epi*-eremophilane 型セスキテルペン capsidiol の C-5 位メチル基は, eudesmane 型前駆体の C-10 位核間メチル基の C-5 位への 1,2-シフトで生成することが明らかにされている[6].

15.1 セスキテルペン eudesmanolide から eremophilanolide への生合成経路類似型の転位反応

このような生合成経路に類似した転位反応で，eudesmane 骨格を eremophilane 骨格に化学変換する試みは，まず，eudesmane 型化合物の 4,5-epoxide を用いて，その epoxide 環の開環を反応の開始期とする検討がなされたが，転位反応生成物は目的とするものではなかった．

たとえば，

筆者らのグループで渋谷博孝ら（当時，大阪大学薬学部）は eudesmane 型化合物の $5\alpha, 6\alpha$-epoxide を出発物質とすることによって，目的とする eremophilane 型化合物への化学変換に成功している[7]．

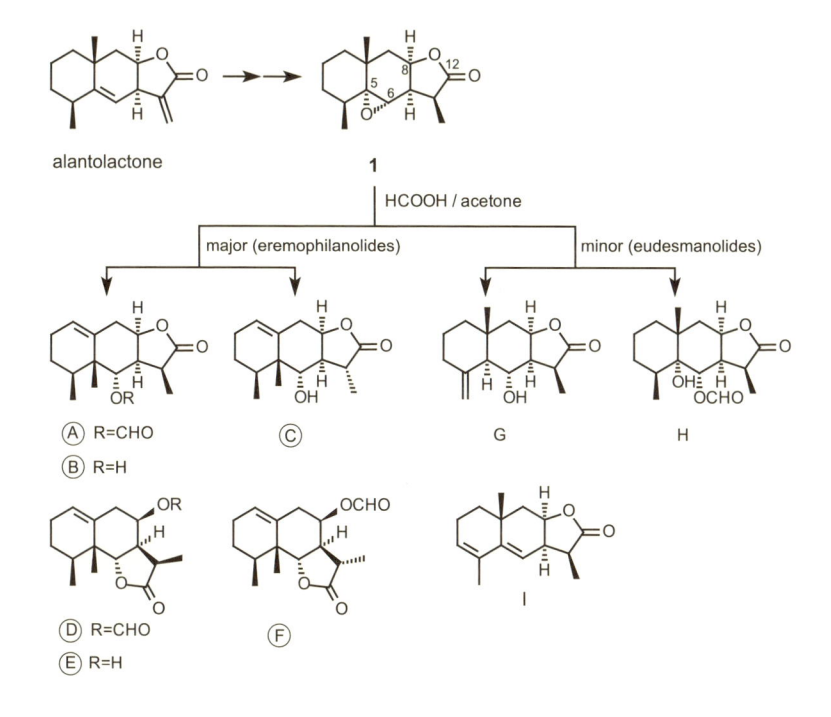

alantolactone → 1

HCOOH / acetone

major (eremophilanolides)

Ⓐ R=CHO
Ⓑ R=H

Ⓒ

Ⓓ R=CHO
Ⓔ R=H

Ⓕ

minor (eudesmanolides)

G

H

I

eudesmane 型セスキテルペン alantolactone から誘導される 5α, 6α-epoxy-eudesman-8β, 12-olide（**1**）を HCOOH-acetone（1：2）で処理して 9 種類の生成物（A～I）が得られ，そのうち主生成物として得られるⒶ～Ⓕが目的とする eremophilane 型化合物で，3 種類の副生成物（G～I）は eudesmane 型化合物であった．

この化学変換反応は 5α, 6α-epoxide 環の開環を開始反応として，生合成経路に類似型反応で，化学的に，eudesmane 型化合物の C-10 位核間メチル基を C-5 位へ 1, 2- シフトさせることに成功した初めての例である．

ここでも 4α, 5α-epoxide 環の開環を初期反応とした場合には，以下のように eremophilane 型転位生成物は得られていない[8]．

さらに，alantolactone の 5α, 6α-epoxide（**2**）を同様に HCOOH-acetone（2：1）で処理して eremophilane 型 formate（**3**）を得，3 から C-6 位に酸素官能基を有する数種の furanoeremophilane 化合物への誘導に成功している．これによってこの生合成経路類似型の酸転位反応が，eudesmane 型を経て eremophilane 型セスキテルペン（とりわけ C-6 位酸素官能基を有する）の合成に有用であることが示唆されている．

一連のこれらの研究では eudesmanolide から eremophilanolide への酸転位反応における立体因子が，種々の eudesmane-5, 6-epoxide の立体異性体を合成し

て検討され，5α,6α-epoxide の開環を開始反応とする
酸転位反応においては，**1** が好都合な立体構造をとって
いることが示唆されている．

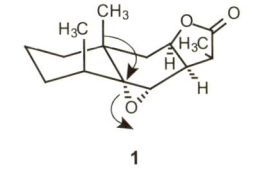

1

15.2　cholesterol から wool fat lanosterol 類への誘導

　ステロールの cholesterol（C_{27}）は動物の組織で細胞膜の構成成分として重要で，
トリテルペンの lanosterol（C_{30}）から生合成される．その過程で3個のメチル基
（すなわち，4,4位ジメチル基と14位核間メチル基）が酸化的に除去されて C_{30}
の lanostane 骨格が C_{27} の cholestane 骨格に代謝されることになる．

　天然物有機化学の進展の中では cholesterol 研究の歴史は古く，その化学合成
は lanosterol よりも先に達成されている．したがって，cholesterol から lanos-
terol への化学変換がなされれば，lanosterol の形式的全合成が達成されたという
ことになる．

　cholestane 骨格から lanostane 骨格への化学変換においては，上述の生合成代
謝経路とは逆で，4,4位ジメチル基と14位核間メチル基をどのような手順で導
入するかが問題点で，それは1957年，Woodward や Barton ら（米国ハーバー
ド大学）によって，C-メチル化反応によって，見事に解決された．さらに
cholesterol の C_8-飽和側鎖から lanosterol の C_8-不飽和（Δ^{24}）側鎖への誘導が
達成されている[9]．反応経路の概要は以下のようである．

15.2.1 cholesterol から lanostenol の合成

注1 4から5への4,4-ジメチル基の導入反応:

注2　benzoate として精製されることが多い．
注3　Wolff-Kishner 還元

　C-メチル化反応（4 → 5, 10 → 11）やステロイド核上の二重結合の位置による安定性の相異（7 → 8, 12 → 13）を巧みに利用して cholesterol から cholestenone（4）を経由して lanostenol（14），ひいては γ-lanosterol（15）の合成に成功している．

15.2.2　lanostenol から lanosterol, agnosterol への誘導

18 → 19, 22 → 23 への Wolff-Kishner 還元は，反応条件によって，7-CO 基，11-CO 基の CH_2 基への段階的な還元が進められ，いずれもアルカリ性条件下で行われるのでそのつど再アセチル化して生成物が精製されている．

lanostenol (**14**) の C_8- 飽和側鎖が一旦 trisnor 酸 (**17**) に短縮されてから, **19 → 20 → 21 → 22** の一連の反応で Δ^{24}-C_8- 不飽和側鎖に復元されている.

cholesterol から lanostenol, lanosterol への誘導が達成され, 以前に lanostenol から γ-lanosterol, lanosterol から agnosterol への誘導が行われているので, ここに cholesterol から羊毛脂の 4 種類の lanostane 型トリテルペンすべてへの化学変換が達成された.

15.3　aldosterone の合成

今日, 重要な多くの有機化学反応にはたまたま発見されたものが多い. 化学合成の様相を顕著に変えたといわれている反応, たとえば Birch 還元, Wittig 反応, Brown の hydroboration などは, それらの初期の実験では全く別の発想から研究が始められたもので, 途中から注意深い研究者がそれを別の方向に展開させたものといわれている. 極言すれば新規有機化学反応は, 多くの場合, 偶然に発見されたものが多いという.

しかし, Barton は合成化学的に価値ある有機化学反応を意図的に発明することが可能であるという[10]. 今日, 盛んに研究が展開されている炭素ラジカル (carbon radical) を反応の活性遷移状態に考える有機ラジカル反応は発明された反応の例の一つである. ここでは Barton 反応として知られる O-nitrite の光化学反応を応用した化学変換研究を紹介する.

15.3.1　新規光化学反応[11a] —非活性 $-\overset{|}{\underset{|}{C}}-\overset{}{\text{H}}$ の活性化—

$$-\overset{|}{\underset{|}{C}}-(Y)-\overset{X}{\underset{|}{C}}-\overset{\overset{\curvearrowleft\text{非活性}}{\text{H}}}{\overset{|}{C}}- \xrightarrow{h\nu \text{ (UV)}} -\overset{OH}{\underset{|}{C}}-(Y)-\overset{X}{\underset{|}{C}}-$$

$$\left(\begin{array}{l} \text{ここで } X=\text{halogen, }-NO_2,\ -NO,\ -OR\ \text{など} \\ \text{中でも nitrite (X=NO) の場合が最も適切} \end{array} \right)$$

この $Y = -\overset{|}{\underset{|}{C}}-\overset{|}{\underset{|}{C}}-$ の場合の例として, 以下のような化学変換が行われた.

15.3 aldosterone の合成

[3β-acetoxy-5α-pregnan-20β-ol (**25**) → 20β-nitrite → **26** → 18-nitrile体 (**27**) → **28** → 5α-pregnane-3β,20β-diol (**29**)]

試薬:
- NOCl / dry pyridine (-20°～-30°)
- dry hv* / benzene (10°/N₂), 2-5 hr, *200 W Hanovia 高圧Hgランプ (Pyrex管中)
- i) Ac₂O / pyridine, Δ, 15 min; ii) Ac₂O / AcONa reflux, 30 min
- 2% conc. HCl acetone / H₂O, r.t., 18 hr
- W.K.還元

非活性 $18\beta\text{-}CH_3$ 基に官能基を導入するこの方法（**25** → **26**, **27**）は，さらに以下のような誘導体（**30**, **31**）の合成に応用されている．

30 (X=NH, O)

31 (R=NO, X=H₂ → R=H, X=NOH)

15.3.2 corticosterone acetate から aldosterone の合成 [11b, 11c]

1954 年に T. Reichstein らによって副腎皮質ホルモンの一つである aldosterone の化学構造が明らかにされて以来，いくつかの aldosterone の全合成がなされ (1955～1958)，O. Jeger らによる Pb (OAc)₄ を用いた多段階の aldosterone の部分合成（化学変換）が達成されている (1960, 1961)．

Barton らは上述の新規光化学反応を応用して，以下のように<u>短行程で</u> corticosterone acetate（**32**）から aldosterone（**36**）への化学変換に見事に成功している．

32 から 36 への通算収率は 15 % であったが，当時，この方法で aldosterone をなんと 70 g 合成している．この化学変換反応において収率を下げているのは，33 → 34 の光化学反応における 11β-nitrite の光ラジカル反応が望ましい 18β-CH₃ 基への攻撃だけでなく，19β-CH₃ 基への攻撃が競合することにある．Barton らはその 10 数年の後になって，A 環が 1,4-dien-3-one 型化合物を出発

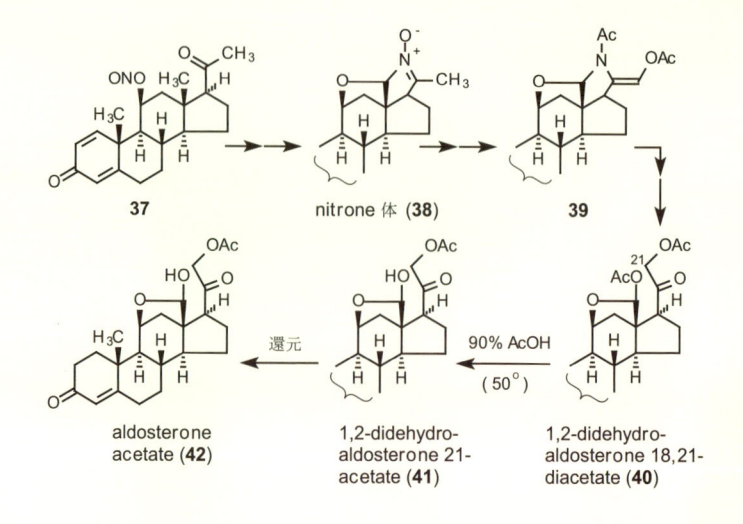

物質とすると，11β-nitrite の光ラジカル反応が 18β-CH₃ 基へ優先的に進行することを見出した．そこで，11β-hydroxypregna-1, 4-dien-3-one（**37**）から，まず 1, 2-didehydroaldosterone acetate（**41**）を合成し，ついで 1, 2-didehydro 部分の選択的還元によって aldosterone acetate（**42**）に導いている[12]．

この反応経路で **37** → nitrone 体 **38** への通算収率は最高 55 % で，**42** までの反応過程は長いが出発物質が入手しやすい利点があるという．

16
糖質を素材とする化学変換
－配糖体の研究から－

　ヒトや動物の体内で二次的に代謝・生成された化学物質は，グルクロン酸抱合や硫酸抱合などの"conjugate"された化学構造の物質に変換されて，水溶性の物質となって体外に排泄される．一方，植物はそのような排泄の機構を欠いていることもあって，生成した二次代謝産物を細胞（組織）内に保有していなければならないので配糖体として貯蔵している場合が多い．

　ヒトや動物におけるグルクロン酸抱合体や植物細胞内の配糖体では，それらの化学構造の基盤は配糖体結合である．配糖体結合は非配糖体部分（アグリコン，しばしば水に難溶性で毒性などを示す場合もある）の水酸基と糖部分のヘミアセタール（hemiacetal, lactol ともいう）水酸基の間で脱水縮合してエーテル結合（配糖体結合）を生成しているもので，生成した化学構造（化合物）は一般的に"glyco-conjugate"と呼ばれることもある．glyco-conjugate になると，化合物は一般に水溶性を増している．

　天然薬物に含有される生物活性物質の中には，天然薬物中ではこのような glyco-conjugate 型で安定に存在し，薬物が投与されてから消化管中で加水分解されて，活性の本体が遊離され生体に吸収されてはじめて効能を発現する場合が多いといわれている．そしてこのような場合，glyco-conjugate は"pro-drug"の形態の一つと考えられている．

　実際，天然薬物が強心，利尿，解熱，瀉下，鎮咳などの薬理効果を示す場合においても，元来，天然薬物中には配糖体として含有されていたものが，消化管に輸送され，そこで加水分解されて活性本体（アグリコンの場合が多い）が遊離し吸収されて，生物活性を発現していると考えられるものが多い．

　本章では，天然配糖体成分の化学的研究から発展した糖質を素材とする化学変換について，①配糖体結合の開裂，②グルクロニド結合の選択的開裂，③ウロン酸類から擬似糖質への化学変換について，筆者らの研究室での取り組みを紹介する．

16.1 配糖体結合の開裂

　配糖体の化学構造を有機化学的に解明するためには，①アグリコン部の構造，②糖部分（糖鎖）における構成糖の組成とその結合様式，③アグリコンと糖鎖との結合様式，の3点を明らかにする．そのためまずアグリコンと糖部分を何らかの方法で開裂し，遊離したアグリコンや糖部に由来する生成物の構造解析を行うのが通常これまでの配糖体研究のスタートである．

　もっとも，物理化学的研究手法が一般的になった今日では，配糖体の化学構造研究においても，スペクロメトリーを多用して配糖体結合を開裂することのないいわゆる非破壊的な方法によって構造解析が行われる．

　有機化学的手法においては，アセタール構造の一種ともいえる配糖体結合を開裂するには色々な方法が知られている．①酸やそれに準ずる反応剤を用いる化学的方法（加水分解，メタノリシス，アセトリシスなど），②酵素や微生物を用いる生化学的方法，③アルカリ分解，水素化分解，加塩素分解，その他の種々の化学的方法，などに大別される．そして化学的方法の中で最も一般的に行われるのは酸による加水分解である．

　<u>酸を用いて加水分解</u>する場合，配糖体における糖部分の構造やアグリコン部の構造によって，加水分解のされやすさは色々である．水，エタノール，メタノールなどの極性溶媒の中で，適当な濃度の酸（硫酸，塩酸などいろいろ）で，適当時間加熱するのが一般的で，遊離生成したアグリコンが酸によって二次的変化を受ける可能性がある．もしそのようなことが起これば，得られるアグリコンは真正アグリコン（genuine aglycone）ではなく，二次生成物（artifact）であり，もとの配糖体の化学構造の解明に支障をきたす．それでアグリコンの二次的変化をできるだけ避けるように種々の工夫がなされる．

16.1.1　Smith 分解法

　配糖体から有機化学的に真正アグリコンを遊離させるために種々検討された中で興味深いのは Smith 分解法[13]である．この方法ではまず，糖部の α-グリコール構造を過ヨウ素酸で酸化分解し，ついで水素化ホウ素ナトリウムで還元，続いて緩和な酸処理を行って糖鎖部分を完全に分解するというものである．

　Smith 分解法でサポゲノールが遊離される反応経路は，たとえば以下のように

進むと考えられている.

酵素を用いる生化学的方法は，真正アグリコンや真正サポゲノールを得る目的に適った方法の一つで，とりわけそれらの化学的構造を知るのに有用である．酵素を用いて成功している例の一つとして，当時，そのサポゲノール部が酸，アルカリ処理で二次的変化をうけやすいことが知られていたオニヒトデ *Acanthaster planci* のサポニン (thornasteroside 類) の加水分解に，オニヒトデの天敵ホラガイ *Charonia lampas* の肝から得られるグリコシダーゼを用いた場合がある．この方法で真正サポゲノール thornasterol A (**1**) および thornasterol B (**2**) が明らかにされている [14](注).

注　**1** および **2** の 17 位側鎖中の β-hydroxy-ketone 構造は，酸やアルカリ処理で二次的変化を受けやすい．

微生物の培養によって配糖体を加水分解する場合では，粗グリコシダーゼ混合物を用いることになる．たとえば，ⓐ *Agave sisalana* (ヒガンバナ科) のサポニンを炭素源として，Czapek Dox 培地で *Corynespora* 属や，*Alternaria* 属のかびを 7 日間培養するとサポゲノールの hecogenin がほぼ定量的に得られる [15]．ⓑ

オニドコロ（*Dioscorea tokoro*, ヤマノイモ科）の根茎を風乾粉砕した試料に，適当な個体培地を混和し，まず *Aspergillus terreus* の胞子懸濁液を固相で作用させて加水分解を行う．ついで生成したサポゲノールを抽出によって得るというもので，この固相培養法は興味深い例である．実際，この方法でオニドコロ根茎の粉砕物 10 kg から diosgenin の粗結晶 374 g が得られ，メタノールから再結晶して diosgenin 145 g が得られている．つまりこの方法では半工業的規模の加水分解に成功している[16]．

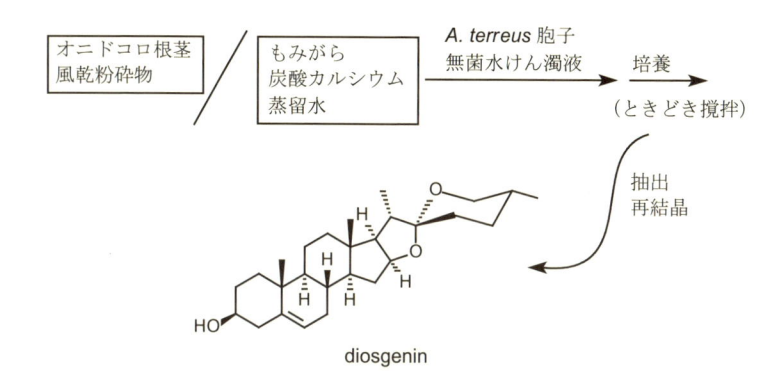

```
┌──────────┐   ┌──────────┐   A. terreus 胞子   ┌──────┐
│オニドコロ根茎│   │もみがら   │   無菌水けん濁液      │ 培養 │
│風乾粉砕物  │ / │炭酸カルシウム│ ─────────────→│      │
└──────────┘   │蒸留水    │                    │(ときどき撹拌)│
               └──────────┘                    └──────┘
                                                    │
                                                    │ 抽出
                                                    │ 再結晶
                                                    ↓
                                               diosgenin
```

以上の ⓐ，ⓑ いずれの場合でも，微生物がサポニンなどの配糖体を炭素栄養源とすることを利用しているので，微生物変換の一つと考えることができる．そして，純粋に分離した微生物の菌株を用いるので，実際には所期の加水分解能を有する微生物株を見出すためには，前もってスクリーニングしておくことが必要である．

16.1.2 土壌微生物淘汰培養法

吉岡一郎ら（当時，大阪大学薬学部）はこのスクリーニングを，視点を変えて行う方法を考え，雑多な微生物の混合生育系と考えられる土壌から，目的の加水分解能を有する微生物株を選び出し，配糖体の加水分解を行わせる<u>土壌微生物淘汰培養法</u>を創案した[17]．

サポニンなどの配糖体を唯一の炭素源とする合成培地で土壌微生物を淘汰培養すると，その配糖体を栄養源として生育する菌種のみが生存し植え継がれる．その間，微生物は<u>まず配糖体の糖部分</u>を自らの酵素系で加水分解して栄養源として

消費し，真正サポゲノールや真正アグリコンを培地中に残すというのである．

土壌中には Pseudomonas 属，Clostridium 属，Bacillus 属などの細菌種や多くの放線菌のほか，かびや酵母などさまざまな微生物の存在が予想される．数種の土壌サンプルを用いれば一度に多種類の微生物がスクリーニングされることになる．培養時間などを調節すれば，微生物によるサポゲノールやアグリコン部の二次的変化を避けることができる．

何回かの淘汰培養（通常4回ぐらいで充分）の後，より大量の培養に移行し，培養混合物を有機溶媒で抽出，抽出物を分離・精製して真正サポゲノールや真正アグリコンを得ることができる．

吉岡らはこの方法をはじめにセネガ（Polygala senega, ヒメハギ科）根のサポニンに適用して，その真正サポゲノール presenegenin (**6**) を好収率で得た[18]．

それまでセネガ根サポニンの加水分解で得られた種々のサポゲノール類の化学的関連は以下のようである．

土壌微生物淘汰培養法[注]ではセネガ根サポニン（13.5 g）に適用して（31℃，16日間の静置培養），presenegenin (**6**) をジメチルエステルとして精製して結晶1.72 g が得られている[18]．

注　ここで淘汰選別され作用している土壌微生物は Pseudomonas 属であることが電顕で観察されている．

16.2 グルクロニド結合の選択的開裂

サポニンなどのトリテルペノイドやステロイドのオリゴ配糖体の化学構造研究の過程で，質量スペクトル（当初，EI-MS 法）を測定すると，配糖体結合が開裂され，糖部分に由来するフラグメントイオンの強いピークが観測された．一方，その頃，光分解反応と質量スペクトルにおける有機分子由来のイオンの開裂パターンに多くの類似性がみられた．それで，1970 年代初めの頃，サポニンの配糖体結合の光照射による開裂が検討された[19a]．

当初，光分解反応の検討に用いられたサポニン類の化学構造がまだ充分に解明されていなかったが，やがて，紫外線照射で開裂を受けるサポニンのオリゴ糖鎖の還元末端がグルクロン酸であることが判明し[注]，結局，グルクロニド・サポニンが光照射によって，そのグルクロニド結合が開裂してサポゲノールを遊離することがわかった[19b, 19c]．

注 このように糖鎖におけるグルクロン酸がサポゲノールに直接配糖体結合しているサポニンをグルクロニド・サポニン（glucuronide-saponin）と総称することになった．

この反応ではグルクロン酸部分のカルボキシル基の光励起が初期過程となって，グルクロニド結合の開裂に至ることがわかった．これをきっかけとして，グルクロニドのカルボキシル基の反応性を利用して，グルクロニド・サポニンのオリゴ糖鎖におけるグルクロニド結合の選択的開裂法 4 種，①光分解法，②四酢酸鉛-アルカリ分解法，③無水酢酸-ピリジン分解法，④電極酸化分解法，が開発されるに至った[20]．

16.2.1 光分解法[19]

サクラソウ（*Primula sieboldi*，サクラソウ科）の根から得られるサポニン sakuraso-saponin (**7**) のメタノール溶液を 500 W 高圧水銀ランプ（Vycor filter）で 1 時間光照射すると，真正サポゲノール protoprimulagenin A (**8**) が 74% の好単離収率で得られる．一方，sakuraso-saponin (**7**) の酸加水分解では primulagenin A (**9**) が，Smith 分解では **9** のほかにその 16α-水酸基が酸化された生成物 aegicerin (**10**) が副生する．本法では短波長の紫外線照射（Vycor filter を用いて）を行っているので，サポゲノール部が光変化を受けやすい構造のグルクロニド・サポニンへの適用はむずかしい．

sakuraso-saponin (**7**) の分解に関わる反応の様式をまとめてみると，以下のようになる．

16.2.2　四酢酸鉛-アルカリ分解法 [21)]

　光分解法においてはカルボキシル基の光励起が反応初期過程となり，グルクロニド結合の開裂に及んでいると考えられるので，カルボキシル基の選択的な化学反応について検討され，酸化的脱炭酸反応が好結果を与え，2 種類の分解法，四酢酸鉛-アルカリ分解法と電極酸化分解法（§16.2.4）が見出されるに至った．

　グルクロニド・サポニン sakuraso-saponin (**7**) のカルボキシル基遊離のメチル化体 **7a** を四酢酸鉛で処理してアセトキシ体 **13** を得る．これをナトリウム・

メトキシド（アルカリ）で分解して，生成物をアセチル化した後，分離・精製して以下のような反応生成物 **14**，**15**，**16a**，**16b**，**8a** が得られた．

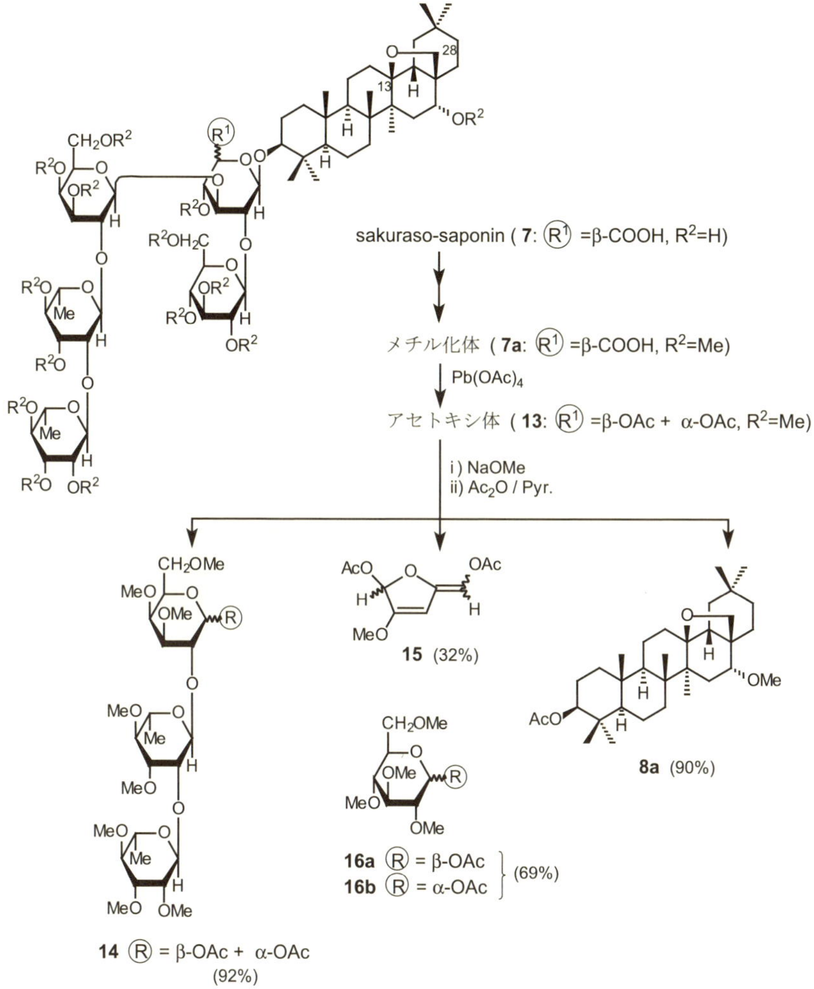

sakuraso-saponin (**7**: R^1 =β-COOH, R^2=H)

↓

メチル化体 (**7a**: R^1 =β-COOH, R^2=Me)

↓ Pb(OAc)$_4$

アセトキシ体 (**13**: R^1 =β-OAc + α-OAc, R^2=Me)

↓ i) NaOMe
　ii) Ac$_2$O / Pyr.

14 R = β-OAc + α-OAc (92%)

15 (32%)

16a R = β-OAc
16b R = α-OAc } (69%)

8a (90%)

sakuraso-saponin（**7**）のサポゲノール部からは真正サポゲノール proto-primulagenin A（**8**）のメチルエーテル・アセテート **8a** が得られる．**7** のオリゴ糖鎖は三つの部分に開裂し，三糖のアセテート **14** とグルコースの誘導体 **16a**, **16b**，それに加えてグルクロン酸部に由来するジエン化合物のアセテート **15** が得られる．反応で生成したジエン化合物は不安定で **15** は低収率（32％）であったが，その他の生成物はいずれも好収率（70〜92％）であった．

　これらの結果から，本法はグルクロニド・サポニンの化学構造解明にきわめて有用な方法であることがわかる．その中で，protoprimulagenin A（**8**）の 13β, 28-オキシド環が二次的変化を受けていないのは注目すべき特徴である．本法では，サポニンの遊離水酸基をメチル化などによりあらかじめ保護しておく必要があるが，糖鎖構造の化学的解析におけるメチル化糖分析に利用できるという利点もあった．

　グルクロニド・サポニンの四酢酸鉛－アルカリ分解法における反応経路は次のように考えられる．途中で生成が推定されるジアルデヒド中間体［A］の単離には成功していないが，低収率ながら分解生成物［B］を得るとともに，後述のよ

うに，アルカリ条件下ニトロメタンとの反応で捕捉してニトロシクリトール［C］に誘導して，［A］を経由することが間接的に証明されている．

その後，酸性多糖体の構造研究にも本法の有用性が示されている[22]．

16.2.3 無水酢酸－ピリジン分解法[23]

sakuraso-saponin（**7**）の構造研究の過程で完全アセチル化体を得る目的で，**7**を無水酢酸－ピリジン（1：1）混合物中で1時間加熱還流したところ，当初期待した**7**の完全アセチル化体は全く得られないで，**7**の開裂分解生成物のアセチル化体**8b**，**11**，**12**がかなりの好収率で得られた．これが本法発見の端緒である．

比較のため通常のアセトリシス条件での反応と生成物を比較すると，以下のようである．

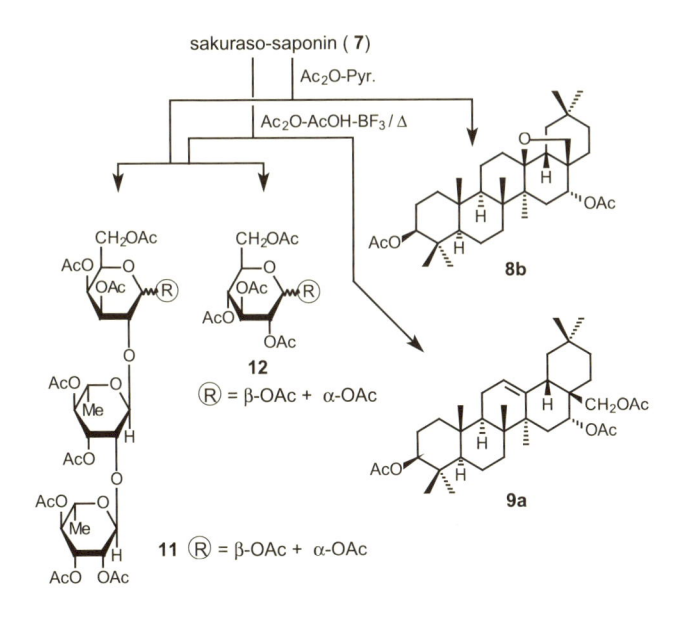

すなわち，オリゴ糖部分から得られる**11**，**12**は共通であるが，サポゲノール部は，アセトリシスでは二次的変化生成物 primulagenin A のアセテート**9a**が得られるのに対して，無水酢酸－ピリジン分解法では，真正サポゲノール protoprimulagenin A のアセテート**8b**が得られる点ですぐれている．

無水酢酸－ピリジン分解法では，グルクロニド・サポニンのグルクロン酸カル

ボルキシル基が遊離の必要があるので，混合酸無水物の生成が反応の初期過程に考えられている．

その後，Lindberg らによって，本法の変法（無水酢酸とトリエチルアミンを用いる）がグルクロン酸を構成糖とする多糖体の構造研究に用いられ，本法の有用性が示されている[24]．

16.2.4　電極酸化分解法[25]

四酢酸鉛－アルカリ分解法の項（§16.2.2）で述べたように，グルクロニド結合は脱炭酸アセトキシ化後のアルカリ処理によって容易に開裂される．以後，カルボキシル基のアセトキシ基への置換反応が検討され，電極脱炭酸反応が同様の目的に応用可能なことがわかった．

sakuraso-saponin（**7**）を酢酸中トリエチルアミン存在下，定電流電解（白金電極，$10\,mA/cm^2$，8時間）して得られる脱炭酸アセトキシ化体を，ただちにナトリウムメチラート・メタノール処理した後にアセチル化して生成物を分離・精製すると，4種の生成物，サポゲノール部から **8b** と **10a**（副生）が，糖鎖部分から **11** と **12** が得られた．

この反応過程では，四酢酸鉛－アルカリ分解法の場合と同様，ジアルデヒド中間体｛§16.2.2 における［A］｝の生成が考えられる．そして，本法においては，グルクロニド・サポニンの糖鎖水酸基の保護を必要としない点に特徴がある．

ここで，サポゲノール部から aegicerin（**10**）（アセチル化体 **10a** として）が

16.2 グルクロニド結合の選択的開裂

　副生しているが，これは真正サポゲノール protoprimulagenin A (**8**) の電極酸化反応でも得られ，開裂反応過程で16α位アキシアル水酸基が選択的に酸化されて生成したことがわかった．

　電極酸化反応がさらに検討され，以下のようにオレアネン型トリテルペンに多く見られる Δ^{12} のアリル位アセトキシ化やメトキシ化が容易に進行し，①サポゲノールの化学変換 (**17 → 18, 19**) や，②オレアネン型トリテルペン・オリゴ配糖体の化学変換 (**20 → 21 → 22**) が可能になっている[26]．

②

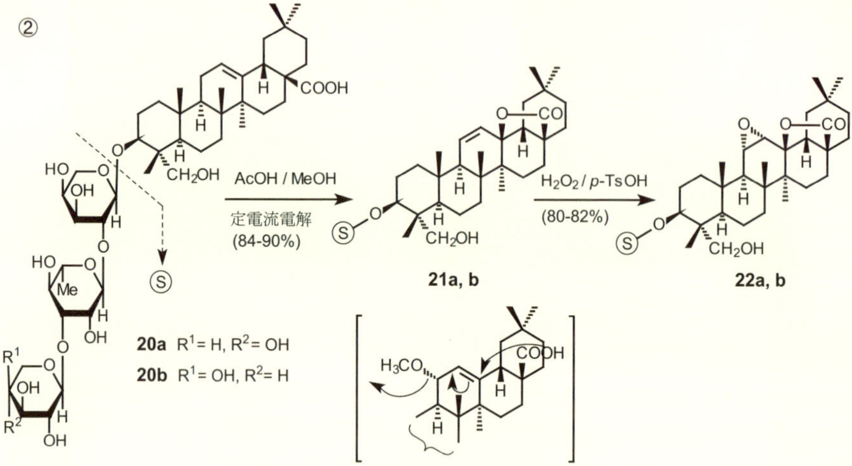
COOH
H
CH2OH
AcOH / MeOH
定電流電解
(84-90%)
H2O2 / p-TsOH
(80-82%)
CO
CH2OH
21a, b
22a, b
S
20a R1 = H, R2 = OH
20b R1 = OH, R2 = H
H3CO
COOH

［20 → 21 の反応中間体］

16.3　ウロン酸から擬似糖質への化学変換

グルクロニド結合の 4 種の選択的開裂法のうち，四酢酸鉛－アルカリ分解法と電極酸化分解法では，グルクロニド結合の開裂過程でジアルデヒド中間体［A またはその等価体］の生成が考えられた．そしてこれを証明するためにその分離が検討されたが，成功しなかった．それで，その間接的証明のための誘導体としての捕捉が検討された．

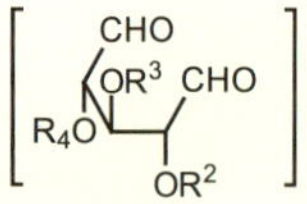
CHO
OR3
CHO
R4O
OR2

[A]

本節では，そこから吉川雅之ら（当時，大阪大学薬学部）によって展開された化学変換について紹介する．

16.3.1　糖類から光学活性シクリトール類への化学変換

電極酸化反応を鍵反応とする場合は，糖部の遊離水酸基をあらかじめ保護する必要がない．たとえば，D-glucuronic acid（**23**）をメタノール中ジエチルアミン存在下定電流電解（グラッシーカーボン，8 mA/cm^2，3 時間）して脱炭酸メトキシ化体 **24** とした後，ニトロメタンとナトリウムメトキシド処理して，3 種のニトロシクリトール誘導体が得られ，それぞれを還元して *muco*（**25**），*myo*（**26**），*scyllo*（**27**）型のアミノシクリトールが短行程で得られる．

16.3 ウロン酸から擬似糖質への化学変換

この反応を応用して D-glucosamine (28) から 29, 30 を経て streptamine (31) や[27]，2-deoxystreptamine (32) に化学変換し[28]，D-mannose (33) を出発物質としてシクリトール 34 を経て (−)-shikimic acid (35) が形式合成されている[28].

この分解誘導反応をグルクロニド・サポニン sakuraso-saponin (**7**) に適用すると，開裂反応でサポゲノール部から protoprimulagenin A (**8**) ［ここでも一部 aegicerin (**10**) が副生］が得られ，オリゴ糖鎖に由来する部分からアミノシクリトール・オリゴ配糖体 ［**B**］ が合成される．つまり，sakuraso-saponin (**7**) のオリゴ糖鎖からグルクロン酸部分をアミノシクリトールに変換したオリゴ配糖体へ化学変換されるので，グルクロニド・サポニンのオリゴ糖鎖部分の活用に発展させる可能性が示されている．

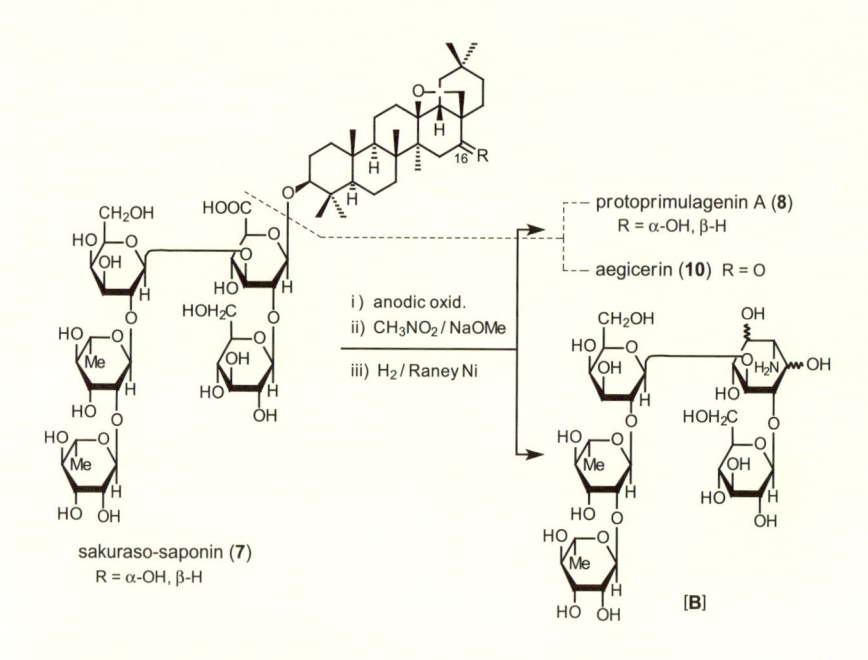

四酢酸鉛－アルカリ分解法を適用する場合は，水酸基等をあらかじめ保護しておくので，同様の反応操作でアミノシクリトール・オリゴ配糖体 ［**B**］ のメチル化体が得られる[29]．

16.3.2 アミノ配糖体抗生物質の合成

上述のように，D-glucosamine (**28**) からアミノウロン酸を経て 2-deoxy-streptamine などジアミノシクリトール類へ化学変換される．これにニトロ基の β 位アセトキシ基が水素化ホウ素ナトリウムによって還元的に除去される反応性も考慮に入れ，アミノ配糖体抗生物質の合成が検討され，paromamine (**40**)，ribostamycin (**47**) や dibekacin (**54**) などが，D-glucosamine を出発物質として合成された．

この合成方略 (strategy) では，目的とするアミノ配糖体抗生物質（アミノシクリトール配糖体）と同様の糖鎖構造を有するアミノオリゴ糖を合成し，これにアミノウロン酸-アミノシクリトール化学変換法を適用して，中心糖をアミノシクリトールに変換して，アミノ配糖体抗生物質を合成するというものである．

1) kanamycin C などのアミノ配糖体抗生物質に誘導されたアミノ二糖 paromamine (**40**) が以下のように合成された．すなわち，D-glucosamine (**28**) から合成されたブロム糖 **36** とベンジリデン誘導体 **37** から二糖 **38** を構築し，それ

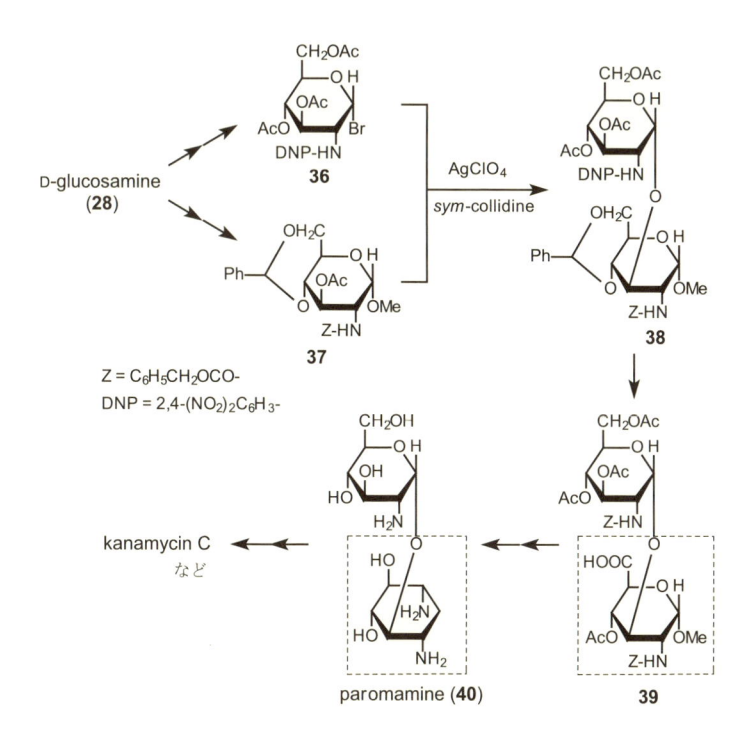

をアミノウロン酸 39 に導いた後，シクリトール体への化学変換を適用して合成している[30]．

2) 化学変換法をアミノ三糖（**46**）に適用して <u>ribostamycin（**47**）</u>と <u>6-deoxy-ribostamycin（**48**）</u>が合成されている[31]．この場合にはアミノウロン酸部の構築において，3,4 位水酸基に対する位置および立体選択的なグリコシル化反応（**41 → 43**，**43 → 44**）を進めるために，はじめに 1,6-アンヒドロ糖 **41** を用いる工夫がなされている．

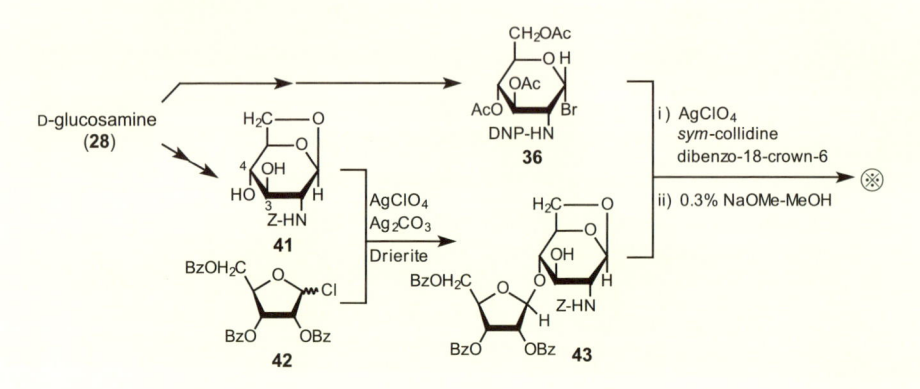

3) アミノ配糖体抗生物質の化学構造をその中心部になる 2-deoxystreptamine (**32**) の置換様式から見ると, ribostamycin (**47**) は 4, 5- ジ置換型, dibekacin (**54**) は 4, 6- ジ置換型である. それで dibekacin (**54**) の合成では ribostamycin (**47**) 合成の場合とは異なった方略をとっている. すなわち, 以下のようにまず二糖のアミノウロン酸 51 を合成し, それに化学変換反応を適用してアミノシクリトール配糖体 52a, 52b とし, ついでそれぞれの 6 位水酸基に三つ目の糖鎖 53 を導入して dibekacin (**54**) と 6-*epi*-dibekacin (**55**) を得ている[32)].

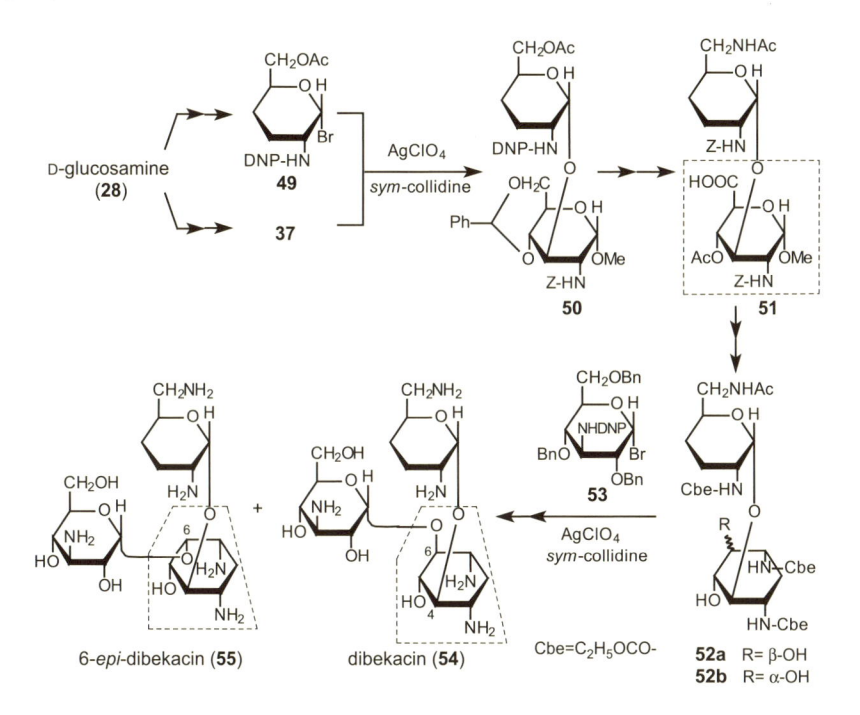

以上 1)〜3) のアミノ配糖体の合成を骨格構築の視点からまとめると, 以下のようになる.

16.3.3 擬似糖質の合成

糖質を素材とした化学変換反応において，ニトロシクリトールの反応性が種々検討され，単糖を出発物質として，擬似糖 (*pseudo*-sugar) への化学変換反応や，擬似配糖体 (*pseudo*-glycoside) の新しい合成反応が見出された．

擬似糖は，糖におけるピラノースまたはフラノース環の構成酸素がメチレン基に置換された化学構造の分枝シクリトールの一種である．近年，抗菌活性，抗腫瘍活性，抗ウイルス活性や α-グリコシダーゼ阻害活性など種々の生物活性を示す擬似糖や擬似配糖体が数多く見出され，化学合成研究の対象として興味深い化合物群である．

本項で紹介する単糖から擬似糖質合成のアウトラインは次に示すとおりである．単糖 i から誘導されるニトロフラノース ii から分枝ニトロシクリトール iv，viii を経て，光学活性擬似ヘキソピラノース (iv：R'=OH) や擬似ペントフラノー

ス（**x**：R'=OH）が合成される．ついでこれらの合成中間体**iv**, **viii**から誘導されるニトロオレフィン**v**, **ix**へのマイケル（Michael）型付加反応により擬似アミノ糖（**vi**, **x**：R'=NH$_2$）や擬似ヌクレオシド（**vi**, **x**：R'=purine塩基）など擬似配糖体が合成される．ここで出発糖のC_1〜C_6が**vi**ではすべて，**x**ではC_2〜C_6までが保持され，水酸基の立体配置は**vi**ではC_2〜C_4, **x**ではC_3, C_4位が保持されている．

ここでは，単糖から擬似糖や擬似アミノ糖への化学変換と，擬似ヌクレオシドの合成例を紹介する．

a. D-グルコースから擬似糖への化学変換

擬似糖には抗菌活性や糖類と同様の甘味を示すものが知られているほか，*pseudo*-α-DL-glucopyranose には glucokinase 阻害作用やインスリン放出の阻害作用のあることが明らかにされている．

D-glucose（**56**）から誘導されるケトン体**57**をニトロメタン処理して付加体**58**, **59**に誘導する．**58**をアセチル化の後，立体選択的な還元的脱アセトキシ化反応に付して**60**とし，これをシクリトール環形成反応などによって**61**を経て

pseudo-α-D-glucopyranose（**62**）が合成された．一方，**60** の 1, 2- ジオールを四酢酸鉛で酸化的に開裂（**63** を生成）した後，環形成（**64** とする）を行うことなどによって pseudo-α-D- および pseudo-β-α-D-arabinofuranose（**65**，**66**）が合成された．また，同様の反応行程で，**59** から pseudo-β-L-idopyranose（**67**）および pseudo-β-L-xylofuranose（**68**）が合成されている[33]．

b. 擬似アミノ糖への化学変換

valienamine（**72**）や validamine（**75**）などの擬似アミノ糖は，抗菌活性のほか顕著な α-D-glucosidase 阻害活性を示すので，糖尿症や肥満症の改善，虫歯予防薬としての応用が期待される．

ニトロシクリトールにおけるニトロ基 β 位のアセトキシ基が種々のアミノ基に容易に変換されるので，擬似糖合成の過程で得られたニトロシクロヘキサン（**61** や **69**）を用いて擬似アミノ糖が合成されている[34]．

すなわち，**58** から **69** を経て 1β- アセトキシ基を有する **70** に誘導し，これを室温で水性アンモニアで処理すると，熱力学的に安定な 1β- エクアトリアル配置のアミノ基を有する化合物が得られるが，**70** を −78℃ で液体アンモニア処理すると，反応速度論的に有利と考えられる 1α- アキシアル配置のアミノ基を

16.3 ウロン酸から擬似糖質への化学変換

有する 71 が生成し，71 から容易に valienamine (72) が合成される．一方，61 をアセチル化すると脱水反応を伴ってニトロシクロヘキセン 73 が得られ，73 を液体アンモニア処理 (74 が生成)，ついで脱ニトロ化など，70 から 72 を合成した場合と同様の行程で validamine (75) が合成される[34a)]．

分枝ニトロシクリトールを経るこの方法は，単糖から擬似アミノ糖の一般性の高い合成法の一つといえる．

c. 擬似ヌクレオシドの合成

擬似配糖体の一種と考えられるヌクレオシド炭素環同族体は，ヌクレオシドの糖部分が擬似糖やその関連シクリトールに置き換えられた化学構造を有するので擬似ヌクレオシドということもできる．

天然擬似ヌクレオシドとしては，抗生物質 (−)-aristeromycin (94) や顕著な抗腫瘍活性を示す (−)-neplanocin A (96) などがある．また抗ウイルス剤 Ara-A をもとに開発された (+)-cyclaradine (93) など，抗ウイルス剤や抗がん剤の開発を目的とした新規擬似ヌクレオシドの合成は興味ある研究課題である．

擬似アミノ糖合成で得られた知見の中で，ニトロオレフィンへの求核付加反応が検討され，核酸塩基のマイケル (Michael) 型付加反応を利用して擬似ヌクレオシドが効率よく合成されるようになった[35)]．

1) 擬似ヘキソピラノシルヌクレオシド： ニトロシクロヘキセン 76 を ^6N-benzyladenine と 18-crown-6 の存在下，2℃ で KF 処理し，付加体 77 を得，77 はさらに (−)-9-*pseudo*-β-D-glucopyranosyladenine (78) に誘導される．同様の反応行程で，ニトロシクロヘキセン 79 から (−)-9-*pseudo*-β-L-

idopyranosyladenine (**80**) が合成された．これらの擬似ヘキソピラノシルヌクレオシドはそれまでに合成されていない化合物であった[35a]．

2) 擬似ペントフラノシルヌクレオシド： ニトロシクロペンテンへのマイケル型付加反応の立体選択性が検討され，D-glucose (**56**) から得られるニトロシクロペンテン **81**，**82**，**86** および **87** へのアンモニア付加反応で付加生成物 (**83**，**84**，**85**；**88**，**89**) が得られ，いずれの付加生成物においても，最もかさ高い4位ベンジルオキシメチル基が安定な立体配座をとり，それと同じ側に1位アミノ基が導入された構造の化合物が得られることがわかった．

81 " D-ribose type "   **82** " D-arabinose type "

83: R^1= α-OBn, R^2= CHO, R^3= β-NO_2
84: R^1= α-OBn, R^2= CHO, R^3= α-NO_2
85: R^1= β-OBn, R^2= Ac, R^3= β-NO_2

86 " L-lyxose type "   **87** " L-xylose type "

88: R^1= α-OBn, R^2= CHO
89: R^1= β-OBn, R^2= Ac

16.3 ウロン酸から擬似糖質への化学変換

D-arabinose 型ニトロシクロペンテン 82 に ^6N-benzoyladenine を付加させて 90 とし，91, 92 を経て，抗ウイルス活性（+）-cyclaradine (93) が合成された[36]．また，D-ribose 型ニトロシクロペンテン 81 から，同様の反応行程で抗生物質（-）-aristeromycin (94) が合成され[37]，L-xylose 型 87 から新規光学活性擬似ヌクレオシド 95 が合成されている．

IV編 (14〜16章) の文献

1) K. Goto, I. Yamamoto, *Proc. Japan Acad.*, **30**, 769 (1954).
2) J. B. Hendrickson, "*The Molecules of Nature*", W. A. Benjamin, New York (1965), pp. 154-156.
3) D. H. R. Barton, A. J. Kirby, G. W. Kirby, *Chem. Commun.*, **1965**, 52.
4) a) E. Ochiai, M. Ishikawa, *Pharm. Bull.*, **5**, 498 (1957) ; b) *Idem, ibid.*, **6**, 208 (1958) ; c) M. Ishikawa, *ibid.*, **5**, 997 (1957) ; d) *Idem, ibid.*, **6**, 71 (1958).
5) 山田俊一「α-アミノ酸を用いる不斉合成」, 化学と生物, **11**, 70-81 (1973) (review).
6) F. C. Baker, C. J. W. Brooks, *Phytochemistry*, **15**, 689 (1976).
7) a) I. Kitagawa, Y. Yamazoe, R. Takeda, I. Yosioka, *Tetrahedron Lett.*, **1972**, 4843 ; b) I. Kitagawa, H. Shibuya, Y. Yamazoe, H. Takeno, I. Yosioka, *ibid.*, **1974**, 111 ; c) I. Kitagawa, Y. Yamazoe, H. Shibuya, R. Takeda, H. Takeno, Y. Yosioka, *Chem. Pharm. Bull.*, **22**, 2662 (1974) ; d) I. Kitagawa, H. Shibuya, H. Takeno, T. Nishino, I. Yosioka, *ibid.*, **24**, 56 (1976) ; e) I. Kitagawa, H. Shibuya, M. Kawai, *ibid.*, **25**, 2638 (1977) ; f) I. Kitagawa, H. Shibuya, H. Fujioka, *ibid.*, **25**, 2718 (1977).
8) I. Kitagawa, H. Takeno, H. Shibuya, I. Yosioka, *Chem. Pharm. Bull.*, **23**, 2686 (1975).
9) R. B. Woodward, A. A. Patchett, D. H. R. Barton, D. A. Ives, R. B. Kelly, *J. Chem. Soc.*, **1957**, 1131.
10) D. H. R. Barton, "The invention of chemical reactions", *Aldrichimica Acta*, **23**, 3-10 (1990) (review).
11) a) D. H. R. Barton, J. M. Beaton, L. E. Geller, M. M. Pechet, *J. Am. Chem. Soc.*, **82**, 2640 (1960) ; b) D. H. R. Barton, J. M. Beaton, *ibid.*, **82**, 2641 (1960) ; c) D. H. R. Barton, J. M. Beaton, *ibid.*, **83**, 4083 (1961).
12) D. H. R. Barton, N. K. Basu, M. J. Day, R. H. Hesse, M. M. Pechet, A. N. Starratt, *J. Chem. Soc. Perkin 1*, **1975**, 2243.
13) I. J. Goldstein, G. W. Hay, B. A. Lewis, F. Smith, *Methods Carbohydrate Chem.*, **5**, 361 (1965).
14) I. Kitagawa, M. Kobayashi, T. Sugawara, I. Yosioka, *Tetrahedron Lett.*, **1975**, 967.
15) C. H. Hassall, B. S. W. Smith, *Chem. & Ind.*, **1957**, 1570.
16) 永井義郎, 沢井政信, 黒沢雄一郎, 農化, **44**, 15 (1970).
17) a) "Soil bacterial hydrolysis leading to genuine sapogenols" in "*Natural Products Chemistry*", vol. 1, ed. by K. Nakanishi, T. Goto, S. Ito, S. Natori, S. Nozoe, Kodansha, Tokyo ; Academic Press, N. Y., London (1974), pp. 380-382 ; b) 北川　勲, 「配糖体結合の開裂」, "天然有機化合物実験法", 名取信策, 池川信夫, 鈴木真吾編, 講談社 (1977), pp. 358-372.
18) I Yosioka, M. Fujio, M. Osamura, I. Kitagawa, *Tetrahedron Lett.*, **1966**, 6303.
19) a) I. Kitagawa, M. Yoshikawa, Y. Imakura, I. Yosioka, *Chem. & Ind.*, **1973**, 276 ; b) I. Kitagawa, M. Yoshikawa, I. Yosioka, *Tetrahedron Lett.*, **1973**, 3997 ; c) I. Kitagawa, M. Yoshikawa, Y. Imakura, I. Yosioka, *Chem. Pharm. Bull.*, **22**, 1339 (1974).
20) a) I. Kitagawa, M. Yoshikawa, *Heterocycles*, **8**, 783-811 (1977) (review); b) 北川　勲「サ

ポニンの化学構造研究とその展開」,「化学の領域,増刊 No. 125」,南山堂,1980, pp. 45-61 (review).
21) I. Kitagawa, M. Yoshikawa, K. S. Im, Y. Ikenishi, *Chem. Pharm. Bull.*, **25**, 657 (1977).
22) G. O. Aspinall, H. K. Fanous, N. S. Kumar, V. Puvanesarajah, *Can. J. Chem.*, **59**, 935 (1981).
23) I. Kitagawa, Y. Ikenishi, M. Yoshikawa, K. S. Im, *Chem. Pharm. Bull.*, **25**, 1408 (1977).
24) B. Lindberg, F. Lindh, J. Lönngren, *Carbohydr. Res.*, **60**, 81 (1978).
25) I. Kitagawa, T. Kamigauchi, H. Ohmori, M. Yoshikawa, *Chem. Pharm. Bull.*, **28**, 3078 (1980).
26) M. Yoshikawa, H. K. Wang, V. Tosirisuk, I. Kitagawa, *Chem. Pharm. Bull.*, **30**, 3057 (1982).
27) I. Kitagawa, A. Kadota, M. Yoshikawa, *Chem. Pharm. Bull.*, **26**, 3825 (1978).
28) M. Yoshikawa, Y. Ikeda, H. Kayakiri, I. Kitagawa, *Heterocycles*, **17**, 209 (1982).
29) I. Kitagawa, T. Kamigauchi, Y. Ikeda, M. Yoshikawa, *Chem. Pharm. Bull.*, **32**, 4858 (1984).
30) M. Yoshikawa, I. Ikeda, H. Kayakiri, K. Takenaka, I. Kitagawa, *Tetrahedron Lett.*, **23**, 4717 (1982).
31) M. Yoshikawa, I. Ikeda, K. Takenaka, M. Torihara, I. Kitagawa, *Chem. Lett.*, **1984**, 2097.
32) M. Yoshikawa, M. Torihara, T. Nakae, B. C. Cha, I. Kitagawa, *Chem. Pharm. Bull.*, **35**, 2136 (1987).
33) a) M. Yoshikawa, B. C. Cha, T. Nakae, I. Kitagawa, *Chem. Pharm. Bull.*, **36**, 3714 (1988); b) M. Yoshikawa, B. C. Cha, Y. Okaichi, I. Kitagawa, *ibid.*, **36**, 3718 (1988).
34) a) M. Yoshikawa, B. C. Cha, Y. Okaichi, Y. Takinami, Y. Yokokawa, I. Kitagawa, *Chem. Pharm. Bull.*, **36**, 4236 (1988); b) M. Yoshikawa, N. Murakami, Y. Inoue, Y. Kuroda, I. Kitagawa, *ibid.*, **41**, 1197 (1993)[validamine (**75**)の D-glucuronolactone からの新合成法]; c) M. Yoshikawa, N. Murakami, Y. Yokokawa, Y. Inoue, Y. Kuroda, I. Kitagawa, *Tetrahedron*, **50**, 9619 (1994) (validamine の改良合成法).
35) a) I. Kitagawa, B. C. Cha, T. Nakae, Y. Okaichi, Y. Takinami, M. Yoshikawa, *Chem. Pharm. Bull.*, **37**, 542 (1989); b) 北川 勲,吉川雅之,「化学増刊, No. 118」,金岡祐一,後藤俊夫,芝 哲夫,中嶋暉躬,向山光昭編,化学同人,1990, pp. 161-177 (review).
36) a) M. Yoshikawa, T. Nakae, B. C. Cha, Y. Yokokawa, I. Kitagawa, *Chem. Pharm. Bull.*, **37**, 545 (1989); b) M. Yoshikawa, N. Murakami, S. Hatakeyama, I. Kitagawa, *ibid.*, **41**, 636 (1993); c) M. Yoshikawa, Y. Yokokawa, Y. Inoue, S. Yamaguchi, N. Murakami, I. Kitagawa, *Tetrahedron*, **50**, 9961 (1994).
37) a) M. Yoshikawa, Y. Okaichi, B. C. Cha, I. Kitagawa, *Chem. Pharm. Bull.*, **37**, 2555 (1989); b) M. Yoshikawa, Y. Okaichi, B. C. Cha, I. Kitagawa, *Tetrahedron*, **46**, 7459 (1990).

あとがき

　本書について，編者のお一人中村栄一教授からお話しがあったのは2001年の師走のことでした．進展の著しい分野のことで躊躇しましたが，中村さんの「北川・天然物化学でよい」という一言で，引っ込みがつかなくなって，生物有機化学は磯部 稔さんにお願いできればということになり，2002年春から本書の企画が始動しました．
　「20世紀までの天然物化学をまとめる方向で」との指針が中村さんから示されていましたが，自分がその任に耐え得るとは夢にも思えなかったし，加えて，その頃は研究・教育の生活を離れてすでに7年を経ていました．
　しかし，1953年3月に，東京大学医学部薬学科を卒業して，1995年3月に，大阪大学薬学部を定年で退くまでの42年間を，この分野で何をしてきたのか自問すれば，有機化学を志向して薬学へ進んで，「自然に化学を学ぶ」姿勢で薬学領域で天然物化学をやってきた立て前があります．
　それで，十分に「オールド・タイマー」の自分には少し無理かもしれないが，少しは残っている本音では，もう一度「老人力」をふりしぼって，これからの人たちに何かしらのメッセージを残したいという気持ちも手伝って，2002年4月，磯部さんと協力して『天然物化学・生物有機化学』の章立てがまとまりました．
　その頃すでに，後半の天然物の全合成と生物有機化学の骨組みはできあがってきているということで，自分にとっての問題は，前半のつめを急がねばならないということになりました．パソコンが苦手になっている自分は，手書きの原稿を桑島 博さん（近畿大学薬学部）のご好意でパソコン原稿に仕上げてもらう段取りで仕事を進めることができ，前半の天然物化学の第Ⅳ編まで到達したのは2004年秋のことでした．
　引き続いて，超多忙の磯部さんの奮闘で第Ⅴ編（全合成），第Ⅵ編（生物有機化学）を脱稿して刊行に至りました．当初，「前半の天然物化学は20世紀までを中心に，とりわけ後半の生物有機化学は21世紀に入ってからを中心に」との中

村さんのご指示に添った恰好になったと思っていますが，第Ⅳ編（天然物質の化学変換）の前半には，自身が大学院生だった頃，強いインパクトを受けた研究の中から取りあげさせていただきました．

　末筆ながら，出版にあたりたいへんお世話いただいた朝倉書店編集部の皆様に感謝の意を表します．

　2008年4月

北　川　　勲

事項索引

A

abietic acid　73
abscidic acid　194
Acanthaster planci　90, 328
acarbose　170
acetylshikonin　135
aconitine　120, 153
acridone alkaloid　116
actinomycin D　264
adenine　123
adenosine　127
adrenaline　99
adriamycin　56, 265
aegicerin　331, 336
aeroplysinin　267
aflatoxin　57
African army warm　206
Agave sisalana　328
agelasine　237
agnosteryl acetate　321
agrochemical antibiotic　169
ajugalactone　190
AK-toxin　208
alantolactone　317
aldosterone　324
　──の全合成　323
　──の部分合成　323
aldosterone acetate　324
alkaloid　90, 91
S-alkylcysteine sulfoxide　133
allelochemic　193
allelopathy　201
allicin　132
alliin　132
alliin 型化合物　133

Allium cepa　133
Allium sativum　132
(+)-S-allyl-L-cysteine　133
allylisothiocyanate　129
Alteromonas tetraodonis　278
altohyrtin　271
Alutera scripta　287
AM-toxin　208
amaryllidaceae alkaloid　107
7-aminocephalosporanic acid　174
amphikuemin　227
amphotericin B　60
amygdalin　127
β-amyrin　80
anabasine　97
androgen　87
ANP　183
Ant-1　238
antheridiol　203
anthopleurine　223
anthosamine A　233
anthranilic acid　116
anthraquinone　54
anti-mite　172
antibiotic　147
anticancer drug　170, 262
antifouling activity　229
antiparasitic agent　172
antitumor activity　262
aplyronine A　270
aplysiatoxin　254, 291
aplysinopsin　228
Ara-A　237
Ara-C　237, 266
aragupetrosine A　242
araguspongine 類　242

araguspongine D　242
arcamine　225
arecoline　97
arenastatin A　273
aristeromycin　347, 349
aristolochic acid　103
artemisinin　70, 158
ascidian　232
aspartame　177, 180
L-aspartic acid　96
Aspergillus flavus　57
Aspergillus melleus　41
Aspergillus terreus　329
Aspergillus variecolor　40
Asteropus sarasinosum　90, 240
asymmetric induction　313
1, 3-asymmetric induction　315
atisine　120
atrial natriuretic peptide　183
autacoid　184
(S)-autumnaline　107
avenalumin I　209
avermectin 類　172
azadirachtin　206

B

Babylonia japonica　290
baccatin III　76
baiyunoside　177
bamboo gibberellin　196
barnacle　228
batrachotoxin　20, 124
benthic　228
benzophenone　53
benzoxazolinone　198

事項索引

benzoylaconine 153
benzylisoquinoline 型アルカロ
　イド 100
berberine 103
berberine bridge 104
bidara upas 143
bioassay 150
biodiversity 141
biogenesis 29, 31
biogenetic-type asymmetric
　induction 313
biomimetic synthesis 31
biosynthesis 29, 31
bivittoside B 175
bleomycin 265
bleomycinic acid 265
bombykol 191
brassinolide 194
brevetoxin 286
(+)-1-bromocodeinone 309
bruceine B 166
bruceolide 166
bryostatin-I 266
bryozoan 266
BT-toxin 173

C

C-配糖体 126
C_{29} ノルラノスタン型トリテル
　ペン 240
^{13}C-^{13}C 二重標識 316
C-H 間遠隔スピン結合定数
　285
C-nor-D-homosteroid 121
Ca^{2+} イオンチャネル 291,
　295
cadaverine 94, 95
caffeine 122
calabash curare 101
callytriol C 231
calyculin A 256
Camptotheca acuminata 113,
　263
camptothecin 113, 263
cannabinoid 58

capillartemisin A 152
capillartemisin B 152
capsaicin 119, 132
Capsicum annuum 119
Capsicum frutescens 316
β-carboline 108
carboplatin 269
cassava 128
catecholamine 99
Catharanthus roseus 262
CD 21
cephaeline 112
cephalosporin C 173
cephalosporin N 173
cephem 系抗生物質 174
ceratinamine 230
cerebroside C 203
Charonia lampas 328
chemical asymmetric induc-
　tion 314
chemical communication
　222
chemical language 235
chemical signal 222
chemical transformation
　307
chloroquine 115, 164
cholestenone 320
cholesterol 80
cholesterol (C_{27}) 319
chorismic acid 116
chromone 51
chrysanthemic acid 69
(1R)-trans-chrysanthemic
　acid 192
ciclosporin 171
ciguatera 280
ciguatoxin (CTX) 280, 281
Cinachyra 属海綿 272
cinachyrolide A 272
Cinchona 属植物 114
cinchonamine 310, 311
cinchonidine 310
cinchonine 310
cinchoninone 311

cisplatin 269
civetone 193
claviridenone 185
clavularia prostanoid 186
clavulone 185
cocaine 93
Cochliobolus miyabeanus 77
(S)-coclaurine 100
(+)-codeine 309
(−)-codeine 308
coenzyme Q_n 63
colchicine 105
Colchicum autumnale 105
combined biosynthetic path-
　way 108
common yew 263
compactin 170
conicasterol 247
conicasterone 245
(+)-coniine 118
Conium maculatum 118
contignasterol 236
corticosteroid 87
corticosterone acetate 323
corynantheal 311
coumarin 62
crustecdysone 189
cryptophycin 274
cryptophycin 類 274
CTX-3C 282
CTX-48 282
cucurbitacin 類 82
Cuvier gland 174
cyanoformamide 型
　(-NHCOCN) 230
cyanogenic glycoside 127
cyasterone 190
cycladrine 347, 349
cyclic AMP 203
cycloartenol 80
cyclosporin 類 171
cystophorene 220
cytarabine 266
cytotoxicity 262

事項索引   357

D

dactinomycin 264
dammarenediol II 80
daunomycin 56, 265
daunorubicin 265
10-deacetylbaccatin III 263
debromoaplysiatoxin 254, 291
dehatrine 165
dehydrocurdione 159
dehydrojuvabione 188
dehydrooogoniol 203
dehydroretinol 75
demecolcine 105
6-deoxyribostamycin 342, 344
2-deoxystreptamine 339
5-desacetylaltohyrtin A 271
desmarestene 220
destruxin B 213
DHPB 253
diarrhetic shellfish poisoning (DSP) 289
dibekacin 341, 343, 344
6-epi-dibekacin 343, 344
(+)-1, 7-dibromodihydrocodeinone 309
2, 4-dichlorophenoxyacetic acid (2, 4-D) 135
dictyopterene C 220
1, 2-didehydroaldosterone 18, 21-diacetate 324
1, 2-didehydroaldosterone 21-acetate 324
dihydrocinchonamine 312
dihydrocinchonine 312
dihydrocodeinone 308
ent-dihydrocodeinone 308
dimethylallyl diphosphate 65
7, 12-dimethyl-benz [a] anthracene (DMBA) 251
Dinophysis 属渦鞭毛藻 289
Dinophysis fortii 290

dinophysistoxin 255
dinophysistoxin-1 (DXT-1) 290
Dioscorea tokoro 329
diosgenin 329
7, 11-dioxolanostenyl acetate 321
discodermolide 268
disparlure 191
DNA-相互作用物質 268
docetaxel 76, 263
Dolabella auricularia 267
dolastatin-10 267
donepezil 148
L-DOPA 148
dopamine 99
doxorubicin 265
dukun 142
dulcin 177
Dysidea arenaria 273

E

α-ecdysone 189
β-ecdysone 189
echo-chemical 217
Ecteinascidia turbinata 269
ecteinascidin (ET) 類 269
ecteinascidin 743 (ET 743) 266, 269
ectocarpene 220
ectosome 249
eicosanoid 46
eledoisin 223
emetine 112
endosome 249
enkephalin 162
enmein 23, 75
enzyme inhibitor 170
Ephedra sinica 118
ephedrine 類 118
(−)-ephedrine 118, 151
ephedroxane 151
4′-epidoxorubicin 265
8-epixanthatin 198
5α, 6α-epoxyeudesman-8β,

12-olide 318
eremophilane 型セスキテルペン 316
eremophilanolide 318
ergometrine 110
ergosterol 80
ergot alkaloid 110
ergot alkaloid 類 173
ergotamine 110
Erythrina alkaloid 105
erythromycin A 59
eserine 109
estrogen 87
ethylene 194
etoposide 264
eudesmane 型セスキテルペン 316
eudesmanolide 318

F

F-アクチンの脱重合 270
farnesyl cation 70
farnesyl PP 67
febrifugine 166
filamentous bacterium 249
finavarrene 220
fish antifeedant 224
FK506 171
flavonoid 53, 62
flavonolignan 63
foliaspongin 239
folicanthine 110
folk medicine 140
fouling 228
FT-NMR 39
fucoserratene 220
fungal gibberellin 195
fungicide 169
furanoeremophilane 318
furanogermenone 159
Fusarium moniliforme 194
Fusetani Biofouling Project 228

G

GA$_{19}$　196
Gambierdiscus toxicus　281, 282, 283, 289
genuine aglycone　327
geranyl diphosphate　68
geranylfarnesyl diphosphate　77
geranylgeranyl diphosphate　72
geranylgeranyl PP　67
(4*S*, 5*S*)-(+)-germacrone 4, 5-epoxide　159
GFPP　77
Gibberella fujikuroi　173, 194
ent-gibberellane　195
gibberellic acid　195
gibberellin　194
　──の生合成　39
gibberellin 同族体(GA)　195
gingerol　132
ginkgolide　19
ginsenoside　155
ginsenoside Rg$_3$ (20*R*)　158
ginsenoside Rh$_2$ (20*S*)　157
glucokinase 阻害作用　345
D-glucosamine　339
α-glucosidase　170
glucosinolate　129
glucuronide-saponin　331
glycinoeclepin A　210
glyco-conjugate　326
glycyrrhizin　177
gossypol　71
gramine　109
GT4b　282
guanine　123
Gymnodinium breve　286

H

halenaquinol　22, 239
halenaquinol sulfate　239
halenaquinone　239
Halichondria okadai　268, 289
halichondrin B　268
hazalea　165
hazaleamide　165
hecogenin　328
hernandulcin　179
heterosigma-glycolipid　146
HETLOC (hetero half-filtered TOCSY法)　285
hibiscanal　209
o-hibiscanone　209
hiochic acid　65
histidine 由来のアルカロイド　117
holothurin A　241
holotoxigenol　174
holotoxin　22
holotoxin A　174
holotoxin B　174
homeostasis　181
hordenine　99
hormosirene　220
horseradish peroxidase (HRP)　49
HS-toxin　208
7-hydroxymitragynine　163
hydroxysenegenin　330
5-hydroxytryptamine　108
hydroxyvernolide　214
(−)-hyoscyamine　93
hypacrone　260
Hyrtios altum　271

I

ibotenic acid　213
icosanoid　46
Illicium religiosum　60
illudin S　260
imidazole alkaloid　117
immunosuppressant　171
Imperial Chemical Industries (ICI)　195
indole-3-acetic acid (IAA)　193, 194
indolylacetonitrile　198
inokosterone　190
inumakilactone　201
ionone　198
ipomeamarone　209
iridomyrmecin　207
irinotecan　113, 264
isoboldine　206
9-isocyanopupukeanane　224, 237
isofebrifugine　166
isoflavonoid　62
isoiridomyrmecin　207
isopentenyl diphosphate　65
isosteviol　149
isoswinholide A　245
ivermectin　172

J

J-based configuration analysis (JBCA)　285
jamu　142
jervine　121
juvabione　188
(10*R*)-(+)-juvenile hormone III　189

K

kainic acid　144
kairomone　225
kalihinane 型ジテルペノイド　230
kinetin　135
L-kynurenine　96

L

Lactobacillus acidophilus　65
lamoxirene　220
lanostenol　320
lanostereol (C$_{30}$)　319
lanosterol　80
7-lanostenol　320
γ-lanosterol　320
latex　76
(*S*)-(+)-laudanosine　314
laulimalide　268
lignan　61, 62

事項索引

limonoid　85, 207
linamarin　129
Linum usitatissimum　129
lipoaconitine　153
lipoalkaloid　153
lipomesaconitine　154
Listonella pelagia biovar Ⅱ　278
loganin　111
lovastatin　170
lumichrome　232, 234
lupine alkaloid　95
Lyngbya majuscula　291
lyngbyatoxin A　252
lysergic acid　110

M

maculotoxin　223
maitotoxin (MTX)　283
malonyl-ginsenoside　156
D-mannose　339
manoalide　235
manool　73
marine natural product　145
marine prostanoid　185
matatabilactone　207
matatabiol　205
allo–matatabiol　205
mauritiamine　231
mauveine　5
medang kohat　165
medical antibiotic　168
MEP　65
merremoside 類　143
mesaconitine　153
mescaline　99
methopterosin　236
methyl (E, E)-farnesoate　189
N-acyl-2-methylene-β-alanine methyl ester　237
7-O-acyl-35(R)-methylokadaic acid(DTX-3)　290
mevalonic acid　65
mevastatin　170

miniature conglomerate　238
mitomycin C　266
mitragynine　163
mogroside　177
monensin A　172
monoterpene　68
morphinane 型アルカロイド　100
morphine　161
　――の生合成　37
$(+)$-morphine　309
$(-)$-morphine　308
moulting hormone　189
MS 法　20
multicolic acid　41
multifidene　220
muscone　193
mustard oil　129
mustard oil glycoside　129
myrosinase　130

N

N-配糖体　126
Na$^+$ イオンチャネル　277, 279
Na$^+$, K$^+$-ATPase 阻害活性　245
nagilactone　201
(E)-narain　233
(Z)-narain　233
natural toxin　147
nature's keystone　111
neem tree　207
neosurugatoxin　290
$(-)$-neplanocin　347
$(-)$-neplanocin A　349
nereistoxin　144
neryl diphosphate　68
neuromedin K　183
nicotine　97
nicotinic acid　96
O-nitrite　322
NMR 法　18
NOE　19
non-TPA タイプ　254
noradrenaline　99

(S)-norcoclaurine　99
Nostoc sp.　274
nudibranch　224

O

O-配糖体　125
ocean smell　220
octant rule　21
okadaic acid　255, 289
oleoresin　74
ophiobolane 類　78
Ophiobolus miyabeanus　77
opioid　162
opium　100
ORD　21
ornithine-lysine 由来のアルカロイド　92
oroidin　231
oroidin 二量体　231
oryzanone　205
osladic　179
osladin　179
1-oxaquinolizidine 環　242
$(3S)$-2,3-oxidosqualene　80
7-oxydihydromatatabiol　205
5-oxymatatabiol　205

P

Pacific yew　263
paclitaxel　75, 263
pahutoxin　224
Palythoa toxica　287
Palythoa tuberculosa　287
palytoxin　14, 21, 254, 255, 287
panacene　224
Papaver somniferum　101, 161
papaverine　100
paralytic shellfish poisoning (PSP)　278
paromamine　341
pectenotoxin-1　290
penicillin N　173
Penicillium multicolor　41

peplomycin 265
periandrin 177
peroxide 構造 167
peroxyplakoric acid 167
pervicoside B 脱硫酸エステル体 176
pervicoside C 175
petrosin 242
pharmaceuticals from the sea 144, 235
pharmacological activity 161
pharmacological antibiotic 169
phenolic oxidative coupling 49, 98, 107
phenylalanine 98
phenylalanine-tyrosine 由来のアルカロイド 98
phenylethylamine 型生体アミン類 99
phenylethylisoquinoline alkaloid 105
phenylpropanoid 60
pheromone 193
phorbol 252
phorbol ester 76, 253
phyllocladene 73
(+)-phyllodulcin 178
phyllodulcin 8-O-β-D-glucoside 178
phyllofoliaspongin 239
physiological activity 161
physiological condition 32
physostigmine 109
phytoalexin 207, 209
phytoecdysone 190
phytotoxin 207
pilocarpine 109, 117
pimaric acid 73
Pinna muricata 292, 293, 295
pinnamine 295
pinnatoxin 291, 294
Pinus palustris 74
Δ^1-piperidinium cation 94,

95, 97
piperine 131
pisatin 209
plant gibberellin 195
Plasmodium falciparum 114, 164
Plexaura homomalla 144
podolactone 201
podophyllotoxin 264
Podophyllum hexandrum 264
Podophyllum peltatum 264
Polygala senega 330
polygallic acid 330
polygodial 206
polyketide 鎖 47, 48, 50
polyketomethylene 47
polyploid 106
Polypodium vulgare 179
ponalactone 201
ponasterone A 190
pot curare 101
pravastatin 170
predator 223
presenegenin 330
prey 223
Primula sieboldi 331
primulagenin A 331
Procentrum lima 289
processing 153
prostaglandin (PG) 184
ent-prostanoid 186
prosurugatoxin 290
protein kinase C (PKC) 76, 266
protein serine/threonine kinase inhibitor 266
protein tyrosine kinase inhibitor 267
protoalkaloid 91
protoberberine 型骨格 104
protopanaxadiol 155
protopanaxatriol 155
protoprimulagenin A 331, 337
protosteryl cation 82

prunasin 129
Prunus armeniaca var. *ansu* 127
Prunus macrophila 129
pseudo-glycoside 344
pseudo-sugar 344
pseudo-α-D-arabinofuranose 346
pseudo-α-D-glucopyranose 346
pseudo-β-D-arabinofuranose 346
pseudo-β-L-idopyranose 346
pseudo-β-L-xylofuranose 346
(+)-9-*pseudo*-β-L-xylofuranosyladenine 349
pseudoalkaloid 120
(+)-pseudoephedrine 119, 151
psilocin 108
psilocybin 108
ptaquiloside 259, 260
Pteria penguin 294
pteriatoxin 294, 295
Pteridium aquilinum 257
pteroside B 260
pterosin B 260
Ptychodiscus brevis 286
puerarin 127
Pummerer の ketone 49
purine alkaloid 122
putrescine 94
pyrethrin 69, 192
pyrimethamine 164
pyrrolidine alkaloid 93
pyrrolizidine alkaloid 94

Q

quassinoid 85, 166
quinghaosu 70
quinic acid 114
quinidine 115
(+)-quinidine 310

quinine 114, 164
(−)-quinine 310
quinoline alkaloid 114
quinoline N-oxide の化学変換 311
quinone 54

R

RA-V 159
Rabdosia japonica 75
raphanusanin 198
reproducible 307
resin acid 74
(R)-reticuline 100, 101
(S)-reticuline 100, 102, 309
retinoic acid 148
retinol 75
ribostamycin 341, 342, 344
ricinine 97
rishitin 209
rosin 74
rotenoid 63
rubrosterone 190

S

S-配糖体 126
saccharin 177
Saccharopolyspora erythraea 59
safracin B 269
sakuraso-saponin 331
salamander alkaloid 124
salicin 6
Salix alba 6
samandarine 124
α-sanshool 131
sapogenol 89
saponin 80, 88
sarasinoside 90, 240, 241
saxitoxin (STX) 125, 278
SCF-CI-DV MO 法 240
sclerosporin 204
(−)-scopolamine 93
(S)-scoulerine 103
Scytonema pseudohofmanni 247

scytophycin C 247
sea anemone 226
sea hare 224
sea-sawing 228
secologanin 111
senahe 188
senecio alkaloid 94
senegenin 330
serofendic acid 148
serotonin 108
sessile 228
settlement 228
shikimic acid 60, 61
(−)-shikimic acid 339
shikonin 135
Simulated Annealing Calculation 法 271
sinalbin 131
sinigrin 127, 129
sinoacutine 309
sinomenine 102, 308
Sinomenium acutum 308
sinulariolide 224
Smith 分解法 327
snail enzyme 130
sodium cyclamate 177
solanidine 121
Solanum 属植物成分 121
solasodine 121
soyasapogenol B triacetate 337
Spirastrella spinispirulifera 272
spongistatin 1〜9 272
spongothymidine 237
spongouridine 237
St. Anthony's Fire 173
staurosporine 253
stellettadine A 234
stephanine 103
steroidal alkaloid 121
sterol 85
sterone 類 247
Stevia rebaudiana 148
stevioside 149, 177

stilbene 53
stolonifer 185
stoloniferone 186
streptamine 339
Streptomyces caespitosus 266
Streptomyces coeruleorubidus 265
Streptomyces nodosus 60
Streptomyces parvullus 264
Streptomyces peucetius 56, 265
Streptomyces peucetius var. caesius 265
Streptomyces sp. 55
Streptomyces verticillus 265
strictosidine 311
strombine 225
Stylocheilus longicauda 291
suberitine 237
substance P 183
sucrononic acid 180
sucrose 177
superaspartame 180
swimmer's itch 254, 291
swinholide 245
symbiosis 225
symbiosis-inducing pheromone 225
synomone 225

T

tacrolimus 171
tajixanthone 40
tapioca 128
taxol® 75, 263
taxotere® 76, 263
Taxus baccata 76, 263
Taxus brevifolia 75, 263
teleocidin 252
teniposide 264
terpenoid alkaloid 120
tetracycline 55
12-O-tetradecanoylphorbol 13-acetate (TPA) 251
(−)-tetrahydroharman 314
tetrahymanol 84

Tetrahymena pyriformis 84
tetrodotoxin (TTX) 23, 125, 277, 278
thapsigargin 253
thebromine 122
Theonella swinhoei 244
theonellapeptolide 245
theonellasterol 247
theonellasterone 245
theopalauamide 248
theophylline 122
thornasterol 328
thornasteroside 類 328
thornasteroside A 90, 241
α-tocopherol 63
tomatidine 121
topotecan 263
totarane 型ノルジテルペン 201
traditional medicine 140
tributyltin oxide (TBTO) 228
Trichoderma harzianum 250
tricoharzin 250
tricholomic acid 213
triterpene 80
tropane alkaloid 93
tryptamine 108, 227
tryptophan 由来のアルカロイド 107
tube curare 101
(+)-tubocurarine 101
turgorin 199
tyramine 99, 227
tyrosine 98

U

ubiquinone-n 63
unicellular heterotrophic bacterium 250
urochordamine A 234
UV・IR スペクトル法 17

V

validamine 347
valienamine 171, 347
venom 147
Veratrum 属植物 121
vernodalin 214
vernolide 214
Vernonia amygdalina 214
vernonioside 215
Verongia aerophoba 267
vinblastine 112, 262
Vinca rosea 262
vincristine 112, 262
viridiene 220
vitamin A 75
vitamin B_{12} 合成 12

W

Wagner-Meerwein 型 1, 3-hydride 転位 68
warburganal 206
Woodward-Hoffmann 則 12

X

X 線結晶解析 23
xanthine 123
xanthone 53
Xestospongia 属海綿 242
Xestospongia supra 239
xestospongin A 242

Y

Yondelis™ 266, 269

Z

t-zeatin 194
zooecdysone 190

ア 行

赤潮 286
赤潮プランクトン 146
アカネ 158
アグリコン 89
　──の二次的変化 327
アステカの甘い草 179
アトロプ異性体 71
アブシジン酸 193
アプリシアトキシン 254
アプリロニン A 270
アヘン (阿片) 101
アマ 129
アマチャ 178
アミノ配糖体抗生物質の合成 341
α-アミノ酸を用いる不斉合成 312
アメフラシ 224, 267, 291
アラキドン酸カスケード 44
アルカロイド 90
　動物界の── 124
アルカロイド生合成 92
アルツハイマー病 148
アルトヒルチン 271
アレナスタチン 273, 274
アレロケミック 193, 222
アレロパシー 201
アロモン 222
アンズ 127
安定同位元素 39

イオン輸送能 245
イコサノイドの生合成 45
位相差電子顕微鏡 248
イソギンチャク 226
イソニトリル基 225
磯の香り 218
イソプレン則 13, 64
イソメ 144
一次代謝産物 30
糸状性細菌 249
イトマキヒトデ 256
イヌサフラン 105
イネ馬鹿苗病菌 194
イボテングダケ 212
イリドイド類 70
イルダン型ノルセスキテルペン 260
イルジン S 260
イワスナギンチャク 287

事項索引

イワヒメワラビ 260
インゲン 211
茵蔯蒿 152
インドセンダン 206
インドネシアの天然薬物 141
インドール系 310

「動く植物」 197
渦鞭毛藻 256, 278, 282, 283, 286, 289, 290
ウニ受精卵の生育阻害活性 245
ウミウシ 224
ウロン酸から擬似糖質への化学変換 338

エイコサノイド 46
エチレン 193
エンケファリン 162
エンドルフィン 162
円二色性 21
延命効果 270

オオエゾデンダ 179
オオツヅラフジ 308
オカダ酸 255, 289
オキシドスクアレン 80
──の閉環 81
オーキシン 193
オクタント則 21
オータコイド 184
オタネニンジン 155
御種人参 155
オニドコロ 329
オニヒトデ 90, 328
オピオイド 162
オピオイド・ペプチド 162

カ 行

外因性 181
カイコ 189, 191
海水浴性皮膚炎 254
海藻の性フェロモン 218
外胚葉 249
外部共生 226

海綿 90, 78, 239, 267, 271, 272, 273
海洋から医薬を 144, 235
海洋生物毒 125, 145
海洋天然物質 145, 217
カイロモン 223, 225
化学言語 235
化学的不斉合成 313
化学変換反応 15
核オーバーハウザー効果 19
覚醒物質(葉を開かせる) 200
ガジュツ 159
莪蒁 159
カッサバ 128
褐藻の性誘引物質の生合成 221
かびの性 pheromone 222
かびの毒 276
カミエビ 206
カヤモノリ 221
ガラクトリピド M-5 238
カラシナ 129
カラトリカブト 153
辛味成分 131
カリクリン A 256
カルボプラチン 269
カワラヨモギ 152
がん化学療法剤 262
がん細胞の浸潤・転移 158
冠状動脈収縮作用 288
カンゾウ(甘草) 177
がんの化学予防 257
含ハロゲンクラブロン 186
甘味化合物 176
甘味強度 177
甘味物質 176
カンレンボク 113

機器分析 16
キク酸 69
擬似アミノ糖 345, 346
擬似糖 344
擬似糖質の合成 344
擬似ヌクレオシド 345, 347
擬似配糖体 344

軌道対称性の保存則 12
キナ皮 310
キナノキ 114, 164
キノコと殺虫成分 212
キノコの毒 276
キノリン系 310
キプリス幼生 229
究極発がん物質 260, 261
キュビエ氏腺 174
共生 225
共生微生物 proteobacterium 267
棘皮動物 174
キラル HPLC 分析 243
菌類 91

駆虫薬 172
クマノミ 226
苦味質 74
グルクロニド結合の選択的開裂 331
グルクロニド・サポニン 331
──のオリゴ糖鎖部分の活用 340
──の四酢酸鉛─アルカリ分解法 334
D-グルコースから擬似糖への化学変換 345
クロイソカイメン 256, 268, 289
クロルリバエ 189

経口抗喘息薬 236
警報フェロモン 223
ケカビ 203
ケシ 100, 101, 161
芥子油 129
芥子油配糖体 129
血圧降下作用 151
血管拡張作用物質 242
ケミカル・コミュニケーション 222
ケミカル・シグナル 222
下痢性貝中毒 289
研究試薬 277

事項索引

原虫　84

コイボウミウシ　229
抗がん薬　170, 262
コウジカビ病菌　213
抗腫瘍活性　262
紅参　155
抗生物質　147
紅藻中の含ハロゲン化合物　225
酵素阻害薬　170
抗マラリア薬　71
黒きょう病菌　213
コクシジウム病　172
コケムシ　266
牛膝　189
コショウ　131
コルヒクム　105
昆虫　79
昆虫フェロモン　190
昆虫ホルモン　187

サ　行

再生産可能　307
サイトカイニン　193
細胞毒性　262
細胞培養　134
サキシトキシン　278
サキシトキシン同族体　279
酢酸―マロン酸経路　44
サクラソウ　331
鎖状ジテルペン　74
鎖状セスタテルペン　77
殺ダニ　172
サポゲノール　89
サポニン　80, 88, 328, 330
　　ヒトデが産生する――　225
酸化的フェノール縮合反応　50
サンショウ　131

シアノバクテリア　250
シオミドロ　219
シガテラ　280
シガトキシン　280, 281

シキミ酸―ケイヒ酸経路　60
刺激性成分　131
シコニンの生産　134
紫根（シコン）　134
四酢酸鉛―アルカリ分解法　332
シスト　210
シスト・センチュウ（線虫）　210
シスプラチン　268
自然毒　276
シーソー行動　228
ジテルペン　72
ジノフィシストキシン-1　290
シノモン　225
　　――の化学　227
ジベレリン　193
ジャコウジカ　193
ジャコウダコ　223
ジャコウネコ　193
ジャムウ　142
ジャムウ・ゲンドン　142
就眠運動　198
就眠物質（葉を閉じさせる）　199
ショウガ　132
常山　166
ジョウザンアジサイ　166
小動物の毒　276
情報伝達の化学　181
情報伝達物質　181
生干人参　155
生薬の修治　153
食餌　223
植物塩基　90
植物間アレロパシー　201
植物ジベレリン　195
植物生長調節物質　194
植物の運動を支配する化学物質　197
植物の繁殖と防御　204
植物病原菌　78, 208
植物ホルモン　193
シロガラシ　130
シロバナムシヨケギク　192

シロヤナギ　6
神経伝達物質　182
真正アグリコン　327
真性火落菌　65
真の生産者は何か　238, 248, 276
"真"の変態誘起物質　232, 234

スエヒロタケ　203
スクアレンの直接環化　84
スタウロスポリン　253
ステロイド　85
ステロイド・サポニン　89
スルホノグリコリピドM-6　238

生合成　29
生合成経路類似型の転位反応　316
生合成的不斉合成　313
青蒿素　70
青酸配糖体　127
精子誘引ホルモン　202
茜草根　158
生体アミン　99
生体医薬　147
生態化学物質　146, 217
生体防御　181
セイタカアワダチソウ　201
成長抑制物質　197, 198
生物活性試験　150
生物活性物質　145
生物細胞内での有機化学反応　33
生物多様性　141
生物時計　200
性ホルモン　87
生命維持　181
セイヨウイチイ　75
生理活性　161
セスキテルペン　70
セスタテルペン　77
接合フェロモン　203
摂食阻害物質　206

事 項 索 引

セネガ　330
セロフェンド酸　148
旋光分散　21
線虫孵化促進物質　210

ソウシハギ　287
双子葉植物　91
相利共生　226
粗グリコシダーゼ混合物　328
組織培養　134

タ 行

大豆シスト・センチュウ孵化促進物質　210
大麻カンナビノイド　58
他感作用　201
多環性芳香環化合物　51
竹筒クラーレ　101
ターゴリン　199
多剤耐性　268
脱皮ホルモン　187, 189
タテジマフジツボ　229
タピオカ　128
タプシガルギン　253
タマネギ　133
単為結実　197
単細胞性細菌　250
単細胞藻類　278
単子葉植物　91

地衣　79
地衣成分　50
着生　228
着生生物　236
着生阻害活性　229
着生阻害物質　228
着果　197
チャバネゴキブリ　191
超活性天然物　283
チョウチョウウオ　226
チョコガタイシカイメン　256
チンパンジー　214

痛風の治療　105
ツキヨタケ　260

壺クラーレ　101

底生の　228
定電流電解　336
テトロドトキシン　277
テレオシジン　252
電極酸化分解法　332, 336
伝統薬　140
天然化学物質　139
天然甘味物質　177
天然の毒　147
天然物化学国際会議　9
天然物化学の進展　10
天然物質研究の潮流　24
天然物質の化学変換　307
天然薬物　139, 150
天然有機化合物討論会　9

トウガラシ　119, 132
糖質を素材とする化学変換　326
糖類から光学活性シクリトール類への化学変換　338
トガリバマキ　189
ドクウツボ　281
毒液　147
ドクニンジン　118
ドクン　142
土壌微生物淘汰培養法　329
飛び道具　17
トラフナマコ　175
トリテルペノイド・サポニン　89
トリテルペン　80

ナ 行

内因性　181
内因性モルフィン　162
内胚葉　249
内部共生　226
ナス科植物　316
ナマコ類　174
軟サンゴ　224

ニガキ科植物　166

ニカメイガ　205
二次代謝産物　30
二重標識法　39
ニトロシクリトールの反応性　344
ニトロシクロヘキセン　347
ニトロシクロペンテン　348
日本産コンブ目植物　220
二枚貝　291, 293, 294, 295
尿酸の代謝　105
二量体イソキノリンアルカロイド　112
二量体インドールアルカロイド　112
二量体マクロリド類　245
人参　155
ニンニク　132

ネオスルガトキシン　290

ハ 行

バイ貝　290
倍数体　106
ハイ・スループット・スクリーニング　150
配糖体結合の開裂　327
ハエトリシメジ　213
ハエトリタケ　213
馬鹿苗病菌　173
パーキンソン病　148
白雲参　177
白参　155
バクチ　129
ハコフグ　224
ハズ(巴豆)　252
ハスモンヨトウ　206
八放サンゴ　144, 184
麦角アルカロイド　110
発がんイニシエーター　251
発がん二段階説　251
発がんプロモーター　77, 251, 288
──がもつ多面的効果　252
パラオ諸島産海綿　240, 248
ハリコンドリンB　268

パリトキシン 254, 287
　——の全合成 287
バルサムモミ 188
半熟附子 155

火落酸 65
光屈性 197
光分解法 331
ヒガンバナ科 328
ヒキオコシ 75
微小管阻害作用物質 267
微生物の生活環 202
ヒト体内での情報伝達 182
ヒトデ類 174, 225
ヒトヨタケ 203
ヒナタイノコズチ 189
ヒパクロン 260
ヒバマタ 219
ヒョウタンクラーレ 101
ヒョウモンダコ 223
ピレスリン 69, 191
ピンナトキシン 291, 293, 294
ピンナミン 295
檳榔子 97

フィトアレキシン 209
フェロモン 190, 193, 222
孵化促進物質の分離 211
複合生合成経路 108
複合糖脂質 146
副腎皮質ホルモン 87
フグ毒 23
附子 153
フジツボ 228
不斉合成反応 14
不斉誘起反応 313
伏谷着生機構プロジェクト 228
ブタキロシド 259
　——の生物活性 261
　——の抽出・分離 258
フタスジナマコ 175
付着の 228
プテリアトキシン 294

ブドウの"種なし"化 196
附片 155
ブラシノステロイド 193
ブレベトキシン 279, 286
プロスタグランジン 184
プロスルガトキシン 290
プロテインセリン/スレオニン
　キナーゼインヒビター 266
プロテインチロシンキナーゼイ
　ンヒビター 267
プロテインホスファターゼ 256
分枝ニトロシクリトール 347

ペクテノトキシン-1 290
変型トリテルペノイド 84
変態誘起物質 232, 234
片利共生 225

防御物質 224
芳香族β-アミノ酸 249
放線菌 55
包嚢 210
炮附子 153
ホシカメムシ 188
捕食者 223
ホスホリパーゼA_2の阻害活性
　物質 235
ホタテガイ 290
ホヤ 232, 269
ホラガイ 328
ポリエン抗かび活性物質 60
ホルボールエステル 253
ホルモン 190

マ 行

マイトトキシン 283
マイマイガ 191
マウス発がん二段階実験 256
マオウ 118
麻黄(生薬) 151
マクリ 143
マクロリド抗生物質 58
マタタビ 205, 207

マツ 74
マツモ 221
マナマコ 174
マハレ山塊国立公園 214
麻痺性貝中毒 278
マボヤ 232, 234
マラリア 114, 163
マラリア原虫 164

水カビ 202
民間薬 140

無水酢酸—ピリジン分解法 335
ムチモ類 220
ムラサキ 134
ムラサキイガイ 256, 290

2-C-メチル-D-エリスリトール
　-4-リン酸 65
メバロン酸—非メバロン酸経路 64
免疫抑制薬 171

モノテルペン 68

ヤ 行

ヤギ類 144
薬用植物バイオテクノロジー 134
薬用人参 155
薬理活性 161
野生霊長類の自己治療行動 213

誘引物質 205
有機ラジカル反応 322
雄性配偶子における受容体 221
雄性配偶子誘引活性物質 219
有毒渦鞭毛藻 281
有毒物質 223
ユウマダラエダシャク 206
有用生化学資源 145
ユウレイボヤ 232, 234

幼若ホルモン 187

ラ 行

ラカンカ 177
裸子植物 91
藍藻(ラン藻) 247, 291

陸生ラン藻 274
利胆活性物質 152
硫酸銅 229

ワ 行

ワサビ 129
ワタ 71

ワラビ(蕨)
　——のあく抜き操作 261
　——の毒性 257
　——の発がん物質 257
　——の変異原性物質アキリド
　　A 259

人名索引

Baker, F. C.　316
Barton, D. H. R.　11, 50, 309, 319, 322
Brooks, C. J. W.　316
Butenandt, A.　191

Corey, E. J.　186
Cross, B. E.　195
Cullen, E.　237
Curtis, P. J.　195

Domagk, G. J. P.　147

Eschenmoser, A.　13
Evans, D. A.　272

Faulkner, D. J.　248
Fleming, A.　147
Folkers, K.　65

Hoffmann, R.　12

Jeger, O.　323

Kashman, Y.　237, 245
Kishi, Y. (岸 義人)　15, 254, 272, 277, 287, 294
Knowles, W. S.　14
Kögl, F.　194

Ladenburg, A.　4
Lindberg, B.　336

Moore, R. E.　14, 248, 254, 274, 277
Mosher, H. S.　23

Paracelsus　3
Perkin, W. H.　5
Pettit, G.　266, 272

Rapoport, H.　203
Reichstein, T.　323
Rinehart, K.　269
Robinson, R.　31
Ruzicka, L. S.　64

Scheele, K. W.　3
Scheuer, P. J.　21, 239, 256, 280, 281, 287, 289
Schildknecht, H.　199
Schöpf, C.　32
Sertürner, F. W. A.　3
Sharpless, K. B.　14
Stodola, F. H.　195

von Hofmann, A. W.　5

Waksman, S. A.　147
Weinheimer, A. J.　144
Woodward, R. B.　12, 23, 319

朝比奈泰彦　7
飯高洋一　23
池上 晋　256
池田菊苗　8
石井象次郎　191
磯部 稔　290
糸川秀治　158
犬伏康夫　165
井上昭二　277
上田 実　197
上村大輔　14, 254, 268, 287, 291

瓜谷郁三　209
遠藤 衛　242
大泉 康　240
大村 智　172
落合英二　311

木越英夫　270
岸 義人　→ Kishi, Y.
北川 勲　185, 271, 273
久保田尚志　209
黒沢英一　194
小清水弘一　253
後藤格次　308
後藤俊夫　277
小林資正　271, 273
近藤平三郎　7

目 武雄　207
志津里芳一　197
渋谷博孝　317
鈴木梅太郎　8
住木諭介　194

高峰譲吉　8
竹本常松　14, 212
橘 和夫　256, 281
田中 治　177
田中耕一　21
谷本憲彦　211
田村学造　65
津田恭介　23

長井長義　7
中西香爾　19
夏目充隆　23, 253
納谷洋子　226
西沢麦夫　179

人 名 索 引

野依良治　14

橋本芳郎　21, 287
華岡青洲　4
原田宣之　22, 239
ヒキノヒロシ　151
平田義正　14, 23, 218, 254, 268, 287
廣野 巌　258
深海 浩　191
福井謙一　12

藤木博太　289
伏谷伸宏　256, 272

正宗 直　210
真島利行　8
松浦輝男　209
丸茂晋吾　204
村井章夫　211
森 謙治　191

安元 健　256, 280, 281, 282, 289
藪田貞治郎　194
山田静之　257, 258, 270
山田俊一　313
山田英俊　179
山田泰司　185
山村庄亮　197
吉岡一郎　329
吉川雅之　338

著者略歴

北川 勲（きたがわ いさお）

- 1931年　大阪府に生まれる
- 1953年　東京大学医学部薬学科卒業
- 1960年　東京大学薬学部助手
- 1965年　大阪大学薬学部助教授
- 1978年　大阪大学薬学部教授
- 1995年　近畿大学薬学部教授
- 1998年　近畿大学薬学部学部長
- 現　在　大阪大学名誉教授
  薬学博士

磯部 稔（いそべ みのる）

- 1944年　愛知県に生まれる
- 1969年　名古屋大学大学院農学研究科修士課程修了
- 1970年　名古屋大学農学部助手
- 1975年　名古屋大学農学部助教授
- 1991年　名古屋大学農学部教授
- 現　在　名古屋大学特任教授
  名古屋大学名誉教授
  農学博士

朝倉化学大系 13

天然物化学・生物有機化学 I
—天然物化学—

定価はカバーに表示

2008年5月30日　初版第1刷

著　者　北　川　　　勲
　　　　磯　部　　　稔
発行者　朝　倉　邦　造
発行所　株式会社　朝　倉　書　店

東京都新宿区新小川町6-29
郵便番号　162-8707
電　話　03(3260)0141
FAX　03(3260)0180
http://www.asakura.co.jp

〈検印省略〉

©2008〈無断複写・転載を禁ず〉

壮光舎印刷・渡辺製本

ISBN 978-4-254-14643-1　C3343　　　Printed in Japan

早大 竜田邦明著

天然物の全合成
―華麗な戦略と方法―

14074-3 C3043　　B5判 272頁 本体5600円

本書は，著者らがこれまでに完成した約85種の天然物の全合成を中心に解説。そのうち80種については世界最初の全合成であるので，同一あるいは同様の天然物を他の研究者が追随して報告した全合成研究もあわせて紹介し，相違も明確にした。

前理研 大石 武編著
現代化学講座12

天然物化学

14542-7 C3343　　A5判 176頁 本体3800円

有機化合物の「化学」と「生物活性」を概観。〔内容〕1. 生合成経路からみた天然物(糖類/脂肪酸/テルペノイド/アルカロイド他)。2. 生物作用からみた天然物(生体機能を調節する物質/生体機能を阻害する物質)

首都大 伊与田正彦編著

基礎からの有機化学

14062-0 C3043　　B5判 168頁 本体3200円

大学初年生用の有機化学の教科書。〔内容〕有機化学とは/結合の方向と分子の構造/有機分子の形と立体化学/分子の中の電子のかたより/アルカンとシクロアルカン/アルケンとアルキン/ハロゲン化アルキル/アルコールとエーテル/他

荒木幹夫・松本 澄・片桐孝夫・内田高峰・
高木謙太郎著

有機化学の基礎

14027-9 C3043　　A5判 256頁 本体4500円

教養課程学生向きに有機化学の基礎を解説。〔内容〕有機化合物のなりたち・種類と性質/有機反応のしくみ(反応の基本的原理，求電子付加反応，転位反応，求核付加反応，酸化・還元，ラジカル反応)/高分子化合物の化学/生体関連物質

前学習院大 髙本 進・前東大 稲本直樹・
前立大 中原勝儼・前日赤看護大 山崎 昶編

化合物の辞典

14043-9 C3543　　B5判 1008頁 本体55000円

工業製品のみならず身のまわりの製品も含めて私達は無機，有機の化合物の世界の中で生活しているといってもよい。そのような状況下で化学を専門としていない人が化合物の知識を必要とするケースも増大している。また研究者でも研究領域が異なると化合物名は知っていてもその物性，用途，毒性等までは知らないという例も多い。本書はそれらの要望に応えるために，無機化合物，有機化合物，さらに有機試薬も含めて約8000化合物を最新データをもとに詳細に解説した総合辞典

東大 梅澤喜夫編

化学測定の事典
―確度・精度・感度―

14070-5 C3043　　A5判 352頁 本体9500円

化学測定の3要素といわれる"確度""精度""感度"の重要性を説明し，具体的な研究実験例にてその詳細を提示する。〔実験例内容〕細胞機能(石井由晴・柳田敏雄)/プローブ分子(小澤岳昌)/DNAシーケンサー(神原秀記・釜堀政男)/蛍光プローブ(松本和子)/タンパク質(若林健之)/イオン化と質量分析(山下雅道)/隕石(海老原充)/星間分子(山本智)/火山ガス化学組成(野津憲治)/オゾンホール(廣田道夫)/ヒ素試料(中井泉)/ラマン分光(浜口宏夫)/STM(梅澤喜夫・西野智昭)

東大 渡辺 正監訳

元素大百科事典

14078-1 C3543　　B5判 712頁 本体26000円

すべての元素について，元素ごとにその性質，発見史，現代の採取・生産法，抽出・製造法，用途と主な化合物・合金，生化学と環境問題等の面から平易に解説。読みやすさと教育に強く配慮するとともに，各元素の冒頭には化学的・物理的・熱力学的・磁気的性質の定量的データを掲載し，専門家の需要に耐えるデータブック的役割も担う。"科学教師のみならず社会学・歴史学の教師にとって金鉱に等しい本"と絶賛されたP. Enghag著の翻訳。日本が直面する資源問題の理解にも役立つ。

首都大 伊与田正彦・東工大 榎 敏明・東工大 玉浦 裕編

炭 素 の 事 典

14076-7 C3543　　　A5判 660頁 本体22000円

幅広く利用されている炭素について，いかに身近な存在かを明らかにすることに力点を置き，平易に解説。〔内容〕炭素の科学：基礎（原子の性質／同素体／グラファイト層間化合物／メタロフラーレン／他）無機化合物（一酸化炭素／二酸化炭素／炭酸塩／コークス）有機化合物（天然ガス／石油／コールタール／石炭）炭素の科学：応用（素材としての利用／ナノ材料としての利用／吸着特性／導電体，半導体／燃料電池／複合材料／他）環境エネルギー関連の科学（新燃料／地球環境／処理技術）

日本分析化学会編

分 離 分 析 化 学 事 典

14054-5 C3543　　　A5判 488頁 本体18000円

分離，分析に関する事象や現象，方法などについて，約500項目にまとめ，五十音順配列で解説した中項目の事典。〔主な項目〕界面／電解質／イオン半径／緩衝液／水和／溶液／平衡定数／化学平衡／溶解度／分配比／沈殿／透析／クロマトグラフィー／前処理／表面分析／分光分析／ダイオキシン／質量分析計／吸着／固定相／ゾル-ゲル法／水／検量線／蒸留／インジェクター／カラム／検出器／標準物質／昇華／残留農薬／データ処理／電気泳動／脱気／電極／分離度／他

日本分析化学会編

機 器 分 析 の 事 典

14069-9 C3543　　　A5判 360頁 本体12000円

今日の科学の発展に伴い測定機器や計測技術は高度化し，測定の対象も拡大，微細化している。こうした状況の中で，実験の目的や環境，試料に適した機器を選び利用するために測定機器に関する知識をもつことの重要性は非常に大きい。本書は理工学・医学・薬学・農学等の分野において実際の測定に用いる機器の構成，作動原理，得られる定性・定量情報，用途，応用例などを解説する。〔項目〕ICP-MS／イオンセンサー／走査電子顕微鏡／等速電気泳動装置／超臨界流体抽出装置／他

大学評価・学位授与機構 小野嘉夫・
製品評価技術基盤機構 御園生誠・常磐大 諸岡良彦編

触 媒 の 事 典

25242-2 C3558　　　A5判 644頁 本体24000円

触媒は，古代の酒や酢の醸造から今日まで，人類の生活と深く関わってきた。現在の化学製品の大部分は触媒によって生産されており，応用分野も幅広い。本書は触媒の基礎理論からさまざまな反応，触媒の実際まで，触媒のすべてを網羅し，700余の項目でわかりやすく解説した五十音順の事典〔項目例〕アクセプター／アクリロニトリルの合成／アルコールの脱水／アンサンブル効果／アンモニアの合成／イオン交換樹脂／形状選択性／固体酸触媒／自動車触媒／ゼオライト／反応速度／他

前東大 鈴木昭憲・前東大 荒井綜一編

農 芸 化 学 の 事 典

43080-6 C3561　　　B5判 904頁 本体38000円

農芸化学の全体像を俯瞰し，将来の展望を含め，単に従来の農芸化学の集積ではなく，新しい考え方を十分取り入れ新しい切り口でまとめた。研究小史を各章の冒頭につけ，各項目の農芸化学における位置付けを初学者にもわかりやすく解説。〔内容〕生命科学／有機化学（生物活性物質の化学，生物有機化学における新しい展開）／食品科学／微生物科学／バイオテクノロジー（植物，動物バイオテクノロジー）／環境科学（微生物機能と環境科学，土壌肥料・農地生態系における環境科学）

上記価格（税別）は2008年4月現在

朝倉化学大系

編集顧問
佐野博敏

編集幹事
富永　健

編集委員
徂徠道夫・山本　学・松本和子・中村栄一・山内　薫

［A5判 全18巻］

1	物性量子化学	山口　兆	
2	光子場分子科学	山内　薫	
3	構造無機化学	河本邦仁	
4	構造有機化学	戸部義人	
5	化学反応動力学	中村宏樹	324頁
6	宇宙・地球化学	野津憲治	
7	有機反応論	奥山　格・山高　博	312頁
8	大気反応化学	秋元　肇	
9	磁性の化学	大川尚士	212頁
10	相転移の分子熱力学	徂徠道夫	264頁
11	超分子・分子集合体	藤田　誠・加藤隆史	
12	生物無機化学	山内　脩・鈴木晋一郎・櫻井　武	
13	天然物化学・生物有機化学Ⅰ	北川　勲・磯部　稔	384頁
14	天然物化学・生物有機化学Ⅱ	北川　勲・磯部　稔	292頁
15	伝導性金属錯体の化学	山下正廣・榎　敏明	208頁
16	有機遷移金属化学	小澤文幸・真島和志・西山久雄	
17	ガラス状態と緩和	松尾隆祐	
18	希土類元素の化学	松本和子	